国外油气勘探开发新进展丛书

GUOWAIYOUQIKANTANKAIFAXINJINZHANCONGSHU

二十一

SHALE OIL AND GAS HANDBOOK
THEORY, TECHNOLOGIES, AND CHALLENGES

页岩油与页岩气手册
——理论、技术和挑战

【加】Sohrab Zendehboudi
【澳】Alireza Bahadori 著

万立夫　陈海洋　曲　海　译

石油工业出版社

内 容 提 要

本书系统论述了页岩气和页岩油的性质以及勘探、钻井、生产、加工和处理过程。主要内容包括页岩气简介、页岩气特点、页岩油气储层的勘探和钻井、页岩气生产技术、页岩气处理、页岩油简介、页岩油性质、页岩油油藏的生产方法、页岩油加工和提取技术、页岩油气的现状、未来面临的挑战。

本书可作为石油工程及相关专业的研究生教材，也可作为高年级本科生和从事页岩油气勘探与开发科研人员的参考书。

图书在版编目 (CIP) 数据

页岩油与页岩气手册：理论、技术和挑战／（加）
索拉布·扎德巴杜迪（Sohrab Zendehboudi），（澳）阿
利雷扎·巴哈多里（Alireza Bahadori）著；万立夫，
陈海洋，曲海译. — 北京：石油工业出版社，2020.7
（国外油气勘探开发新进展丛书；二十一）
书名原文：Shale Oil and Gas Handbook：Theory，
Technologies，and Challenges
ISBN 978 - 7 - 5183 - 4008 - 8

Ⅰ. ① 页… Ⅱ. ① 索… ② 阿… ③ 万… ④ 陈… ⑤ 曲
… Ⅲ. ① 油页岩资源－手册Ⅳ. ① TE155－62

中国版本图书馆 CIP 数据核字（2020）第 082359 号

> **注意**
>
> 本书涉及领域的知识和实践标准在不断变化。新的研究和经验拓展我们的理解，因此须对研究方法、专业实践或医疗方法作出调整。从业者和研究人员必须始终依靠自身经验和知识来评估和使用本书中提到的所有信息、方法、化合物或本书中描述的实验。在使用这些信息或方法时，他们应注意自身和他人的安全，包括注意他们负有专业责任的当事人的安全。在法律允许的最大范围内，爱思唯尔、译文的原文作者、原文编辑及原文内容提供者均为不因产品责任、疏忽或其他人身或财产伤害及/或损失承担责任，亦不对由于使用或操作文中提到的方法、产品、说明或思想而导致的人身或财产伤害及/或损失承担责任。

北京市版权局著作权合同登记号：01 - 2020 - 4569

出版发行：石油工业出版社
　　　　　（北京安定门外安华里 2 区 1 号楼　100011）
　　网　　址：www.petropub.com
　　编辑部：(010)64523537　图书营销中心：(010)64523633
经　销：全国新华书店
印　刷：北京中石油彩色印刷有限责任公司

2020 年 7 月第 1 版　2020 年 7 月第 1 次印刷
787×1092 毫米　开本：1/16　印张：17.75
字数：400 千字
定价：130.00 元
（如出现印装质量问题，我社图书营销中心负责调换）
版权所有，翻印必究

.

序

"他山之石,可以攻玉"。学习和借鉴国外油气勘探开发新理论、新技术和新工艺,对于提高国内油气勘探开发水平、丰富科研管理人员知识储备、增强公司科技创新能力和整体实力、推动提升勘探开发力度的实践具有重要的现实意义。鉴于此,中国石油勘探与生产分公司和石油工业出版社组织多方力量,本着先进、实用、有效的原则,对国外著名出版社和知名学者最新出版的、代表行业先进理论和技术水平的著作进行引进并翻译出版,形成涵盖油气勘探、开发、工程技术等上游较全面和系统的系列丛书——《国外油气勘探开发新进展丛书》。

自 2001 年丛书第一辑正式出版后,在持续跟踪国外油气勘探、开发新理论新技术发展的基础上,从国内科研、生产需求出发,截至目前,优中选优,共计翻译出版了二十辑 100 余种专著。这些译著发行后,受到了企业和科研院所广大科研人员和大学院校师生的欢迎,并在勘探开发实践中发挥了重要作用,达到了促进生产、更新知识、提高业务水平的目的。同时,集团公司也筛选了部分适合基层员工学习参考的图书,列入"千万图书下基层,百万员工品书香"书目,配发到中国石油所属的 4 万余个基层队站。该套系列丛书也获得了我国出版界的认可,先后四次获得了中国出版协会的"引进版科技类优秀图书奖",形成了规模品牌,获得了很好的社会效益。

此次在前二十辑出版的基础上,经过多次调研、筛选,又推选出了《井喷与井控手册(第二版)》《页岩油与页岩气手册——理论、技术和挑战》《页岩气藏建模与数值模拟方法面临的挑战》《天然气输送与处理手册(第三版)》《应用统计建模及数据分析——石油地质学实用指南》《地热能源的地质基础》等 6 本专著翻译出版,以飨读者。

在本套丛书的引进、翻译和出版过程中,中国石油勘探与生产分公司和石油工业出版社在图书选择、工作组织、质量保障方面积极发挥作用,一批具有较高外语水平的知名专家、教授和有丰富实践经验的工程技术人员担任翻译和审校工作,使得该套丛书能以较高的质量正式出版,在此对他们的努力和付出表示衷心的感谢!希望该套丛书在相关企业、科研单位、院校的生产和科研中继续发挥应有的作用。

中国石油天然气股份有限公司副总裁　李鹭光

译 者 前 言

随着社会对清洁能源需求的不断扩大,天然气价格的不断上涨,人们对页岩油气的认识迅速提高。近十年来,页岩油气开采技术飞速发展,特别是水平井与压裂技术已对页岩油气开采模式产生颠覆性变革,人类对页岩油气的勘探开发正在形成热潮。我国对天然气的需求强劲,积极有计划地开发页岩油气等非常规油气资源将是我国满足天然气需求的重要途径和保障。在这场始于北美、扩于全球的页岩气革命中,为大量相关专业学生、技术人员和科研工作者提供系统全面的页岩油气相关理论和技术就显得非常必要。因此,本书的引进和翻译出版具有重要的现实意义。

《页岩油与页岩气手册——理论、技术和挑战》的内容主要可分为三个部分。第1章至第5章主要是介绍页岩气的相关内容,从页岩气的基本术语开始,分别叙述了页岩气的特点、页岩油气储层的勘探和钻井、页岩气生产技术以及天然气的处理工艺。第6章至第9章主要介绍页岩油的相关内容,从页岩油的基本术语开始,分别叙述了页岩油的性质、页岩油藏的生产方法以及页岩油加工和提取技术。第10章主要介绍页岩油气的现状、未来和面临的挑战。全书着重介绍了页岩油气的勘探开发技术以及加工处理工艺,较为清晰地介绍了页岩油气上下游产业的主要工艺环节,方便相关专业学生、技术人员和科研工作者学习和查阅。

本书第1章至第4章、以及第10章由万立夫翻译,第6章至第8章由陈海洋翻译,第5章和第9章由曲海翻译,全书由万立夫负责统稿和审稿。在本书的翻译过程中,查阅了大量相关专业的英文技术图书和文献资料,力求提供给读者一本高质量的页岩油和页岩气方面的技术书籍,同时对原著逻辑层次中不清晰的以及重复的内容,进行了整合完善,对发现的一些错误进行了更正。

由于翻译人员的专业知识和现场经验的限制,书中难免存在不足和不当之处,欢迎读者批评指正。

万立夫

2020 年 4 月

目　　录

第1章 页岩气:简介、基础和应用

1.1 概述

以油气相形式存在的碳氢化合物是全球的主要能源,它为人类先进技术的实现提供燃料。我们依靠这些先进技术使生活变得更加舒适。因此,为了满足人们日益高耗能的生活方式,对化石燃料等能源的需求不断上升[1-3]。

天然气是一种化石燃料,它是由埋在地壳下的生物产生的。随着时间的推移,热量和压力将有机物转化为石油和天然气。它是最清洁和最有效的能源之一。由于其热值高、无灰分,作为主要燃料广泛应用于汽车、炼油、采暖等多个行业[1-3]。

自19世纪以来,天然气一直是加拿大的能源。但直到20世纪50年代末,它才成为一种常见的能源。随着跨加拿大管道的建设,它开始越来越受欢迎。20世纪70年代末原油价格上涨后,中国对石油的需求迅速增长。石油危机导致加油站外排起了长队,这促进决策者考虑使用天然气。对环境安全的关注也加大了天然气的受欢迎程度,因为与其他化石燃料相比,天然气燃烧更清洁[1-3]。

天然气产自常规地层,也产自非常规地层。常规天然气和非常规天然气的关键区别在于开采/生产技术的方法、易用性和成本[1-3]。

页岩气是天然气的一种,是非常规天然气的几种形式之一。页岩气赋存于低渗透的页岩地层中,属于细粒沉积岩。岩石既是它的来源,又是它的储集层。页岩既是储存页岩气的介质,也是通过有机物分解产生气体的物质。因此,在一口井中使用的技术手段在另一口页岩气井中可能不会取得成功[2,4,5]。

世界各地发现的页岩储层赋存的石油和天然气可达数十亿吨,它们成为21世纪的化石燃料资源[1,2]。据估计,全球可开采的页岩气约为 $456 \times 10^{12} \ m^3$ [6]。开发经济、环保和安全的钻探技术来开采赋存的天然气,使页岩资源成为世界上,尤其是在北美的下一个重要的可靠能源来源[7]。美国能源部预计,到2035年,页岩气将占美国能源总产量的50%,即每年约3400 × $10^8 m^3$ [8]。除了天然气,同时可从页岩储层中产出其他燃料,如NGLs(天然气液体;丙烷和丁烷)[3,7]。

美国许多页岩地层,如安特里姆(Antrim)页岩地层(密歇根州)和新奥尔巴尼(New Albany)页岩地层(伊利诺伊州),都在过去的10000~20000年中形成了天然气[9]。1825年,在纽约州的弗雷多尼亚(Fredonia)浅层低压裂缝中进行了页岩气的首次开采。1915年,在自然破碎的泥盆系页岩中,肯塔基州弗洛伊德县(Floyd County)开始了大砂质气田的开发[10]。到1976年,该油田一直延伸到1000多平方英里的西弗吉尼亚州南部和肯塔基州东部,产量来自克利夫兰(Cleveland)页岩和俄亥俄(Ohio)页岩,被称为"棕色页岩",仅肯塔基州就有5000口油井。到20世纪40年代,为了使页岩井增产,人们开始使用井底爆破作业。1965年,其他有效的技术,如开发了水力压裂(包括 4.2×10^4 gal的水和 5×10^4 lb的沙子)用于生产井,特别是针对那些采收率很低的井[10]。由于天然裂缝的存在,单井平均产量低;然而,该油田最终的天然气采收率为 $2 \times 10^{12} ft^3$。在 20 世纪 20 年代,在泥盆纪时代的页岩中还有其他广泛分布的商业天然气生产盆地,如密歇根盆地、阿巴拉契亚盆地和伊利诺伊盆地,尽管产量通常微不足道[10]。

页岩油气的发现和开发是对发展中国家具有经济和政治意义的重大发现。近年来,页岩气开发和生产的迅速扩张,对当前和未来的全球能源市场产生了深远的影响。从页岩层开采天然气的进展正在彻底改变整个能源工业,特别是石油、天然气和石油化学部门。北美,特别是美国,正在引领开发这种新型的油气资源。开采(或/及生产)方面的创新技术已经使获得这些大量天然气资源在技术上和经济上是可行的

根据天然气下游的使用情况,页岩气对温室气体(GHG)排放可能产生纯负面或正面影响[10-12]。在美国,来自水力压裂法的大量廉价天然气很可能取代煤炭成为首选的发电燃料。这可能会减少美国能源部门的温室气体排放。然而,在英国等其他地区,天然气可能取代可再生能源业务,对气候变化产生净负面影响[10-12]。

随着页岩气在全球的重要性不断提高,人们需要更好地了解页岩气的特征、页岩气的生产和加工,以及其价值链内的潜在、环境、社会和经济影响。

1.2 天然气和天然气储层基础

天然气是一种化石燃料。它在数千年的时间里,由埋在地下某些层位中的动物、气体和植物(树木)在高温高压条件下形成。植物中来自太阳的初始能量以化学键的形式储存在天然气中[1-3]。一般来说,天然气被认为是一种非可再生能源,因为它不会在一个相当可接受的时间范围内再生。天然气主要含有高浓度的甲烷和低比例的其他烷烃、硫化氢、氮气和二氧化碳。天然气主要利用在发电、烹饪和取暖等方面[1-3]。天然气的其他用途是作为各种化学品/材料的原料(如石油化工产品、塑料和聚合物)和汽车燃料。天然气只有在去除包含水在内的杂质后才能作为燃料使用,以满足天然气的市场规格。这种加工操作的副产品包括乙烷、丙烷、丁烷、戊烷,以及高分子量的油气、水蒸气、二氧化碳、硫化氢,有时还有氦气和氮气[1-3]。

天然气储层的定义是指地壳深处的背斜构造等岩层构成的天然储集空间。这些通常被称为储集岩。储集岩具有渗透性和多孔性,可以将气体储存在孔隙中,并允许气体通过渗透膜。为了赋存的天然气,储集岩需要覆盖不透水岩石,以封闭储层区域,防止气体逸出。储集岩是沉积岩,如砂岩、长石砂岩、石灰岩等。它具有较高的孔隙度和渗透率。不透水岩石是渗透性较差的岩石(如页岩)[1-3,13-15]。

当然,天然气有两种形成方式:一种是直接来自有机物,另一种是在非常高的温度下通过油的热分解形成。此外,通过浅层有机沉积岩的细菌作用也可以形成天然气[1-3]。作用于有机质的细菌本质上是厌氧的,产生的气体称为生物气。与其他类型的天然气相比,单位体积沉积物中开采的生物气体积较小。在 2200ft 深度以内均发现了生物气[1-3,13-15]。

气藏是由 4 种地质条件同时自然赋存而形成的,即烃源岩、储集岩、盖层和圈闭[1-3]。

烃源岩(或沉积岩)中产生的油气相迁移到附近的储集岩中,并在页岩等封闭性岩石形成的圈闭而聚集。迁移是通过渗透膜进行的,孔隙之间存在一定的压力差。在多孔介质输运现象的背景下,毛细管压力在油气运移过程中起着重要作用。

　　大多数储集岩含有饱和水。由于密度的不同,气体向上移动,占据了石油上方的空间,因而密度较大的水仍留在油层之下,形成含水层。油相、气相和水相的分布如图 1.1 所示[1-3,16,17]。

　　圈闭有两种类型:地层圈闭和构造圈闭。地层圈闭形成储集岩,储集岩上部和下部被密封岩所覆盖,如同沿海岛屿一样。岩层实际沉积中会出现不连续层位。构造圈闭的形成是由于很久以前发生的地层褶皱和断层所形成的岩石变形。该构造有利于油气的储集,圈闭顶部由页岩形成封闭性[1-3,16,17]。

　　天然气或石油资源可以定义为天然形成的地壳上或地壳内存在的全部天然气或石油,包括已发现的和未发现的、可开采的和不可开采的。这是总估计值,与天然气或石油的商业可采性无关[1-3,16,17]。

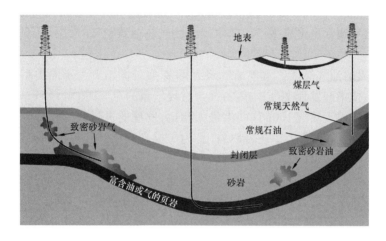

图 1.1　油气储层示意图[18]

　　"可采"油气是指利用特定的技术可行的开采项目、钻井计划、水力压裂方案以及其他相关项目要求,可进行商业开采的全部资源的一部分。为了对这些资源的价值有一个更清晰的认识,业内将其分为三类[1-3]:

　　(1)储量,即已被发现并可进行商业开采的储量;

　　(2)表外储量,已被发现和可能可回收的资源;但在今天的成本效益制度下,属于非工业性或不经济的资源;

　　(3)远景资源量:未被发现的,只有潜在的可恢复的资源。

　　采用与行业类似的方法,潜在天然气委员会(PGC)负责制定美国天然气资源评估标准,并将包括页岩气在内的可采天然气资源分为三类:

　　(1)概算的;

　　(2)可能的;

　　(3)推测的。

1.3　天然气种类

　　天然气按开采方法和岩石类型一般分为两大类,即常规天然气与非常规天然气[19,20]。

　　根据美国能源署(EIA)的定义,常规天然气的定义是指"油气可从适合石油和天然气储层地质构造和流体性质的油井中产出的油气。"常规天然气可采用传统方法从渗透率大于1mD的储层中采出[19,21]。常规天然气资源利用率高,开采成本低,在全球天然气生产中占有最大份额。

　　非常规天然气存在于渗透性较差的储层中,因此无法用常规技术开采。由于地质非常规地层具有较低的渗透率和孔隙度,生产过程较为复杂。地层中流体的密度和黏度可能与水截然不同(通常高黏度和密度较高)。因此,传统技术不能用于非常规天然气生产、精炼和运输。因此,与常规天然气相比,非常规天然气的开采成本要高得多[19-21]。

　　常规天然气通常是游离气体,赋存于碳酸盐岩、砂岩和粉砂岩等自然形成的岩层中多个相对较小的孔隙区中。与非常规天然气相比,常规天然气的勘探和开采较为容易。非常规天然气具有与常规天然气类似的成分。含非常规天然气的储层具有不寻常的特征。与常规天然气相比,非常规天然气通常也更难生产。非常规天然气包括致密气、煤层气、页岩气和天然气水合物[1-3,20]。

　　非常规油气藏的油气储量比常规油气藏大得多[22]。图1.2为不同类型非常规气藏在渗透率、体积、增产、技术开发程度、成本等方面与常规气藏的对比图。

　　正如所料,与常规天然气100mD的渗透率相比,发现的页岩气体积最大,但渗透率最低,为0.0001mD左右[22]。从图1.2还可以看出,为了提高储层的孔隙度和渗透率,需要对储层进行处理,因此非常规储层的开采成本要高得多[22]。

　　目前可开采天然气资源供应的增长大部分来自非常规天然气。钻井技术的进步,特别是水平井和压裂技术,使页岩气和其他非常规天然气的商业供应成为可能,并在加拿大和美国的天然气领域带来了一场革命[19,20]。

　　此外,根据天然气的形成机理和岩石性质,天然气可以划分为如下不同的种类[2,23-25]。

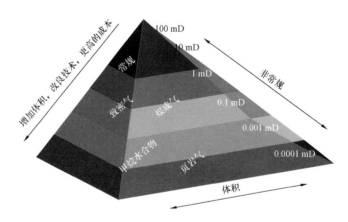

图1.2　常规及非常规油气藏的性质及储量对比[22]

1.3.1　沼气

　　在没有氧气的情况下,有机物的发酵会产生沼气。这种现象称为厌氧分解过程。它发生在垃圾填埋场或动物粪便、工业副产品和污水等材料腐烂的地方。这种气体是生物性的,来源于有生命和无生命的动植物。燃烧森林残留物等材料可产生可再生能源。与天然气相比,沼气所含甲烷较少,但可以加工后作为一种可行的能源使用[2,23-25]。

1.3.2　深层天然气

另一种非常规天然气是深层天然气。深层天然气可以在地表以下至少15000ft的沉积物中找到。而大多数常规天然气资源只有几千英尺深。从经济的角度来看,虽然已经开发出各种生产深层天然气的方法,并且目前正在通过开展一些研究和工程活动来寻求进一步的改进,但在大多数情况下,从经济观点上看,钻探深层天然气地层并不实用[2,23-25]。

1.3.3　页岩气

另一类非常规天然气是页岩气。页岩是一种沉积岩,颗粒细,在水中不分离。一些学者认为页岩是极不易透水的,因此和页岩相比,我们可将大理石比作海绵。天然气通常位于厚的页岩层位之间。页岩气最常用的生产方法是水力压裂和水平钻井。水力压裂是一种通过向岩石中注入高压水,并使用包括硅砂和玻璃在内的小颗粒/颗粒使岩石保持张开状态。水平钻井是井先垂直钻入地面,然后侧向钻进,最后井眼与地面方向平行的一种钻井方法[20,23-25]。

1.3.4　致密气

还有一种非常规天然气,叫作致密气,它赋存在一个渗透性非常低的地下地层中,开采起来非常困难。更具体地说,它的定义是孔隙率小于10%,渗透率小于0.1mD。从致密岩石中开采天然气通常需要困难而昂贵的过程,包括酸化和水力压裂。酸化包括向气井中注入酸(通常是盐酸)来溶解致密岩石,从而使天然气能够更加容易流动。水力压裂与酸化作业的作用类似[2,23-25]。

1.3.5　煤层气

煤层气被认为是非常规天然气的另一种形式,是一种很受欢迎的能源。煤层气普遍存在于各种地下煤中。天然气可以通过采煤释放出来,收集起来,然后用于各种目的,如取暖、烹饪和发电[23-25]。

1.3.6　地压气

在地压带也发现了非常规天然气。这些区域通常位于地下10000~25000ft(3000~7600m)。当黏土层在多孔材料(如泥沙和沙子)上方迅速堆积和压缩时,就形成了地压带。由于气相是从压缩黏土中挤出来的,在高压条件下,气相位于淤泥、沙子和其他吸附剂中。地压带的开采作业十分复杂和昂贵;然而,这些地区可能蕴藏着大量天然气。美国大部分地压带位于墨西哥湾沿岸地区[23-25]。

1.3.7　天然气水合物

另一类非常规天然气是天然气水合物。天然气水合物最近只在北极永久冻土区和海洋沉积物中发现。天然气水合物通常在高压和低温下产生,约为32℉或0℃。当环境条件发生相当大的变化时,天然气水合物被释放到大气中。根据美国地质调查局(USGS)的预测,天然气水合物的含碳量是全球所有石油、煤炭和常规天然气含碳量总和的2倍[2,23-25]。

在海洋沉积物中,天然气水合物是由于不同的微生物沉入海底并在沉积物中分解而形成的,这些微生物赋存在沉积物中,能够对松散的沉积物进行混凝土化处理,从而使沉积物内部保持稳定。尽管如此,当水温上升时,甲烷气体会分解。这导致天然气释放和水下滑坡。天然气水合物形成于永久冻土生态系统中,因此水分子和水分子在每个甲烷分子周围形成了独特的外壳(笼子)。赋存在水晶格中的气体比它的气体形式的密度大。如果笼子解冻,甲烷就会溢出[2,19,22-24]。

天然气的质量和成分通过下列术语进一步进行定义[2,20]:

(1)干气,以甲烷为主要成分的天然气;

(2)湿气,气体中含有相当数量分子量较高的油气;

(3)酸性气体,含硫化氢的天然气混合物;

(4)低硫气,不含硫化氢或硫化氢含量极低;

(5)残气,从渣油中提取的天然气;

(6)井口气,来自石油,在井口被分离出来。

1.4　页岩和页岩气是什么?

本节简要介绍了页岩和页岩气。

1.4.1　页岩

页岩是一种沉积岩,它曾经作为泥(黏土和淤泥)沉积,通常是黏土、二氧化硅(石英)、碳酸盐(方解石或白云石)以及有机物的组合。页岩主要是由大量的干酪根组成。干酪根是有机化合物的混合物,主要成分有干酪根、石英、黏土、碳酸盐和黄铁矿。次生化合物是铀、铁、钒、镍和钼。从这种岩石中可以采出页岩烃(液态石油和天然气)[19,20]。

图1.3　浅色页岩和深色页岩示意图[24]

存在着各种页岩,即黑色页岩(深色)和浅色页岩,如图1.3所示。黑色页岩含有丰富的有机质,而浅色页岩相对较少。黑色页岩岩层处于很少氧气或没有氧气的环境中,这样的环境有效防止了有机物的腐烂。这种有机物可能通过加热过程产生石油和天然气。美国的许多页岩岩层都是黑色页岩岩层,它们通过加热释放出天然气[26,27]。

页岩油是合成原油的替代品,但与传统原油相比,页岩油的开采成本较高。世界各地原油的组成不尽相同;它取决于地理结构和其他因素(如深度、温度)。其可行性受常规原油成本的影响较大。如果它的价格高于常规原油,它是不经济的[20,24]。

1.4.2　页岩气

页岩气是指赋存在页岩地层中的天然气。页岩是细粒沉积岩,可能是丰富的石油和天然气资源(图1.4)。页岩气赋存在这些沉积岩孔隙中。天然气通常通过三种方式储存在含气页岩中[24,26]:

(1)游离气,气体存于岩石孔隙和天然裂缝内。

(2)吸附气,吸附在有机物和黏土上。

(3)溶解气,溶解在有机物中的气体。

在过去的10年里,水平井钻井和水力压裂技术的结合使得大量页岩气的开采成为可能,而在此之前,页岩气的开采显然是不经济的。页岩气的生产使天然气工业重新焕发了活力[24,25]。

页岩气的供应链包括:油井、收集网络、预处理、天然气凝析液提取和分馏设施、油气输送管道和储存设施。

图 1.4　气相页岩露头(层状构造清晰可见)[26]

1.5　页岩气的类型和来源

储层中产生和储存着两种类型的页岩气:生物气是在较浅深度和较低温度下由微生物对冲积有机质进行厌氧细菌降解而形成的[28];热成因气是在较高的深度和温度下由石油热裂解成天然气而形成的[29]。

与煤炭、常规天然气和石油一样,页岩气也存在于地壳中。它是由多年前在湖底和海底沉积有机质而形成的烃源岩演化而来的。随着时间的推移,沉积物变得越来越致密,埋藏越来越深。热量和压力使有机物生成油气。

天然气在烃源岩中形成后,大部分烃类运移到储集岩中,并被无孔隙不渗透性地层中的封闭性岩所圈闭。这些油气仍然赋存于烃源岩中,形成了页岩油和页岩气[29]。

一般而言,油页岩成因可分为以下 3 种类型[20,30]:

(1)陆相页岩,陆相烃页岩的有机前体物(也称为烛煤)存在于停滞的缺氧水层或形成泥炭的湿地和沼泽中[20,30]。这些矿床体积小,但等级质量非常高[20,30]。在这一类中,产油、产气丰富的有机质(烛煤)来源于植物树脂、花粉、植物蜡、孢子以及维管植物的软木组织[20,30]。烛煤呈棕黑色[20,30]。

(2)湖相页岩,富含油脂的产油和产气有机质是从存在于淡水、咸水或盐湖中的藻类中获得的[20,30]。

(3)海相页岩,海相页岩沉积物中富含脂肪的有机物来源于海生藻类、单细胞生物和海洋鞭毛藻[20,30]。

1.6　页岩气的赋存与历史

新开发的石油和天然气来源于较难开采的储层。这些资源被称为非常规资源,因为它们通常需要不同或独特的技术来对石油或天然气进行开采。

近年来,来自页岩储层的天然气越来越受欢迎。而过去也有过页岩气开采的例子。在页岩气生产的早期,页岩有足够的自然压裂来实现经济复苏。这种天然气通常通过浅直井在较长时间内以较低的产量进行生产。自 19 世纪晚期以来,美国阿巴拉契亚山脉就一直在生产页岩气[20]。1920 年,在加拿大西北地区的诺曼井发现了来自破碎页岩沉积物的石油[20]。在艾伯塔省东南部和萨斯喀彻温省西南部,数十年间一直从第二白斑页岩中开采天然气[20]。自 20 世纪40 年代末以来,密歇根盆地的安特里姆(Antrim)页岩也一直在生产页岩气[20]。

当时,已经开发出从非常规油气藏生产油气的技术。这些技术是为了帮助改善生产性油气藏的流动特性。最显著的技术进步是发生在第二次世界大战后的水力压裂技术的发展[15,20]。

60多年来,石油化工行业一直在开发更加有效和经济的方法来增加储层裂缝[15,19]。水力压裂技术的进展包括压裂液、地面和井下设备、计算机应用和裂缝处理建模以及与构造应力有关的裂缝生成科学等方面[15,19,20]。

水力压裂的商业应用始于20世纪40年代末。1949年,美国俄克拉何马州维尔马市(Velma)首次进行了商业性水力压裂作业[15,19,20]。水力压裂技术在加拿大的首次应用是在20世纪50年代的艾伯塔省帕宾那(Pembina)地区的Cardium油田[4]。从那时起,已经钻探了100多万口井,并采用水力压裂法进行增产[20,31]。

美国得克萨斯州的巴内特(Barnett)页岩开发始于1981年。这是第一个商业开发的页岩气藏。美国页岩气产量从2000年几乎可以忽略不计的水平,大幅上升至2010年的每天百亿立方英尺的水平。世界上有许多富含页岩地区可以作为页岩气开发的潜在来源[15,19,20]。

页岩地层的特点是孔隙具有极低的渗透率和较小的孔隙尺寸,这使得流体很难在岩石中移动。而早在20世纪80年代初,人们就已经认识到页岩地层的形成;然而,仅仅过了不久(不到20年),钻井公司就想出了从页岩中开采赋存石油和天然气的新技术[20]。页岩气是在地下1500~3000m的烃源岩中发现的。烃源岩通常为泥质沉积岩,富含有机质。由于热量和压力的作用,岩石发生了变化,变成了层状的细粒岩石,称为页岩。

气体被圈闭在颗粒之间的小孔中,并紧紧地附着在岩石基质上。因此,页岩气的开采是一项非常困难的任务[29]。

如图1.5所示,页岩储量主要分布在美国、加拿大、中国、澳大利亚和印度[29]。

图1.5   世界各地页岩气赋存情况[29]

1.7　页岩气的重要参数

1.7.1　页岩类型

页岩在物质含量和来源上有不同的类型。页岩有海相的,也有非海相的。海洋页岩黏土含量低,富含石英、长石和碳酸盐岩等脆性矿物。因此,对页岩进行水力增产的效果更好[20,30]。

1.7.2　深度

一般来说,地层的深度与地层中沉积的天然烃和非天然烃的数量直接相关。例如,作为页岩气其中一种的生物气是通过厌氧微生物在埋藏过程的整个早期阶段或在较高的温度和深度下干酪根的热分解而形成的。页岩气赋存的典型深度在1000~5000m。浅于1000m的页岩层通常天然气浓度和压力较低,而深度大于5000m的地区通常渗透率降低,这将使钻井活动和油田开发成本增大[20,28,30]。

1.7.3　吸附气

吸附气是在固体物质表面积聚的气体,如储层岩石的颗粒(更具体地说,页岩储层中的有机颗粒)。测量吸附气和孔隙气(存在于孔隙中),可以用来计算储层天然气地质储量[20,28,30]。

1.7.4　有机成熟度

这是以镜质组反射率(R_o)表示的。镜质组反射率范围在1.0%~1.1%表明有机质已经足够成熟,可以产生气体。一般来说,有机成熟度越高,天然气地质储量越大[20,28,30]。

1.7.5　渗透性

任何类型的多孔介质的渗透性都被定义为流体(即气、油、水)由于压力差而通过多孔系统流动的能力。因此,它暗示了页岩地层的流体导水率和储层特征。页岩的渗透率一般很低($<10^{-3}$mD),因此需要人为的增产措施(尤其是水力压裂)来降低油气流动阻力。如果页岩地层中存在天然裂缝,那么确定裂缝的方向和强度就显得尤为重要。如果裂缝没有很好地胶结或张开,增注的液体将打开这些以前形成的薄弱区域。在某些情况下,紧密粘合的裂缝会产生裂缝屏障,其大小以毫达西(mD)为单位进行计量[20,28,30]。

1.7.6　孔隙度

孔隙度是孔隙空间相对于固体岩石的体积百分比,固体岩石是气体可能赋存的空间。页岩储量孔隙度一般小于10%[20,24]。

1.7.7　储层厚度

储层厚度为油藏生产部分的垂直范围厚度。不同页岩储层的地层厚度不同。典型厚度范围为2~5m[20,28,30]。

1.7.8　总有机碳含量(TOC)

利用岩石中有机物质总量(质量分数)来表示。总有机碳含量越高,油气(HCs)的生产潜力就越大。其典型值等于或大于1%。通过室内分析评价烃源岩的总有机碳含量和热成熟度[20,28,30]。

1.7.9 热成熟度

这是对岩石中所含有机物加热随时间可能转化为液体和（或）气态油气的度量。该度量的指标称为镜质组反射率，其典型值为 1% ~ 3%[20,28,30]。

1.7.10 黏度

黏度是衡量油流动容易程度的指标。在储层内部，黏度用泊（P）计量；在油藏以外，它通常用厘斯托克斯（cS）来计量[20,28,30]。

1.7.11 矿物学

页岩地层矿物结构复杂。人们应尽量获得一些岩心，以便在一个新的地区进行基础评估。电子捕获光谱（ECS）测井对矿物学有很好的评价，但对矿物（如隐晶颗粒）却没有很好的评价，而后者在脆性行为中起着重要的作用。其中一个有效的策略是建立总碳酸盐岩、总泥浆和石英的三元轮廓，并将其引入弹性参数（如杨氏模量和泊松比），从而得到脆性模型。然后，这种布局可以根据生产测井、微震活动区域和生产本身进行调整，以评估岩石的延展性或脆性，以及诱发裂缝对岩石的作用程度[20,28,30]。

1.7.12 流体地质储量

一般情况下，用于页岩经济评价的流体地质储量用 TOC、孔隙度、温度和压力数据来确定[20,28,30]。

1.7.13 游离气定量化

一般认为吸附现象是一种低压下气体储存的更为有效的机理，而游离气则是高压下气体的主要形式。页岩气中游离气的含量随含气饱和度、孔隙度和储层压力的不同而不同，变化范围在 15% ~ 80%。因此，测定游离气是描述/表征页岩气的必要条件。因此，游离气的定量分析对页岩气的气化也有重要意义。该参数由以下关系表示：

$$V_{\text{fg}} = \frac{1}{B_{\text{g}}} [\phi_{\text{eff}}(1 - S_{\text{w}})] \frac{\psi}{\rho_{\text{b}}} \tag{1.1}$$

式中：V_{fg} 为游离气体积，ft³/t；B_{g} 为天然气的地层体积系数，ft³（储层）/ft³（标准）；ϕ_{eff} 是有效孔隙度；S_{w} 为水饱和度；ρ_{b} 为体积密度，g/cm³；ψ 为转换常数，取 32.1052[20,28]。

1.7.14 可采性

可采性是渗透率与地层厚度的乘积。在致密含气页岩地层中，渗透率是有效设计增产工艺、准确估算产量和采收率的重要参数。一般来说，这种设计/操作需要两种渗透性，包括基质渗透率和系统渗透率。页岩基质渗透率变化范围通常在 10^{-8} ~ 10^{-4} mD。测量技术有很多种，如岩心分析和测井评价（如果开发的局部校准可用），可以用可接受的精度测定基质渗透率。系统渗透率对应于基质渗透率和裂缝对流动渗透率的综合影响。由于常规测井对裂缝不敏感，无法通过常规测井测量/确定系统渗透率。在泥岩中，识别和绘制穿过钻孔的裂缝的常用方法是全井眼地层显微成像仪。该仪器还可以估算出裂缝开度尺寸[20,28,30]。

1.8 页岩气储量

表 1.1 列出了含有大量可采页岩气的主要国家，见表 1.1。中国排名第一，之后是阿根

廷、阿尔及利亚、美国和加拿大。

表 1.2 列出了世界上已探明和未探明的页岩气等资源的详细情况。该表还显示了由于页岩气的存在而增加的天然气资源总量。

近年来,北美非常规页岩气资源的开发对该地区整体能源格局产生了重大影响。这种快速扩张正在改变全球能源供应。特别是美国,处于页岩气革命。这一切之所以成为可能,是因为水力压裂技术和水平井钻井技术的显著进步,使人们能够开采和重新开采几年前被认为在经济和技术上不可开采的非常规资源。

表 1.1　页岩气可采储量前 10 位国家[32]

排名	国家	页岩气可采储量($10^{12}\,ft^3$)
1	中国	1115
2	阿根廷	802
3	阿尔及利亚	707
4	美国	665(1161)
5	加拿大	573
6	墨西哥	545
7	澳大利亚	437
8	南非	390
9	俄罗斯	285
10	巴西	245
总计		7299(7795)

表 1.2　世界已探明和未探明天然气资源[32]　　　　单位:$10^{12}\,ft^3$

国家或地区	项目		数据
美国	页岩气	探明储量	97
		未探明储量	567
	其他天然气	探明储量	220
		未探明储量	1546
	总计		2431
	由页岩气增量带来的天然气资源总量增加(%)		38
	占页岩气总量的比重(%)		27
美国之外	页岩气未探明储量		6634
	其他天然气	探明储量	6521
		未探明储量	7269
	总计		20451
	由页岩气增量带来的天然气资源总量增加(%)		48
	占页岩气总量的比重(%)		32

续表

国家或地区	项目		数据
世界总量	页岩气	探明储量	97
		未探明储量	7201
	其他天然气	探明储量	6741
		未探明储量	8842
	总计		22882
	由于页岩气增量带来的天然气资源总量增加(%)		47
	页岩气所占天然气总量的份额(%)		32

1.8.1 世界/全球

美国的页岩气革命以及获取和开采这些资源的新技术已经引起了世界上许多国家的关注。以前完全依赖外国能源供应的一些地区现在有可能成为净出口国。除此之外,页岩气资源的可获得性和产量对美国和中国等国家的能源安全有着重要的影响。因此,全球对页岩气生产的投资呈指数级增长。如图1.6所示,页岩气储量估计最高的国家包括阿尔及利亚、阿根廷、澳大利亚、加拿大、中国、墨西哥和美国。

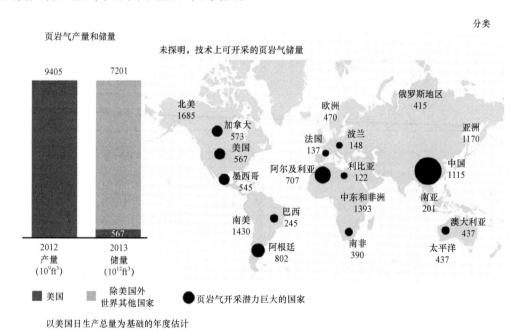

图1.6 各地区/国家对页岩气资源和产量[32]
美国能源情报署对42个国家的研究,A. T. Kearney分析

1.8.2 美国

如前所述,美国在页岩气生产方面处于领先地位。根据美国页岩气开采的多年经验,分析表明,近年来页岩气产量以前所未有的速度增长。页岩气目前占美国天然气产量的近40%。

目前约占页岩气产量的 80% 来自 5 个远景区;然而,其中一些远景区产量正在下降,这构成了一个重要的挑战[32,33]。历史和预测的天然气产量如图 1.7 所示,提供进一步的信息。

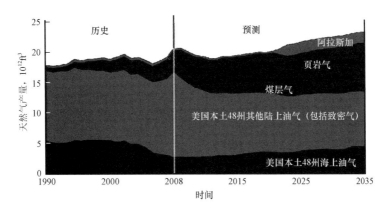

图 1.7　美国天然气产量趋势[33]

　　由于页岩气井的产量下降速度非常快,因此需要持续的资本投入才能维持生产。估计每年所需资金约为 420 亿美元。从技术角度看,还需要再钻 7000 口井。

　　阿巴拉契亚盆地外的泥盆系俄亥俄页岩地区,拥有 3 万多口气井,年产量 $1200 \times 10^8 ft^3$。美国页岩气井占绝大多数[32,33]。其他一些主要的页岩气地区也是如此。也就是巴内特(Barnett)页岩、海恩斯维尔(Haynesville)页岩、费耶特维尔(Fayetteville)页岩和马塞勒斯(Marcellus)页岩。图 1.8 描述了美国 48 个州的页岩气资源。

图 1.8　美国本土 48 个州的页岩气储量列表[39]

在美国,页岩气的开发极大地降低了天然气(NG)的价格,并使其与石油价格脱钩。例如亨利枢纽天然气公司(Henry Hub)天然气价格和西得克萨斯石油公司中级原油(west Texas intermediate)油价在2000—2018年期间的历史和未来走势如图1.9所示[32]。从图1.9可以看出,页岩气的开发对天然气价格的影响是不可忽视的。

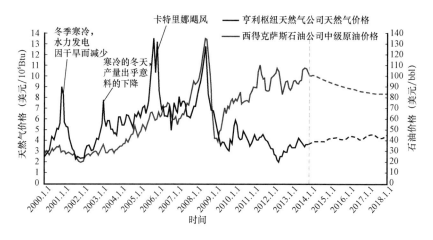

图 1.9　西得克萨斯石油公司和亨利枢纽天然气公司的现货和期货价格[32]

1.8.3　加拿大

虽然加拿大已经是常规天然气的主要生产国,但直到最近,人们才越来越重视从诸如页岩气等非常规资源中开发天然气。这符合加拿大的经济政策目标,因为这将有助于抵消传统天然气产量的下降,毕竟新的传统资源越来越难找到。

与美国过去10年发生的情况类似,目前加拿大天然气行业正在进行转型,主要集中在页岩气生产上。全国页岩储量丰富,其中最重要的页岩盆地位于不列颠哥伦比亚省东北部。其他潜在的地区包括艾伯塔省、安大略省、魁北克和滨海诸省。加拿大页岩气储量的完整清单如图1.10所示。尽管加拿大尚未开始大规模的页岩气商业生产,但随着页岩气行业自身的转型,这种情况很可能在未来几年发生改变。例如,已经投资了20亿美元,以便在霍恩河流域和不列颠哥伦比亚省东北部的蒙特尼趋势区建立地面定位[15]。

加拿大非常规天然气协会最近报道,他们提供了加拿大天然气的潜能,加拿大天然气当前总的天然气地质储量为近 $4000 \times 10^{12} ft^3$,见表1.3。

表 1.3　加拿大天然气地质储量(GIP)[15]

天然气类型	天然气地质储量($10^{12} ft^3$)
常规天然气(仍为现有天然气)	692
煤成气/煤层气	801
致密气	1311
页岩气	1111
总计	3915

注:Petrel Robertson/CUSG 研究,2010。

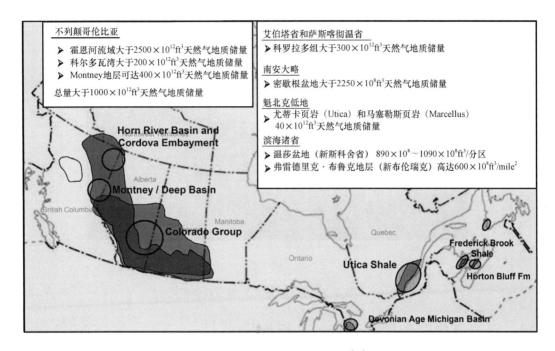

图 1.10　加拿大页岩气成藏区[15]

2010 年 1 月 1 日,世界页岩气可采资源量估计为 $7060 \times 10^{12} \mathrm{ft}^3$,大概是全球天然气可采总量的 25%,见表 1.4。值得注意的是,估计是不确定的,当获得更多准确的、有用的信息后,估计值可能会更高[5,34]。

表 1.4　按区域划分的可采天然气资源[5,34]

地区	天然气总量($10^{12} \mathrm{ft}^3$)	页岩气(%)
东欧和欧亚大陆	8119	0
中东	4907	10
亚太地区	4095	44
北美经济合作与发展组织	4836	40
拉丁美洲	2577	48
非洲	2330	44
欧洲经济合作与发展组织	1341	42
世界总计	28205	25

1.9　页岩气开采趋势

2000—2035 年天然气产量预测趋势如图 1.11 所示。值得注意的是,产气量的变化取决于多种因素,如政治事件、战争、社会和经济方面,发展新的钻探、生产和加工技术,探索新的天然气资源。根据图 1.11,天然气被分为 4 类,包括常规天然气、致密气、煤层气和溶解气。这些趋势清楚地表明,除常规天然气(非致密气)外,其他所有天然气类别的产量将从 2020 年起增加[35]。

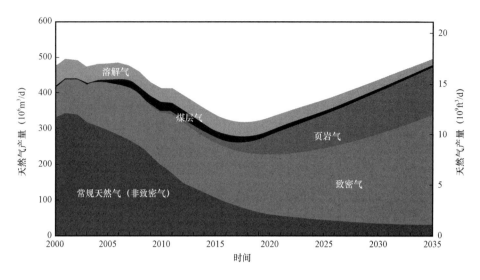

图1.11　按类型划分的天然气产量变化情况[35]

1.10　页岩气生产和勘探面临的主要挑战

非常规页岩气产量的增加将增强某些市场的能源安全感;然而,它也在全球和地方层面带来一系列复杂的挑战,同时将发电从其他来源改为天然气会对气候产生严重影响,并在生产过程中产生逸散的甲烷排放。从总体上看,主要涉及页岩气勘探和生产的问题有[33-35]:

(1)水力压裂过程中大量的水和有毒化学物质的使用,不仅可能成为污染的原因,而且可能成为饮用水的威胁来源。

(2)大量使用化学品、相关排放和货运交通对环境、生物多样性和生态系统有相当大的影响。

(3)对当地社区造成的一些社会、文化和经济的后果来自不同的因素,如对景观影响、大量货运交通压力以及新劳动力涌入对当地的影响。

(4)许多挑战涉及经营公司的规模和多个运营商,以及某领域的承包商。提出协调、预测和管理风险的问题,包括事故和职业健康危害。

(5)如果页岩气项目位于治理薄弱、有腐败历史和对承包商管理不善的国家,那么应当重点关注对所有复杂的潜在影响提供有效的监督。

1.11　页岩气的重要性

历史上,保护石油供应一直被称为能源安全。自2000年以来,北美页岩气的崛起见证了页岩气的快速发展。美国和加拿大的天然气产量占全球天然气产量的25%。页岩气的贡献在未来将继续呈上升趋势[36]。

总体而言,页岩气的重要性体现在以下方面[36,37]:

(1)能够提供美国大约1/4的能源。

(2)可用于发电,在2005年至2012年期间,由于页岩气的启用使天然气发电厂的发电量提高了 35%。

(3)它可以为 5600 多万家企业和住宅提供供暖。

(4)加上燃煤电厂的不断搬迁/退役，页岩气的大量使用已经帮助美国实现了截至 2012 年《京都议定书》(Kyoto Protocol)规定的约 70% 的二氧化碳减排目标。

(5)它能够为美国工业提供 35% 的能源和原料。

(6)它可以为 200 多万人口创造就业机会。

(7)它每年可以产生超过 2500 亿美元的政府收入。

(8)除了以上这些好处，页岩气生产还意味着州政府和联邦政府的税收和特许权使用费收入增加，以及向土地所有者支付的特许权使用费和奖金增加。

1.12 页岩气的应用

页岩气与常规天然气在利用效率上是一致的。因此，页岩气可以用在任何使用天然气的地方(如电力生产和直接使用)。直接使用包括工业用途(例如熔炉和氨气生产)和用于家庭取暖与烹饪[38]。

参 考 文 献

[1] http://naturalgas. org/overview/background/.

[2] Mokhatab S,Poe WA,Speight JG. Handbook of natural gas transmission and processing. (Amsterdam,The Netherlands): Elsevier; 2006.

[3] Speight JG. The chemistry and technology of petroleum. 5th ed. (Boca Raton,FL): CRC Press,Taylor & Francis Group; 2014.

[4] Scott Institute & Carnegie Mellon University. Shale gas and the Environment. (Pittsburgh,PA): Wilson E. Scott Institute for Energy Innovation; March 2013.

[5] Linley D. Fracking under pressure: the environmental and social impacts and risks of shale gas development. (Toronto): Sustainalytics; August 2011.

[6] Jing W,Huiqing L,Rongna G,Aihong K,Mi Z. A new technology for the exploration of shale gas reservoirs. Petroleum Science and Technology 2011;29(23):2450—9. http://dx. doi. org/10. 1080/10916466. 2010. 527885.

[7] Clark CE,Burnham AJ,Harto CB,Horner RM. The technology and policy of hydraulic fracturing and potential environmental impacts of shale gas development. 2012.

[8] Vengosh A,Warner N,Jackson R,Darrah T. The effects of shale gas exploration and hydraulic fracturing on the quality of water resources in the United States. Procedia Earth and Planetary Science 2013;7:863—6.

[9] Scott AR,Kaiser WR,Ayers WB. Thermogenic and secondary biogenic gases,San Juan Basin,Colorado and New Mexico—Implications for Coalbed gas producibility. American Association of Petroleum Geologists 1994;78(8): 1186—209.

[10] US Energy Information Administration. World shale gas resources: an initial assessment of 14 regions outside the United States. April 2011. Washington,DC.

[11] Friends of the Earth. Shale gas: energy solution or fracking hell?. (London): Friends of the Earth; 2012.

[12] Bolle L. Shale gas overview: challenging petrophysics and geology in a broader development adn production context. (Houston): Baker Hughes; 2009.

[13] National Energy Board. A primer for understanding Canadian shale gas. November 2009[Online]. Available: http://www. neb. gc. ca/clf – nsi/rnrgynfmtn/nrgyrprt/ntrlgs/prmrndrstndngshlgs2009/prmrndrstndngshlgs

2009 - eng. pdf.

[14] Government of Alberta. Shale gas. 2013 [Online] . Available: http://www. energy. alberta. ca/
NaturalGas/944. asp.

[15] Canadian Society for Unconventional Gas. Understanding Hydraulic Fracturing [Online]. Available: http://
www. csur. com/images/CSUG_publications/CSUG_HydraulicFrac_Brochure. pdf.

[16] Gas Reservoir, http://www. britannica. com/EBchecked/topic/226468/gas - reservoir.

[17] Wikipedia, http://en. wikipedia. org/wiki/Natural_gas.

[18] https://upload. wikimedia. org/wikipedia/commons/5/5d/Schematic_cross - section_of_general_types_of_oil_
and_gas_resources_and_the_orientations_of_production_wells_used_in_hydraulic_fracturing. jpg.

[19] Canadian Association of Petroleum Engineers, http://www. capp. ca/environmentCommunity/airClimateChange/
Pages/SourGas. aspx.

[20] Speight JG. Shale gas production processes. Gulf Professional Publishing; June 11,2013. Science.

[21] EIA. US Energy Information Administration—EIA—Independent statistics and analysis. EIA; 2013. N. p, ht-
tp://www. eia. gov/forecasts/aeo/er/early_production. cfm.

[22] Rahim Z, Al - Anazi H. Improved gas recovery—1: maximizing Postfrac gas flow rates from conventional, tight
reservoirs. Login to Access the Oil & Gas Journal Subscriber Premium Features. Saudi Aramco. 2012.

[23] Alberta Energy, http://www. energy. alberta. ca/NaturalGas/944. asp.

[24] Geology. com, http://geology. com/rocks/shale. shtm.

[25] Cascading Shale Rock, http://www. pbase. com/camera0bug/image/16090687.

[26] Maiullari G. Gas shale reservoir: characterization and modelling play shale scenario on wells data base. (San
Donato Milanese, Italy): ENI Corporate University; 2011.

[27] Boak J, Birdwell J. An introduction to issues in environmental geology of oil shale and tar sands. 2010.

[28] Martini AM, Walter LM, Budai JM, Ku TCW, Kaiser CJ, Schoell M. Genetic and temporal relations between for-
mation waters and biogenic methane: upper Devonian Antrim Shale, Michigan Basin, USA. Geochimica et Cos-
mochimica Acta May 1998; 62(10):1699 - 720.

[29] http://gastoday. com. au/news/us_shale_gas_story_and_australian_lng_revolutionising_the_global_gas_mar-
ket/101282.

[30] Speight JG. Shale oil production processes. Gulf Professional Publishing; 2012. Technology & Engineering.

[31] Petroleum Technology Alliance Canada. The modern practices of hydraulic fracturing: a focus on Canadian re-
sources. November 2012[Online]. Available: http://www. capp. ca/canadaIndustry/naturalGas/ShaleGas/Pa-
ges/default. aspx.

[32] Analysis & Projections, http://www. eia. gov/analysis/studies/worldshalegas/.

[33] EIA. Annual energy outlook. 2010.

[34] World Energy Outlook 2011. Are we entering a golden age of gas ? . (Paris): International Energy
Agency; 2011.

[35] National Energy Board, https://www. neb - one. gc. ca/nrg/ntgrtd/ftr/2013/index - eng. html.

[36] Bonakdarpour M, Flanagan B, Holling C, Larson JW. The economic and employment contributions of shale gas in
the United States. IHS Global Insight. America's Natural Gas Alliance; 2011.

[37] Natural Gas From Shale, http://energy. gov/sites/prod/files/2013/04/f0/why_is_shale_gas_important. pdf.

[38] Louwen A. Comparison of the life cycle greenhouse gas emissions of shale gas, conventional fuels and renewable
alternatives from a Dutch perspective. (The Netherlands): Utrecht University; 2011.

[39] https://www. eia. gov/maps/maps. htm.

第2章 页岩气特点

2.1 概述

含气页岩是指页岩气藏(区块)。页岩气藏分布在高达500m以下的大片地区。它们的特点是产量低。页岩气藏粒度细,有机碳含量丰富,天然气储量大[1]。含气页岩在岩性上存在着差异,这表明天然气广泛存在于一系列岩性和结构储层中,如非剥裂性页岩、粉砂岩和细粒砂岩(不仅仅是页岩)。通常,页岩薄层或页岩层位于以粉砂岩或砂岩为主的盆地中[1,2]。

页岩气通常埋藏在地表以下1~5km处。深度小于1km的气藏,压力低,天然气浓度低。而深度大于5km的气藏区域,页岩往往具有较高的密度和较低的渗透率,导致钻井等开发阶段的费用较高[1-3]。

天然页岩气主要由甲烷组成,不过它也可能含有一些化合物。能源公司必须将这些化合物与甲烷分离,才能使天然气在商业上可用。这些杂质在每个井和油藏中可能是不同的[1-3]。页岩气中发现的其他化合物还包括天然气凝液,天然气凝液是一种性质较重的油气,将在加工厂中以液体形式分离[1-3]。这些液体中包含庚烷、正己烷、戊烷、丁烷和丙烷。页岩气藏还有可能含有凝析油和水。原始页岩气的气体成分包括二氧化硫、硫化氢、氮、氮和二氧化碳。在大多数有天然气的储层中,水银的浓度也较低。发现的水银浓度将会降低,直到低于可检测的阈值,即万亿分之一(ppt)[1-3]。

页岩地层的岩石物理数据分析(如伽马射线、电阻率、孔隙度、声学以及中子俘获光谱数据)与非常规储层的岩石物理数据分析相同。页岩油的石油物理分析从伽马射线测井开始。这会显示富含有机质页岩的存在。有机物含有比普通矿物储层更高水平的天然放射性物质。岩石物理学家利用伽马射线计数来识别富含有机物的页岩形成物。

页岩储层的渗透率和孔隙度取决于天然裂缝,而对于页岩来说天然裂缝的渗透率和孔隙度通常是非常低的。当天然裂缝不存在或无法产气时,采用水力压裂等增产技术来生产页岩气[2-4]。

由于各类岩石类型存在不同的地球化学和地质特征,在进行天然气开采时需要采用独特的技术[5]。含气页岩表现出黏土和固体有机材料的各种力学性质、程度和各向异性分布。

页岩地层中的一些黏土矿物吸收或吸附了大量的天然气、水、离子或其他物质[2,4]。这可以有选择地、稳定地保持或自由释放流体或离子。基质孔隙度和吸附气体解吸对游离气体的相对贡献和组合是影响油井生产剖面的重要参数。裂缝网络中气体的耗竭使初始产气量迅速下降,储层中气体的耗竭成为生产的主要过程[2,4]。这个消耗过程的辅助物质是解吸,即降低储层压力而释放出的气体。储层压力是影响解吸产气量的重要因素。由于低渗透导致压力变化缓慢地穿过岩石,因此有时需要紧密的井距来释放大量吸附气。采用所有工艺后总的采收率为28%~40%[2,4]。

与常规气藏相比,页岩气藏的采收率较低。表征页岩气藏特征的一些重要参数包括厚度、成熟度、有机丰度或总有机碳含量(TOC)、脆性、矿物质、天然气地质储量、压力、渗透率、孔隙度和孔隙压力[2,4]。要想从页岩气藏成功开发页岩气,需要考虑这些性质。除此之外,页岩气地层的深度也很重要,因为它关系到天然气开采的经济性。这些因素的优化组合会大幅增加产量。由于不同的页岩气储层具有不同的性质,在制订开发计划之前,有必要对其进行研究。另一个需要考虑的重要问题是,这些特性可以在有测井和岩心数据的井位上确定。然而,对三维地表地震数据需要采用不同的地球物理工作流程来表征页岩气地层[2,4]。

对传统石油地质学专业的科学家和工程师来说,他们并不熟悉页岩气评价/特征所需要的许多岩石学和地球化学工具。本章的目的是介绍这些工具,并解释如何利用它们来评价页岩气藏和资源,具体的例子和重点关注马塞勒斯(Marcellus)页岩,其他泥盆纪黑色页岩和阿巴拉契亚盆地的尤蒂卡(Utica)页岩[6]。本章还将总结主要的特性描述工作流程。

2.2 含气页岩特征:背景

含气页岩的储气机理和气体流动是不寻常的,传统的岩心研究难以对其进行分类。目前,综合采用岩石学、岩石物理学和材料科学等分析方法,对页岩气试样的特征进行分析[7]。

页岩气储层岩石的典型分析方法包括镜质组反射率、TOC、液体饱和度、X 射线衍射、孔隙度、渗透率、吸附气/罐装气、详细的岩心和薄片描述以及光学和电子显微镜成像等[7,8]。这些研究的结果可以与伽马射线测井、声波测井、密度测井、中子测井、电阻率测井、核磁共振(NMR)数据和井眼图像等[8]测井研究结果相结合,以对含气页岩进行全面表征。

综上所述,综合地质、地球化学、地球物理和力学数据对页岩气(油)潜力的勘探和资源评价至关重要,如图 2.1 所示[9]。

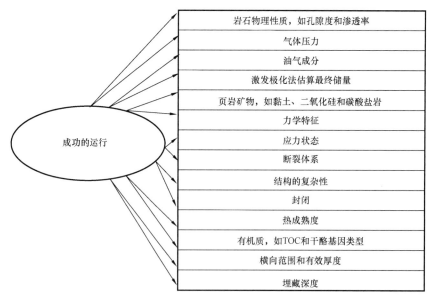

图 2.1 页岩气潜能和资源油井评价分析所需的一系列典型地质条件

(由 Elgmati MM,Zhang H,Bai B,Flori RE,Qu,Q. 对页岩气成藏的亚微颗粒孔隙特征进行了修正。

出自:North American unconventional gas conference and exhibition. Society of Petroleum Engineers,2001)

石油公司采用许多不同的方法(工作流程)来表征不同的含气页岩。图2.2详细描述了一个典型的非常规含气页岩综合表征流程图[10]。从图2.2中可以看出,Slatt等建立了一套系统的沉积岩石特征综合表征方法,用于水平井布局和人工裂缝处理[10]。

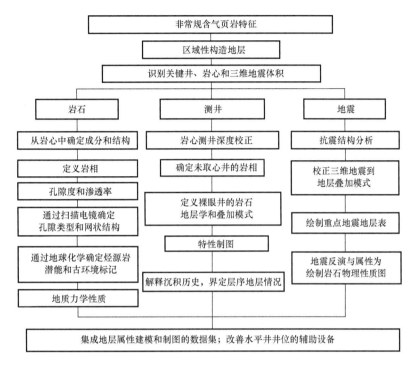

图2.2 非常规含气页岩综合表征流程图[10]

表征通常采用如下方式。

矿物分析采用标准X射线粉末衍射(XRD)和傅立叶变换红外光谱(FTIR)技术,辅以化学研究。这些分析与燃烧总有机碳含量(TOC)相结合,为基于组分和组构特征识别岩相提供了基础[10]。

孔隙度和渗透率的测量采用标准技术。孔隙及其连通性可以直接观察并采用扫描电镜(SEM)和场致发射扫描电镜(FE-SEM)对其进行定量,如图2.3和图2.4所示[10-14]。还可以通过能量色散X射线(EDX)分析确定晶粒的形貌和元素组成(用于晶粒的矿物鉴定)[10-14]。致密岩石分析热解技术也用于定量超低渗透率[14]。

生油岩评价仪是表征烃源岩质量的一种合适的工具,它提供了烃源岩中可回收有机物质的数量和残余干酪根的信息。单轴岩石力学试验可用于测量杨氏模量(E)和泊松比(ν),这两个参数影响井筒稳定性和水力压裂[11]。

研究人员还得出结论,高压(高达60000psi)水银孔隙度分析(MICP)可以发现孔隙尺寸分布。使用扫描电镜(SEM)—聚焦离子束(FIB)进行的一种稳健的、详细的断层扫描程序可以有效地描述微米级以下的孔隙结构。SEM可以探测多种孔隙度[2,7]。

表2.1给出了更多的信息,总结了取心和测井方法/数据,以确定主要的目标属性,如孔隙度、渗透率和TOC[15]。

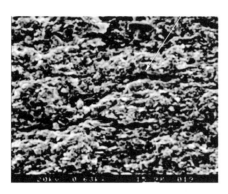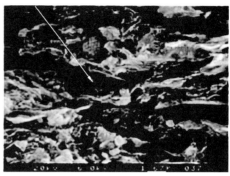

图 2.3   伍德福德(Woodford)页岩扫描电镜图微通道

箭头为油气(HC)迁移路径[10]

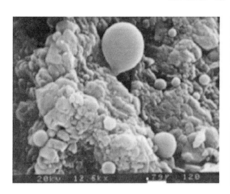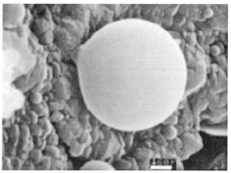

图 2.4   伍德福德(Woodford)页岩扫描电镜图像[10]

油滴从岩石中渗出进入开放的微通道

表 2.1   从岩心数据和测井数据中提取的各种性质[15,16]

感兴趣的性质	岩心数据	测井数据
孔隙度	压碎的干岩石孔隙度测定法	密度(通常)
总有机碳含量(TOC)	液相洗脱色谱法或生油岩评价仪	自然伽马测井、密度测井、电阻率测井
含水饱和度	作为干馏回收或迪安－斯塔克(Dean－Stark)	电阻率、干酪根校正孔隙度
矿物学	X射线衍射(XRD)、傅里叶转换红外光谱(FTIR)、X射线荧光分析(XRF)	密度、中子、聚乙烯、电子捕获光谱测井
渗透率	脉冲在碎石上衰减	(这个很难)
地质力学	静态模块	数字发送命令(DTC),传输系统(DTS),地层体积密度(RHOB)和合成替代品
地质化学	镜质组反射率(R_o),S1－S2－S3 等	电阻率(某种程度上)

2.3   含气页岩的表征:方法

页岩气藏的表征方法多种多样。表2.2给出了主要的无机岩相分析技术及其产生的信息[2,12]。

表 2.2　主要无机岩相分析技术及其对应信息[2,12]

技术	信息
岩心伽马测井	深度偏移校正
全岩心 CT 扫描	密度剖面、层理非均质性、识别天然或诱发裂缝
薄片	矿物学、结构、胶结、孔隙几何、分类
聚焦离子束(FIB)/扫描电镜(SEM)成像	矿物形态、孔隙几何、微结构、能谱(EDS)矿物制图、三维体积建模
X 射线粉末衍射(XRD)	块状矿物组成，富油敏感黏土的鉴定，颗粒密度相关性
流体敏感性分析	裂缝流体的选择、细粒的生成和运移、滤液—岩石的相互作用

关键的地球化学分析技术及其所提供的资料见表 2.3。

表 2.3　常用的地球化学分析技术及其提供的信息[2,12]

技术	信息
程序热解	目前的热成熟度、现有的挥发性烃以及剩余的生烃潜力
同位素地球化学	烃的成因、热成熟度、层间混合、烃源关系及储层划分
镜质体反射率和干酪根评价	热成熟度、干酪根类型、原始氢指数(HI)
油指纹	油气组分类型及 HC 通过页岩基质运移潜力的间接证据
生物标记物	热成熟度(仅适用于油窗)、共生、岩性、年代
收益率的计算	天然气储量(GIP)和石油储量(OIP)估计

许多粒子测试机构，如微晶分析服务机构，提供物理表征服务。所提供的技术和信息汇总见表 2.4[2,13]。

表 2.4　几种物理表征技术[2,13]

技术	信息
压汞孔隙度测定	孔隙大小、孔隙体积、孔隙度和密度测量
采用气体吸附技术的布鲁诺尔—埃米特—特勒(BET)表面积法	预测了孔隙中游离气体的储存量、表面或孔隙中吸附或溶解气体的量以及产气速率的动力学
气体置换比重瓶	页岩骨架体积。当与其他密度测量相结合时，骨架体积可用于测定破碎页岩和完整页岩样品的孔隙度
高压气体吸附等温线	在模拟页岩深度条件下，模型动力学数据和确定体积吸附

到目前为止，本节的重点一直是实验室表征技术。本章稍后将研究利用测井技术获取岩石物理数据。Slatt 和他的团队利用岩心—测井深度校正因子，将地质观测和实验室得到的岩石物理性质与测井得到的特征联系起来[10]。

2.3.1　测井数据

在成熟岩石中，由于非导电烃类的生成，电阻率明显增大，在电阻率测井曲线上容易识别[3,17]。ΔlgR 技术用于页岩气地层 TOC 的测量，适用范围广，成熟度范围广(图 2.5)。将电阻率曲线和传输时间曲线按比例缩放，使它们的相对比例为每两个对数电阻率周期

$100\text{ms/ft}^{[4,17]}$。在这方面,两条曲线相互覆盖的深度区间很广,而深度区间又是成熟度的函数,与TOC呈线性关系。然而,当我们处理有机丰富的地层时,也有一个例外,在这些地层中,$\Delta\lg R$表现出一种分离的趋势。通过样品分析,通常可以确定用镜质组反射率(R_o)方法来达到目的的成熟度水平(LOM)。根据有机质的类型,从R_o计算的LOM值通常从6或7到12不等。7号表示易生油干酪根成熟的开始和12号意味着易生油干酪根的过度成熟$^{[4,17]}$。图2.5中左边的图板是声波和电阻率曲线,表明了$\Delta\lg R$的分离。需要对现有测井曲线(声波、密度、电阻率和孔隙度)得到的特性进行交叉绘制,以便对页岩储层孔隙度有更深入的了解,并确定哪些因素适合区分储层孔隙度与非储层孔隙度$^{[3,4,17,18]}$。

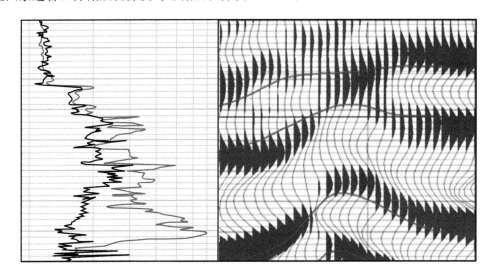

图2.5 测井数据以传播时间(黑色)和电阻率(灰色)表示TOC较高$^{[4,17]}$

2.3.2 地震数据

页岩地层TOC的变化影响纵波速度、横波速度、各向异性和密度的大小,因此可根据地震的响应进行识别$^{[18]}$。对于给定的干酪根含量和层厚,通过增加角度,PP波的反射系数减小。这表明,如果对某一特定的地震数据量对远堆栈和近堆栈进行评估,那么储层区域的基底将会呈现出单独的正反射,这种正反射也会随着偏移量的增加而降低,从而导致Ⅰ类振幅随偏移距的变化(AVO)响应的增加。同样,在储层岩石顶部,近堆栈负振幅较远堆低,表现为Ⅳ类AVO响应$^{[3,18]}$。这是可行的,因为TOC>4%的页岩储层岩石的声阻抗低于不含TOC的相同岩石。将穿透页岩层的井的阻抗曲线绘制在同一幅图上时,该图显示出储层质量的变化。与低声阻抗相关的区域与较高的有机物含量相关联,可以从这样的显示器中选择$^{[3,4,18]}$。岩层的脆性可用杨氏模量和泊松比与相应深度的比值来近似。这就提出了一种利用三维地震数据进行脆性匹配的方法,通过并行叠前反演得到纵波阻抗(Z_S)、横波阻抗(Z_P)、泊松比和纵横波速比(v_P/v_S)。泊松比低、杨氏模量高的区域是具有较好的储层质量和脆性的区域$^{[3,4]}$。这种方法适用于高质量的数据。

2.3.3 混合工作流程

要求薄层反射率的相对声阻抗随曲率体积的产生而变化。将输入地震资料经谱反演得到的反射系数体积定义为薄层反射率[18-20]。从这个体积得到的相对声阻抗具有更详细的细节。这主要是因为在这个体积中没有地震子波。在一个图解中,它展示了一个通过最大正主曲率体 k_1 的水平切割和通过一致地震振幅的垂直切割的直接演示,它规定了假设的断裂网络在相对阻抗显示和与该水平断裂相关的线性构造上的叠加[18-20]。应该指出的是,不同的曲率曲线似乎落在了适当的高阻抗区,使它们从低阻抗区中分开,并可能意味着加强了胶结裂缝[18-20]。

天然裂缝可以为页岩地层提供渗透通道,因此需要对其进行描述。尽管有许多页岩储层可能不包括这种天然裂缝,但伍德福德(Woodford)页岩等其他页岩储层具有这种特征。霍恩河盆地(Horn River Basin)的穆斯卡瓦 - 奥特 - 帕克耶维(Muskwa - Otter - ParkeEvie)页岩和鹰滩(Eagle Ford)页岩也存在天然裂缝。

这种裂缝可以通过叠前处理(例如 VVAz/AVAz/AVO)或处理叠后数据上的不连续属性来分类。通过分析阻抗场/速度的方位变化,可以识别页岩地层中的天然裂缝[3,19-21]。

2.3.4　地震波形

这种分类方法是另一种快速、简便的方法,在描述页岩气藏方面具有应用潜力。它基本上是根据地震波形状对目标区间进行分类。通常,这些波形分成不同的类别,并且每一类别都有自己的颜色。随后的地震相图显示了地震相的变化,便于将理想区域与其他区域分开。根据波形的分段方式,波形分组过程可以是有约束的,也可以是无约束的。图 2.6 给出了无约束波形分组的结果,并与薄层反射率得到的相对声阻抗进行了对比论证[18-20]。

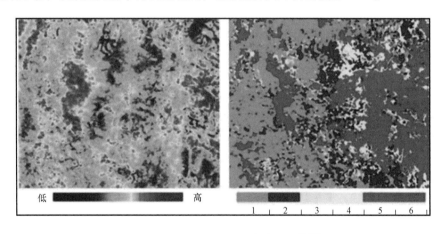

图 2.6　三维地震数据反射率反演[4,17]

2.4　含气页岩的岩石物理特征

在含气页岩中,获取岩石物理信息的 4 个主要领域是岩石类型、储层岩石的体积、流体类型以及流体的流动能力。不同的测量方法和技术用于表征岩石特征[15,16]。本节通过一个真实的案例研究来描述。

2.4.1　取心确定岩石类型

如图 2.7 所示,将储集岩的一段作为研究对象,为了方便描述,用数字标记区域。如

图2.2所示,顶部(区域1)为泥岩(页岩),下部为砂岩(区域2、区域3、区域4),其次为碳酸盐岩(区域5)、致密砂岩(区域6),最后为基岩或花岗岩[15,16]。

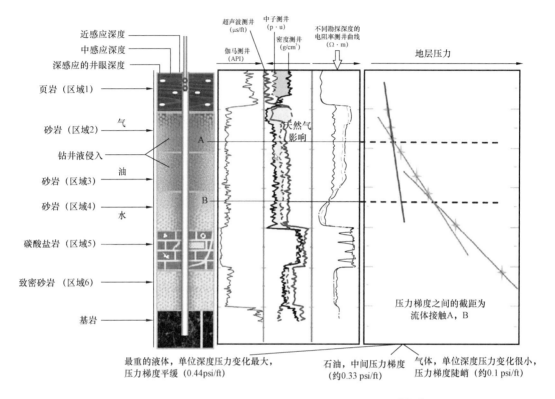

图2.7 不同油井测井和地层压力数据的气页岩剖面[15,16]

通常的做法是先钻进储层,然后停下来,更换钻头,再用取心器取一段岩心,即用取心筒将岩心从储层中取出来。之后,将岩心带到实验室,在显微镜下或裸眼下进行分析。因此,通过取心过程,获取岩石样品,为岩性描述和进一步分析做好准备[15,16]。

同一块岩样在白光和紫外光下的外观如图2.8所示。图2.8(a)为在正常的白光下。经观察,该岩石为黑色油染黑色砂岩,其他岩石为泥岩。此外,还可以清楚地看到,石油停留在储层的泥岩之间。图2.8(b)所示为同样的岩样被放置在桌子上,在紫外线(UV)光下的照片。在紫外光照射下,油气(HCs)会发出荧光[15,16]。

泥岩不含石油,颜色较深,岩石物理性质可以直接测量。从储层岩心中取出的称为岩心柱,可用来进行诸如孔隙度等性能的测量。在某些情况下,甚至可以直接测量岩心中的流体。因此,可以从岩心资料中获得大量储层沉积学(地质学)特征信息。例如,地质学家通过分析可以知道岩石是沉积在沼泽中还是沉积在深海或河流中。当可以得到这些数据时,就可以预测储层中页岩的最佳位置[15,16]。

同时,可以测量岩石的硬度和力学性能。这一阶段的工作对将来制订页岩开发策略有帮助。在油田开发过程中可能加入的各种化学物质也可以在岩样上进行测试,看看它们是如何反应的。它们会对井筒造成膨胀和伤害吗?或者它们能有效去除结垢吗?取心是一种直接的方法。对所有岩石取心是不实际的,所以只能研究小的井段。钻进储层、停止、切割岩心、钻出、钻回、切割岩心并重复这一过程,取心的成本是很高的[15,16]。在实际工作中,只能切割少量岩心,采集少量的直接测量数据。一般情况下,应进行其他类型的测量[15,16]。

2.4.2 伽马测井确定岩石类型

第一个感兴趣的要素是岩石类型。在已钻井位置放置测井工具,可以对 4000~5000ft 的储层段进行测井。伽马射线使用无源设备,这样它们就能接收到自储层返回的信号[15,16]。岩石中含有天然存在的放射性元素钍(Th)、钾(K)和铀(U),它们都能发出伽马射线。黏土和泥岩有含量高得多的钍和钾,它们提供了高的伽马射线响应。碳酸盐岩的放射性通常较低。因此,它们有一个更清晰的反应。火成岩、火山岩和变质岩具有不同的矿物学特征,并且具有很高的放射性。测试工具被放置在电线末端的孔中。当工具被拔出时,测量就完成了。图 2.7 给出了伽马射线测井的一个例子。从左到右放射性逐渐增加,这叫做电缆测井。事实上,它是井筒测量

(a)　　　　　(b)

图 2.8　在白光(a)和紫外光(b)下岩样的外观[15,16]

的轨迹,在井筒中可以做出许多假设,可以计算出岩石的类型[4,15,16]。

2.4.3 孔隙度测井估算体积

需要通过测量来量化有多少孔隙空间可用来保存流体。为了进行孔隙度测井,井筒内安装了不同类型的钢丝绳工具。通过有源器件,有许多不同的测量方法。这意味着它们以某种方式刺激地层,然后测量地层受到刺激后的反应[15,16]。

2.4.3.1　声波测井

声波测井技术是通过向岩石发送声波,然后,监测声波从发射器到接收器所需要的时间。声波在岩石中传播所需要的时间提供了一些关于岩石孔隙特性的信息。较长的传播时间意味着传播路径上有很多孔隙。因为与液体或空气相比,声音在固体中传播得更快。从图 2.7 可以看出,声波测井在碳酸盐岩和砂岩中传播速度较快,在页岩地区,传播速度较慢。它可能被解释为非常高的孔隙度。然而,页岩并没有很高的有效孔隙度[16]。它们可能具有很高的总孔隙度,可能含有相当多的水,即岩石较少。由于页岩储层孔隙大多不连通,因此在油田中该孔隙度不能称为有效孔隙度[15,16]。

2.4.3.2　密度测井

该有源装置在加热时发射伽马射线。如果放射性伽马射线遇到大量坚硬的岩石,它们就会被反射回来。因此,孔隙率越低、岩石越多,探测器记录的计数就越少。测量的密度测井曲线以类似的方式缩放。从图 2.7 的测井曲线可以看出,上段砂岩的密度小于下段砂岩的密度。低密度岩石的孔隙率较高。对于页岩,与孔隙体积相比,岩石更多[15,16]。

2.4.3.3 中子测井

在这种方法中,中子被释放到地层中,中子与水和油中的氢原子核发生相互作用。因此,中子测井是一种受流体影响的测井方法。有多少中子信号能够返回探测器取决于中子沿程受到了多少氢原子的阻碍[15,16]。因此,它能够反映储层的含氢量和孔隙度。图 2.7 的中子测井曲线表明,碳酸盐岩孔隙率较低。研究还发现,上部砂岩具有合理的孔隙度,页岩中含有大量的水,使表观中子孔隙度增大。因此,可以称之为流体孔隙度测井。声波测井综合考虑了流体和岩石的性质,密度测井更多地反映岩石的性质[15,16]。

2.4.4 电阻率测井确定流体类型

了解可用孔隙空间的数量,弄清孔隙空间中流体的类型很重要。在钻井时,人们通过电阻率测井发现所钻井眼有时是水井(而不是油井)。电阻率测井工具被放置在井筒中,它有一个发射器和接收器。总的来说,有两种类型的电阻率测井方法[15,16]:一种称为直接测量,即电流直接进入地层。工具和地层之间有导电作用。测量岩石对电流的电阻。另一种称为间接测量,即感应工具刺激储层中的电流。该电流是交流电(AC)在井下工具周围产生波动磁场。这个磁场诱导电流在工具周围地层流动,再次诱导电流回到工具内的接收线圈。这个电流与地层中电流的流动成正比。基于这一概念,可以得到地层的电导率,并通过反演得到地层的电阻率[16]。

众所周知,盐水会导电。一般来说,所有天然水域的水都有一定的盐度。系统中孔隙度越大,水的体积越大,电流越大。因此,孔隙度越大的含水岩石导电性越好。石油是不导电的,如果岩石中有石油,就会限制电流。一般来说,岩石中总有一些水在岩石颗粒上形成某种传导通路。岩石和石油完全不导电的情况非常罕见[16]。

在解释测井曲线时,需要注意的是,较高的电阻率可能不是含油饱和度的结果,因为有时恰好岩石是致密的。因此,在电阻率测井解释前进行孔隙度测井是区分低孔隙度/高电阻率岩石与高孔含油岩石的重要手段[15,16]。

电阻率测井曲线通常按比例向右增大。从下向上解释图 2.7(井筒深部探测深度)时,可以发现基岩区域存在一定的电阻率。电阻率在具有一定电阻率的导电砂(区域 6)中略有下降。当遇到石灰岩/碳酸盐岩胶结层段(区域 5)时,电阻率增大。在确定油气存在之前,需要对孔隙度测井进行检查,由孔隙度测井可以清楚地看出孔隙度非常低,意味着电阻率增加[15,16]。

在区域 4 孔隙区,由于孔隙空间大、体积大,电阻率下降。在区域 3,随着更多的石油向上开采,电阻率会增加。这很有趣,因为根据孔隙度测井,这里有一个高孔隙度区域,表明那里存在油气。根据充气区(区域 2)的不同,电阻率可能增加,也可能不增加。在页岩区(泥岩),通常含有大量的水,则电阻率降低。因此,一旦已知孔隙度并测量了电阻率,就可以得出油田中存在一定数量油气(HC)的结论[16]。

钻井液是在钻井时使用的。它有助于阻止地下带压流体进入井筒。它还能使钻头保持冷却。钻井液也会渗滤侵入岩层,形成入侵剖面。从图 2.7 中可以看出,在渗透性一般的岩石中,存在一定深度的钻井液滤液侵入;而在渗透性较好的岩石中,钻井液滤液推动油气,侵入地层更深。然而,在渗透性一般的岩层,也发现了较深的侵入特征,这是由于在这类岩石无法形成滤饼来阻止钻井液滤液的进一步侵入[16]。

　　在图 2.7 中,以点划线表示的测井曲线代表了在入侵区域以外的电阻率测量值。如果在其他勘探深度进行测量,从井筒附近到离井筒较远的地方,根据侵入量可得到不同的电阻率剖面。这也给出了渗透率的概念[16]。

　　在区域 6,从井筒测得的中等探测深度的电阻率高于最深探测深度的电阻率。这就意味着,侵入到中等深度才开始。由于滤饼的堆积,电阻率可能会增加。在致密非渗透碳酸盐岩胶结带,所有曲线叠加。井壁裂缝由电阻率的小峰信号降指示[16]。

　　在可接受的孔隙度/高渗透含水砂中,导电砂的电阻率较低。在含油砂岩中,钻井液滤液的侵入深度增加,中等深度电阻率增大。由于(井筒)中、深部滤饼相互作用,电阻率更大。在浅层,相对导电的钻井液滤液将阻性油驱走。因此,渗透率剖面较低。在区域 3 很容易看出这种分离。发现该油是可移动的,这表明对渗透率粗略估计很好[16]。

　　气体通常具有较低的氢指数,密度较小,中子孔隙率较低。在气相图上,这看起来像气体效应。因此,可以得出结论,流体类型会对测井产生影响[16]。

2.4.5　地层压力数据确定流体类型

　　将一个与井壁一侧连接的泵送至井下,少量流体被吸入该泵并测量流体对泵施加的压力。可以获得关于流体的渗透性和流动性以及每一点的压力的信息。压力取决于被测压力点上方流体的类型。图 2.7 中的星号代表了在井筒中一系列稳定的压力测量值[16]。在每一点,都有一个读数,可以看到,在含水区压力迅速增加,因为水是最重的。考虑石油压力梯度,即,在含油区测得的压力点中,可以观察到压力的增加没有在含水区快。与气体压力类似,井筒下的压力增加并不多。拦截器能有效地控制油水和油气的接触。流体的密度反映在压力梯度中[16]。

2.4.6　核磁共振确定流体类型和渗透率

　　对整个井筒进行核磁共振(NMR),得到核磁共振信号。当质子回到基态时,信号衰减。孔径越大,衰减越小,因为质子不与孔壁相互作用。在小孔径情况下,质子通过与孔隙壁的相互作用迅速返回到基态,信号衰减得更快。利用孔隙系统特征来估计渗透率[15,16]。

2.5　页岩气组成

　　页岩气的组成与天然气在常规储层中的组成相似(表 2.5)。页岩气通常是一种干气,它含有体积分数为 60% ~95% 的甲烷和氮气,有时还含有微量的乙烷、丙烷、惰性气体、氧气和二氧化碳。然而,在页岩中没有发现有害硫化氢的踪迹[2,22]。干气是指油气蒸气(高分子量石蜡)含量小于 $0.1gal/1000ft^3$ 的气体。当较重的油气存在量较大时,就称为湿气。页岩气的详细组成见表 2.5[2]。

表 2.5　页岩气组成[2]

名称	体积分数(%)
甲烷	>85
乙烷	3~8
丙烷	1~5
丁烷	1~2

名称	体积分数(%)
戊烷	1~5
二氧化碳	1~2
硫化氢	1~2
氮气	1~5
氦气	<0.5

表2.6给出了马塞勒斯(Marcellus)页岩气的组成。

表2.6 马塞勒斯(Marcellus)页岩气组成[2,22] 单位:%(体积分数)

井号	甲烷(CH_4)	乙烷(C_2H_6)	丙烷(C_3H_8)	二氧化碳(CO_2)	氮气(N_2)
1	79.4	16.1	4.0	0.1	0.4
2	82.1	14.0	3.5	0.1	0.3
3	83.8	12.0	3.0	0.9	0.3
4	95.5	3.0	1.0	0.3	0.2

与以往的输送级天然气平均水平相比,一些页岩气的乙烷含量要高得多,而其他页岩气则由正己烷(或稀释剂)和比历史平均水平更重的油气组成。

页岩气不仅与历史上具有透射性质的气体不同,而且在不同的储层之间,甚至在同一地层内部,页岩气也不尽相同。如表2.7所示,在不同的页岩地层中,丙烷、正己烷、乙烷、重组分和稀释剂(主要是CO_2和N_2)的浓度存在较大差异。这进而导致了华白数(也称沃泊数)、热值和其他直接影响客户使用天然气的因素的显著差异[15]。

表2.7 美国不同地区页岩气主要成分特征[2,15]

参数		美国平均值	地点1	地点2	地点3	地点4	地点5	地点6	地点7	地点8	地点9
体积分数(%)	甲烷(CH_4)	94.3	79.4	82.1	83.8	95.5	95.0	80.3	81.2	91.8	93.7
	乙烷(C_2H_6)	2.7	16.1	14.0	12.0	3.0	0.1	8.1	11.8	4.4	2.6
	丙烷(C_3H_8)	0.6	4.0	3.5	3.0	1.0	0.0	2.3	5.2	0.4	0.0
	丁烷(C_4H_{10})	0.2	0	0	0	0	0	0	0	0	0
	戊烷(C_5H_{12})	0.2	0	0	0	0	0	0	0	0	0
	二氧化碳(CO_2)	0.5	0.1	0.1	0.9	0.3	4.8	1.4	0.3	2.3	2.7
	氮气(N_2)	1.5	0.4	0.3	0.3	0.2	0.1	7.9	1.5	1.1	1.0
	惰性气体总计(CO_2+N_2)	2.0	0.5	0.4	1.2	0.5	4.9	9.3	1.8	3.4	3.7
	总计	100	100	100	100	100	100	100	100	100	100
高热值(Btu/ft³)		1035	1188	1165	1134	1043	961	1012	1160	1015	992
比重		0.592	0.675	0.660	0.653	0.583	0.601	0.663	0.672	0.607	0.598
华白数(Btu/ft³)		1345	1445	1435	1404	1366	1239	1243	1415	1303	1284

2.6 压力、温度和深度的范围

2.6.1 压力

对页岩气的研究特别强调超压区域识别,这类区域一定的储层体积内能够容纳更高浓度的天然气。当没有实际压力数据时,采用每英尺深度 0.433psi 的保守静水压力梯度。大多数页岩气藏的压力通常为 2500 ~ 2800psi(绝)[2,22]。

2.6.2 温度

人们在许多研究中获取了关于页岩地层的温度数据,特别是对高于平均温度梯度和表面温度的区域。当无法获得实际温度数据时,可取每 100ft 深度的温度梯度为 1.25℉,表面温度为 60℉。页岩气藏的温度通常为 75 ~ 160℉[2,22]。

2.6.3 深度

主要页岩层的深度大于 1000m,但小于 5000m(3300 ~ 16500ft)。浅于 1000m 的浅层地区储层压力较低,油气采收的驱动力较小。此外,浅层页岩地层在其天然裂缝体系中存在含水量较高的风险。深度超过 5000m 的地区存在渗透率降低的风险,钻井和开发成本要高得多[2,22]。

美国是页岩气产量最高的国家。美国页岩气储层的温度和压力范围如图 2.9 所示[23]。

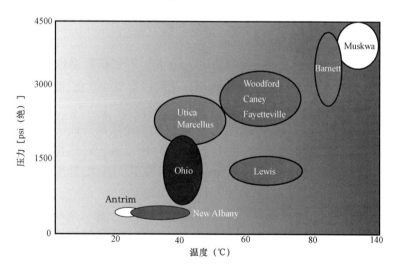

图 2.9 美国一些产气页岩的压力和温度范围[23]

2.7 页岩气黏度和密度

采用 Lee 相关关系确定特定温度和压力下的气体黏度(μ_g)为[2,23]:

$$\mu_g = 10^{-4} K \exp(X\rho^Y) \tag{2.1}$$

式中:μ_g 为气体黏度,cP;ρ 为气体密度,g/cm³;K、X 和 Y 定义如下[2,23]:

$$K = \frac{(9.379 + 0.01607 M_w) T^{1.5}}{209.2 + 19.26 M_w + T} \tag{2.2}$$

$$X = 3.448 + \frac{986.4}{T} + 0.01009 M_w \tag{2.3}$$

$$Y = 2.447 - 0.2224X \tag{2.4}$$

在式(2.2)和式(2.3)中,M_w 为气体分子质量,lb/(lb·mol);T 为温度,°R。

根据实验室和现场实测数据对含盐岩石进行了分析。Gardner 等得到了岩石密度与纵波速度之间的经验方程[24]:

$$\rho = av^m \tag{2.5}$$

式中:ρ 为密度,g/cm³;v 为纵波速度,m/s。此外,a 和 m 是常数,取决于岩石的类型,默认大小分别为 0.31 和 0.25。式(2.5)给出了被测岩石为砂岩、黑石和碳酸盐岩的合理近似。

此外,体积密度(ρ_b)由以下关系决定[2]:

$$\rho_b = \rho_m \nu_m + \rho_k \nu_k + \rho_{gk} \phi_k + \rho_{gm} \phi_m \tag{2.6}$$

在式(2.6)中:ρ 为密度;ν 为相对于岩石的体积分数;ϕ 为孔隙度符号;下标 m、k、gk 和 gm 分别表示(无机)基质、干酪根、侵蚀内气体和基质间气体。

2.8 含气页岩的热学性质

用导热系数 λ[W/(m·K)]、比热容 c_p[J/(kg·K)]和热扩散系数 α(m²/s)描述材料对热量的增加或损失的响应[25]。导热系数和比热容是两种重要的性质,而第三种性质可以由它们和介质的密度来确定[26]。

为了正确认识页岩气的基本热物理性质,应从技术和地质两方面入手。因为页岩气的热物理性质这一固有特性对于提取页岩有机质非常重要,所以对岩石热物理性质参数的测量要特别重视。这些主要是基于热在页岩中热解有机质的应用。因此,温度对页岩性能的影响对于有效的工艺设计至关重要[25,26]。

本章使用"热物理"这一术语来描述与热的吸收、释放和传输直接或间接相关的因素。包括比热容、热扩散系数和导热系数在内的特性在逻辑上属于这种经典的分类格式。对于具有相变或热分解能力的物质(如热活性物质),利用差热分析(DTA)和热重法(TG)等热分析方法表征其热行为也是必不可少的。由于电和机械特性对材料在加热过程中发生的变化极为敏感,因此它们通常已成为热物理特性的一个组成部分。因此,热物理性质大体上可以大致分为三类,包括热、电和机械性质,如图 2.10 所示。这些性质反过来又包括一系列广泛的测量参数,这些参数可以相互关联,从而对感兴趣的材料的整体热物理行为产生自洽的描述。图 2.10 还描述了热物理测量与油页岩技术中一些典型现场应用的相关性[25,26]。

图 2.11 显示了页岩样品在环境温度范围到 473K(作为温度的函数)的导热系数的典型趋势[27]。结果表明,在 473K 以下,导热系数与温度之间存在三个明显的区域关系。在第一个区域,当温度达到 363K 时,导热系数增加。第二个区域发生在 363~423K。在这个温度范围内,

页岩油与页岩气手册——理论、技术和挑战 **33**

导热系数下降,这可能是由于失去了自由水、吸附或吸收的水。如果页岩含水率较低,则导热系数的降低不显著。第三个区域温度范围为 423～473K,导热系数随温度增加。导热系数与温度的关系在第一个区域表现得更为明显,电导率一般增加20%[27]。

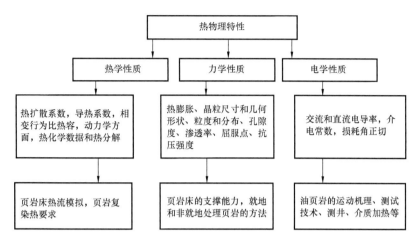

图 2.10　热物理性质分类及测量仪与页岩技术现场应用的相关性(Waite WF,Santamarina JC,
Cortes DD,Dugan B,Espinoza DN,Germaine J,Jang J,Jung JWT,Kneafsey T,Shin H,
Soga K,Winters WJ,Yun T – S. Physical properties of hydrate – bearing sediments,Rev Geophys 2009;
47;Moridis GJ. Challenges,uncertainties and issues facing gas production from gas hydrate deposits.
Lawrence Berkeley National Laboratory;2011)

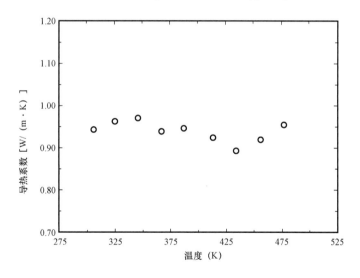

图 2.11　页岩导热系数随温度的变化[27]

　　美国许多页岩实验的平均导热系数见表2.8。表2.8还列出了与平均导热系数相关的数据点个数和标准差[27]。此外,给出了最小导热系数和最大导热系数,以及它们发生时的温度。研究发现,温度存在显著的数据分散。主要原因是一些样品在较高的温度下导热系数最高,而不是最低,而另一些样品则相反。事实上,除了三个样品外,其他所有样品的最小导热系数和最大导热系数都在平均值的两个标准差之内。因此,这些趋势可能是由于水的运动和蒸发作用的影响。研究人员的结论是,所提供的数据不足以区分页岩类型。在更大的温度范围收集数据可能会得到更显著的热特性差异,特别是在温度高于明显发生水蒸发的情况下[27]。

表 2.8 六种美国页岩在室温至 473K 温度范围内的导热系数[27]

页岩类型	深度(m)	数据点数量	平均导热系数 λ [W/(m·K)]	标准偏差	最小导热系数 λ①	最大导热系数 λ①
俄亥俄克利夫兰②	137.2	8	0.73	0.06	0.67(344)	0.81(473)
忧伤河三层盐沼地层②	149.7	7	0.83	0.05	0.78(369)	0.90(456)
休伦上层②	157.3	17	0.86	0.03	0.79(429)	0.89(404)
	157.6	6	0.79	0.04	0.75(405)	0.86(373)
	158.4	10	0.78	0.04	0.73(426)	0.84(373)
	158.5	9	0.91	0.05	0.84(426)	1.02(372)
	158.8	9	0.91	0.05	0.83(430)	1.00(374)
	160.9	9	0.85	0.03	0.81(427)	0.93(375)
	164	5	0.94	0.01	0.93(413)	0.95(389)
休伦中层②	175.6	7	0.87	0.04	0.81(442)	0.93(341)
	176.2	6	1.09	0.04	1.02(445)	1.14(393)
	176.3	9	1.08	0.06	1.05(461)	1.20(374)
	176.3	10	1.05	0.06	0.93(439)	1.17(374)
	176.5	10	0.93	0.03	0.91(431)	1.02(374)
	176.8	8	0.94	0.03	0.90(434)	0.98(345)
皮尔	45.1	4	1.01	0.21	0.75(441)	1.22(348)
	45.3	9	0.68	0.05	0.63(313)	0.76(372)
	45.4	4	0.88	0.08	0.78(417)	0.98(370)
	45.7	9	0.84	0.10	0.76(431)	0.95(316)
	49.1	4	0.87	0.06	0.81(406)	0.96(375)
石油③		8	1.07	0.09	0.98(311)	1.23(451)

① 括号内的数值是测量导热系数时的温度(K)。
② 来自肯塔基州 EGSP 5 号井。
③ 来自格林河岩组。

2.8.1 导热系数

页岩在环境条件下的导热系数变化范围为 0.5~0.2W/(m·K)。此外,不同样品的导热系数不同,取决于样品成分[25]。

利用戴门特(Diment)与罗伯逊(Robertson)关系式定义导热系数(λ)如下[25-27]:

$$\lambda = 2761 - 15R \tag{2.7}$$

式中,R 为不溶于稀盐酸的页岩质量分数。

此外,Tihen,Carptner 和 Sohn 还介绍了油页岩组成与导热系数的关系[25-27]:

$$\lambda = C_1 + C_2 F + C_3 T + C_4 F^2 + C_5 T^2 + C_6 FT \tag{2.8}$$

式中:C_i 为常数;T 为温度,K;F 为页岩费歇尔(Fisher)实验参数,L/kg,需要注意的是,上述方程是基于格林河(Green River)的地层信息,测定值为 0.04 ~ 0.24L/kg。

2.8.2　热容

页岩气的热容由以下关系式表示[25-27]:

$$\ln\alpha = \frac{4\pi\theta\lambda}{Q} + \gamma + \ln\frac{R^2}{4t} \qquad (2.9)$$

在式中:α 为热扩散系数;λ 为导热系数;θ 为温升;Q 为热量输入;γ 为欧拉常数;t 为时间;R 为与线热源的距离。

值得注意的是,热扩散系数的定义为[25-27]:

$$\alpha = \frac{\lambda}{\rho c_p} \qquad (2.10)$$

目前还没有对影响几种页岩热特性的变量进行系统的研究。但是,对所有研究的回顾有助于了解重要的参数。这些包括组分、温度、孔隙度、压力和各向异性[25-27]。

2.8.3　组分效果

各种地质媒质的导热系数数据表明其与成分有关。对水的导热性能、黏土含量、页岩费歇尔实验参数(单位:gal/t)和无机矿物含量等进行了研究。需要注意的是,天然材料的非均质性使得导热系数的预测变得困难,这是因为[25-27]:

(1)对许多组分来说,其矿物的电导率并不准确;

(2)在地质介质中,这些组分通常不会以离散的、不稳定的晶体形式出现;

(3)电阻不一定总是串联或并联的,但往往是这些电阻的某种组合,或完全随机的电阻组合模式。

非均质性的影响可以从 Birch 和 Clark 的研究中得到说明。据他们报道,相邻粗碎的岩石样品之间的导热系数相差高达 50%。尽管作者们推测这些差异是由于导热系数和组成之间的成分相关性的变化造成的,但这是历史上的经验之谈,需要基于大量的数据。如前所述,Diment 和 Robertson 得到了导热系数与页岩组成之间的关系。Tihen,Carpenter 和 Sohn 还介绍了一个与油页岩导热系数和成分有关的方程。它们的相关性表明,某些页岩样品的成分与温度的影响是相互关联的[25-27]。

2.8.4　温度的影响

在地质媒质上的导热系数测量显示出对温度的依赖关系。据报道,格林河岩组的油页岩电导率为 T^2 的函数。在某些情况下,这一变化导致在 653K 时的导热系数比 353K 时降低了 50%。如前所述,导热系数取决于温度。这两种页岩类型的导热系数与温度之间的关系强度的差异可能是由于组分的差异造成的,从 Tihen,Carpenter 和 Sohn 的经验公式就可以看出。然而,样品孔隙度的不同也可能是造成差异的原因之一[25-27]。

2.8.5　孔隙度的影响

对于多孔介质,导热系数是孔隙率和孔隙中所含流体的强函数。已经建立了许多与导热系数和孔隙度有关的经验模型。考虑到一些页岩地层孔隙度高达 50%,孔隙度似乎是影响导热系数的一个重要变量。据文献报道,饱和水页岩样品(室温下)的导热系数比真空干燥样品高 3% ~ 50%。由 Dell'hico, Captain 和 Chansky 研究的 Comayagua 组页岩样品的平均孔隙度为 1.45%(由真空干燥样品的吸水率决定)。据推测,这种低孔隙度,因此样品中含有少量的流体,可以解释饱和水和真空干燥样品导热系数的微小变化。这也可能导致对温度缺乏敏感性[25-27]。

2.8.6 压力的影响

地质媒质的导热系数随围压的变化而变化。根据岩石类型的不同,压力对导热系数的影响相对较小(3% ~ 25%)。导热系数的变化归因于由于样品压缩而产生的更紧密的晶内接触,然而,这种影响的程度/水平在一定程度上取决于困在孔隙中的流体的组成和可压缩性。Dell'hico, Captain 和 Chansky 的结论是,压力对孔隙度较低的页岩的导热系数影响较小。对于页岩 Conasauga 组平均孔隙度为 1.45%,当压力从 10MPa 变化到 2.5MPa 时,环境温度下的导热系数增加 2.1%[25-27]。

2.8.7 各向异性的影响

多项研究表明,与页岩层理面垂直方向的热流对应的导热系数与地层面平行方向的热流对应的导热系数存在显著差异。一般来说,平行于层理面的导热系数要高于垂直于层理面的导热系数。例如,据 Dell'Amico, Captain 和 Chansky 报道,Conasauga 组页岩地层平行于层理面的导热系数值比垂直于层理面的导热系数值高 30%[25-27]。

2.9 页岩气混合物的 PVT 行为

储层流体(油或气)可能因储层的不同而有很大的不同。根据流体的组成,流体的性质有很大的变化。如图 2.12 所示,用相图对储层流体进行图形化描述。相图显示了压力与温度(p—T 图)、压力与体积(p—V 图)或温度与体积(T—V 图)之间的关系。对于单个复合体系,在不同的压力和温度下,体系处于不同的相,包括固相、液相和气相[2,26,28]。

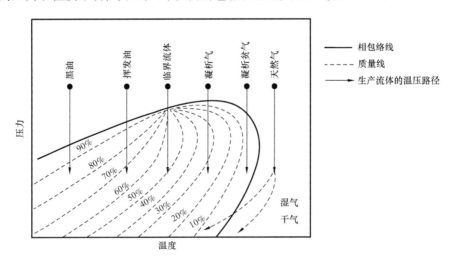

图 2.12 生产过程中流体的 PVT 行为(广义 PVT 图表)[29]

不同的相通过固体蒸汽分离开来;固体—液体(熔化曲线)和液体—蒸汽(蒸汽压力曲线)。液体—蒸汽线在临界点处结束。在临界点之外,液相和气相是无法区分的。对于含有两个或两个以上分量的系统,系统的气压曲线将位于单个分量的汽压曲线之间。可以画一个相包络线,而不是一条曲线。在气液两相的相包层内,平衡共存。相包层的边界曲线称为气泡点线,第一个气泡开始从液相中冒出来,露点线是第一个液滴开始从汽相中冒出来。从 PVT 行为可以看出,只要凝析液和湿气在气液中,就不会发生液滴流出阻碍流动;然而,随着地层压力下降,这可能成为一个关键问题。在黑油或挥发油页岩中,随着地层压力下降到泡点曲线,气体从溶液中出来,导致液相的气油比降低,黏度增加,使液体更难从孔隙空间移动出来。此外,自由气相可以更自由地穿过岩石的孔隙喉道,留下液体[2,28]。

在相包络面上的最大温度和压力点分别为临界凝析温度和临界凝析压力[2,28]。

2.10　含气页岩的岩石学和地球化学特征

对地下页岩气藏成功有效的评价,需要对其石油地质、地球物理和地球化学特征有充分的认识。特别是页岩岩石学和石油地球化学的各个方面,为发现和开发非常规页岩气藏提供了至关重要的基本信息。从致密的低渗透岩石到高度断裂的岩石,页岩气储层具有不同的矿物学组分,控制着页岩的韧性与脆性结构(图 2.13)。为了预测页岩气经济生产的可能性,有必要确定页岩中天然气是微生物成因还是热成因。最后,将地质特征背景下的地球化学测量和解释应用于页岩气勘探开发的决策过程至关重要。

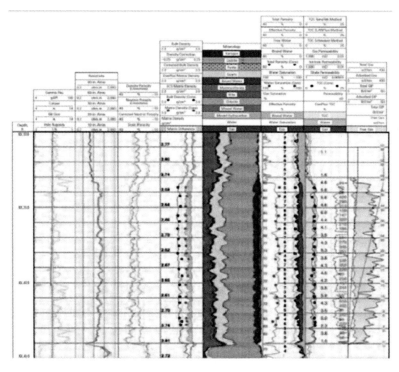

图 2.13　地层性质❶

---

❶　原著图即不清晰。为了保持与原著图号相同,译著不做删减。——编者注

在开采过程中,天然气必须通过页岩中的孔隙空间进入油井。然而,与常规砂岩储层相比,页岩中的孔隙空间要小 3 个数量级,且储层的渗透率非常低[2,30]。图 2.14 所示为页岩的纳米级孔隙[30]。

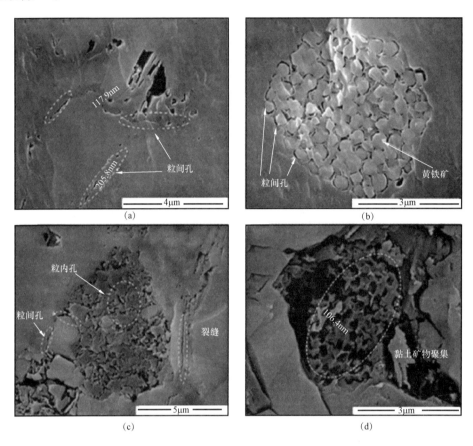

图 2.14　牛蹄塘页岩扫描电镜图

2.10.1　页岩结构

页岩是一种页状岩石,这意味着由于黏土薄片的平行方向,它可以被分解成平行于层理面的薄层。组成相同、粒径小于 0.06mm 的非页状岩石称为泥岩。黏土较少且组分相似的为粉砂岩。页岩是一种沉积岩[31]。

2.10.2　页岩成分与颜色

页岩由石英颗粒和黏土矿物组成,颜色为灰色。有时,其他微量成分的加入会改变页岩的颜色。当含碳量大于 1% 时,页岩呈黑色。棕色、红色和绿色表示氧化铁或氧化铁的存在[31]。黏土是页岩的主要成分。黏土矿物如蒙脱石、高岭石和伊利石可存在于页岩中。泥岩和页岩含有大约 95% 的有机质[31]。

2.11　天然气地质储量体积的估计

天然气地质储量(GIP)由下式确定:

$$GIP = 1359.7AhdG \tag{2.11}$$

式中:A 为泄油面积;h 为储层厚度;d 为体积密度;G 表示总气体含量。

现今的就地天然气地质储量是储层自沉积以来所受地质因素的函数(储层"自喷"、抬升、断裂和水力剥离)。因此,准确的含气量数据不能仅根据岩石物理性质计算而来,还必须从新切割的岩石样品中直接测量[32]。

2.12　气页岩地层的地质描述

表2.9 显示了世界范围内不同地质时期的海洋页岩,其中,黑色圆圈表示每个年代出现的次数。构造、地理和气候条件影响着诸如海洋沉积物等富含有机质沉积物的发育。它们在一定程度上是热成熟的,可将干酪根转化成油气,因此,一直是勘探企业关注的焦点。湖泊平原的页岩也得到了开发,但没有海洋页岩那么广泛[32]。

表2.9　按地质时期划分的全球海洋页岩[32]

时间（Ma）	纪	北美	南美	欧洲	西伯利亚和中亚	非洲	澳大利亚和亚洲
—65—	第四纪、新近纪和古近纪			●●●●	●●		
—135—	白垩纪	●●●●	●	●	●●	●●	
—190—	侏罗纪	●		●●● ●●● ●	●●		●
—225—	三叠纪	●●	●	●● ●●		●	
—280—	二叠纪	●		●●●●			
—320—	宾夕法尼亚纪	●●●●		●●●			
—345—	密西西比纪	●●●●					
—395—	泥盆纪	●●●●● ●●●●	●●●	●●●●		●●●	
—435—	志留纪	●●		●●●●●	●		
—500—	奥陶纪	●●●●●		●●●			
—570—	寒武纪	●		●●	●		
—2500—	元古代 太古代	●●●		●●	●	●	●●

页岩是在高有机质(HC)和低氧气(O_2)的情况下形成时,页岩中往往富含有机物。这些地质构造存在于几个地质时代,包括泥盆纪。从前寒武纪到近代,富含有机质的页岩已被发现。然而,为了达到热成熟度,大多数气相页岩主要集中在奥陶纪至宾夕法尼亚纪的沉积物上[14]。

页岩气地层的地质描述主要分为邻近地区和远端地区两个区域。

邻近地区:正常的准层序开始于层状灰黑色黏土岩的底部,具有稀疏的毫米级厚淤泥层和薄的骨磷酸盐滞留沉积。极细砂岩或粉砂岩层的厚度逐渐增加到厘米级;这些床层通常具有平面平行或水平通道。在地表,砂岩层通常具有侵蚀性基底,向深部运动方向细化,但与泥岩互层。

水平沟道的强度随深度的增大而增大,包体泥岩的淤积程度增大,生物扰动程度增大,垂直沟道较小,水平沟道居多。准层位顶部砂岩层变粗,普遍存在非常细的覆盖泥岩[32-36]。

砂岩往往受现今层理的控制,或受水平和垂直通道的强烈生物扰动,通常来自上覆层序的泥岩。当床层厚度增加时,准层序的颗粒尺寸增大(由粉砂增加到 0.125mm 左右)[32-36]。

远端地区:在大多数远端地区,副层序要薄得多,与近端只有几厘米级风暴层的地区相比,副层序由层状至平行层状的深灰色泥岩和黏土岩组成。

岩性标志仍显示出向上浅滩的趋势:粉砂岩的百分比、砂岩的百分比、粉砂岩或砂岩床组的厚度和最大粒径。相当一部分泥沙大小的颗粒往往是生物成因的。这些副层序通常表现为骨骼磷含量、氢指数、TOC 和生物扰动向较低深度增加,而生物硅丰度略有下降[32-36]。

2.13   孔隙度与渗透率:理论与实验

孔隙度和渗透率是任何岩石或松散体的相关性质。大多数石油和天然气都是从砂岩中开采出来的。这些岩石通常具有高渗透性和高孔隙度。孔隙度和渗透率对于油气井生产是绝对必要的。孔隙是由岩石中容纳油气的微小空间组成的,而渗透率是允许油气穿透岩石的一种特征。

岩石的孔隙度是衡量岩石保持固体颗粒能力的一个指标。数学意义上的孔隙度是岩石中的开放空间除以岩石总体积(固体 + 空间或洞)。孔隙度通常表示为总岩石中被孔隙空间所占的百分比。例如,砂岩可能有 8% 的孔隙度。这意味着 92% 是固体岩石,8% 是含有石油、天然气或水的开放空间。8% 的孔隙度是一口好油井对孔隙度的最低要求,尽管许多较差的(通常是非经济性的)油井的孔隙度较低。虽然砂岩是硬的,而且看起来很结实,但它实际上很像海绵(一种非常硬的、不可压缩的海绵)。在砂粒之间存在足够的空间来储存油或天然气等可燃物质。砂岩中的孔被用于估算孔隙度(起源于多孔这个词)[32-36]。

岩石的渗透性是衡量岩石对流体阻力的一种方法。阻碍作用越强,岩石的渗透性越低。如果流体很容易穿过岩石,那么它就是一个渗透性很强的系统。对于给定的多孔介质和流体,渗透率是一个常数。为了将流体的影响从多孔介质的影响中分离出来,定义了绝对渗透率 k,它只用于描述多孔介质的渗透率[2,34]。

$$k = K \frac{\eta}{\rho} \qquad (2.12)$$

式中:k 为绝对渗透率(量纲为 L^2);K 为渗透率(量纲为 LT^{-1});η 为流体动力黏度系数(量纲为 TFL^{-2});ρ 为单位体积流体的质量(量纲为 FL^{-3})。对于富含黏土的介质,公式(2.1)严格地只适用于非极性流体,因为渗透性也受溶解阳离子的价态和浓度的影响[2,34]。

图 2.15 中渗透率数据的范围超过 6 个数量级,从大约 $2 \times 10^{-22} m^2$ 到大约 $2 \times 10^{-16} m^2$。在单一孔隙度体系中,渗透率范围随孔隙度的增大而减小,孔隙度范围为 0.15 ~ 2 时,渗透率范

围由四个数量级以上减小。在孔隙度较低的情况下,渗透率的变化趋势表明,泥岩似乎能够挤过那些提供了大部分富流体的大孔隙的特殊塌陷。不同岩性泥岩的孔隙度分布随孔隙度的减小而增大。

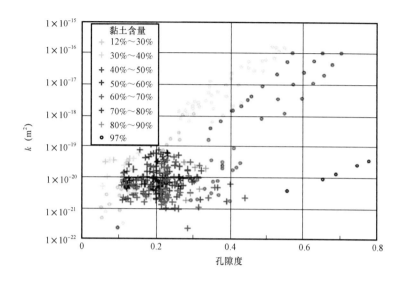

图2.15 渗透率—孔隙度数据集[34]

图例显示了每段的黏土含量范围,圆圈和十字分别为实测渗透率和模拟渗透率的数据点

结果表明,泥岩孔隙度与渗透率之间不存在简单、单一的关系。此外,不稳定性主要受黏土含量的控制;黏土含量越高,相同孔隙度下的渗透率越低。

图2.16清楚地研究了黏土含量对孔隙度—渗透率关系的影响。图中的数据点是从墨西哥湾采集的一个18m长的岩心的58个样本中收集的。这些样品具有不同的黏土含量(37%~70%);然而,它们的孔隙度范围有限(0.20~0.24)。孔隙度的微小变化受黏土含量的控制,黏土含量是通过不同的泥浆机械压实模型估算出来的。泥岩渗透率值与黏土含量的关系令人信服,与黏土含量的变化呈数量级关系。早期的研究表明,细粒度的经典沉积物渗透率与孔隙比[$\varepsilon = \phi/(1-\phi)$]或孔隙度($\phi$)通过一个对数线性函数近似相关。

所报道的数据集表明,在有限的孔隙度范围内,孔隙度与测井渗透率之间的线性关系是可以接受的。在整个孔隙度范围内,对数渗透率与孔隙度或孔隙度之间的关系可以用更复杂的数学形式/表达式很好地表达。现有数据样本的最佳拟合如图2.17所示[2,34]。

在图2.17(孔隙度—渗透率关系)中,图例显示了各带的黏土含量范围。空心圆和"十字"分别表示实测或模拟渗透率的数据点。每条曲线表征同一颜色条带黏土含量中间值的关系如下[2,34]:

$$\ln k = a_k + b_k e + c_k \varepsilon^{0.5} \qquad (2.13)$$

其中

$$a_k (或 b_k 或 c_k) = c_0 + c_1 w_{CL} + c_2 w_{CL}^{0.5} \qquad (2.14)$$

式中:w_{CL}为黏土含量,%;ε为孔隙比;a_k,b_k,c_k,c_0,c_1和c_2为系数,m²。在系数中考虑了黏土含

量对渗透率—孔隙度关系的影响。在一定的孔隙度(ϕ)或空隙比(e)下,渗透率—黏土含量方程采用系数与黏土含量关系的形式。

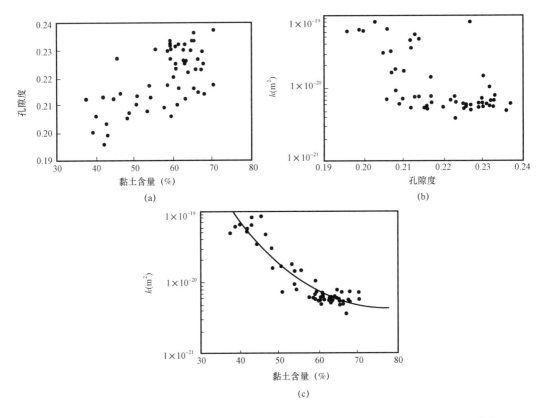

图2.16 孔隙度、黏土含量和模型渗透率数据(来自墨西哥湾18m岩心的58个样品)[34]

(a)孔隙度与黏土含量的关系;(b)渗透率与孔隙度关系;(c)渗透率与黏土含量密切相关及拟合曲线

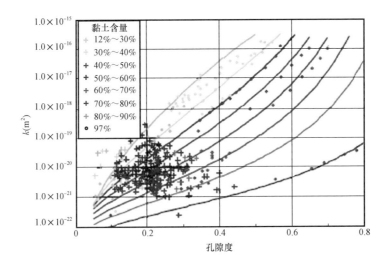

图2.17 实测/模拟渗透率与我们构建的关系(曲线来自黏土含量约束)的比较[34]

细粒碎屑沉积物("泥岩")的渗透率与孔隙度之间的关系是模拟地下流体流动的一个关键本构方程,是定量研究一系列地质过程的基础。对于给定的孔隙度,泥岩渗透率的变化幅度在 2~5 个数量级。如前所述,这一范围很广,可以用岩性的变化来解释,岩性的变化简单而实用地定义为黏土含量(直径小于 $2\mu m$ 的颗粒的质量分数)。以黏土含量作为定量岩性描述符,得到一个数据集(黏土含量范围为 12%~97%;孔隙度范围 0.04~0.78;由 376 个数据点组成的 6 个数量级渗透率范围),通过将方程拟合到数据集中,得到了一个新的层理垂直渗透率 (k, m^2) 孔隙比 $[\varepsilon = \phi/(1-\phi)]$ 与黏土含量 (w_{CL}) 的函数关系[2,34]:

$$\ln k = -69.59 - 26.79 w_{CL} + 44.07 w_{CL}^{0.5} + (-53.61 - 80.03 w_{CL}$$
$$+ 132.78 w_{CL}^{0.5})\varepsilon + (88.61 + 81.91 w_{CL} - 163.61 w_{CL}^{0.5})\varepsilon^{0.5} \tag{2.15}$$

回归系数 (R^2) 为 0.93。在一定孔隙度下,包括定量岩性描述符,黏土含量将渗透率的可预测范围从 2~5 个数量级降低到 1 个数量级。

北美含气页岩的孔隙度和渗透率范围见表 2.10[33]。

表 2.10 北美含气页岩的主要特征[33]

地层	TOC(%)(质量分数)	R_o(%)	孔隙度(%)	基质渗透率(mD)	
Barnett	3.3.6	1.21	6.42	5.27×10^{-6}	总有机碳含量范围 1.83~4.89
材料非均质性 主要根据孔隙度、总有机碳含量(TOC)和热成熟度 (R_o)				5.46×10^{-6}	
				5.78×10^{-6}	镜质组反射率范围 0.73%~1.92%
				3.26×10^{-5}	
				9.74×10^{-6}	孔隙度范围 4.23~8.99
				3.53×10^{-4}	
				5.97×10^{-6}	
Marcellus	3.26	1.37	7.51	1.47×10^{-4}	渗透率范围 1.28×10^{-6}~3.53×10^{-4} mD
New Albany	4.89	0.73	5.06	1.28×10^{-6}	
Woodford	4.33	1.22	5.41	2.68×10^{-5}	

2.14 孔隙度和渗透率测量:实用方法

对孔隙度的测量可用到不同的技术,其描述可在文献中找到。下面列出了部分主要技术[34]:

(1)气体吸附测定法。此方法只能测量连通孔隙和孔径大于 1nm。它可以测定孔隙结构直径或微孔、中孔。

（2）水银孔隙度仪测定法。这是类似于气体吸附法，但测量孔径大于 3nm。对中孔、大孔均有良好效果。

（3）氦孔隙度测定法。这是一种简单而成熟的技术，仅能测量连通孔隙[34]。

孔隙大小的分选如图 2.18 所示。

图 2.18　孔隙大小分选(国际纯化学与应用化学联合会(IUPAC)标准)[34]

页岩气岩石体积包含由有机质和无机矿物组成的基质，以及这些部分之间的孔隙空间，如图 2.19 所示。不同实验室报告的孔隙度值的差异是显而易见的。这是因为术语"孔隙度"的定义和使用方法的不同。有几个实验室定义了"总(干)孔隙度"，即游离水、油气和不可还原水所占的孔隙空间，这些水由表面黏土束缚水和毛细管组成；而其他实验人员则定义了一个"潮湿—干燥"或"有效"的孔隙度，该孔隙度排除了充满表面"黏土束缚"水的孔隙空间。

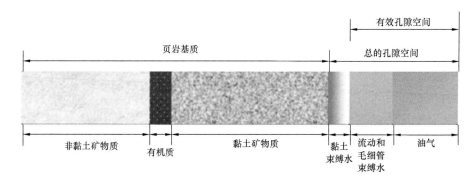

图 2.19　页岩基质及孔隙空间示意图[35,39]

"黏土束缚"水的测量可能不精确，这是由于测量的定义不同或环境不同。例如，将可测量的"有效"孔隙度转换为可测量的"总"孔隙度是一项具有挑战性的任务。人们普遍认为传统的储层岩心分析必须在储层应力条件下进行，因为在无应力条件下确定的岩石性质与储层应力条件下的结果相差很大[35-39]。

由于页岩的结构是细粒的，对孔隙度的测定并不容易。孔隙尺寸小、渗透率超低也是一个问题。纳达西级的渗透率值使得传统的岩心测量技术应用极其困难。为了克服这些问题，上游油气行业采用碎石法对页岩岩心进行常规分析，称为天然气研究所(GRI)技术[40]。该技术用于页岩气地层，为孔隙度测量提供了快速的结果。

饱和沉浸技术的修改版本是用来确定总孔隙度的气页岩等热成熟泥岩岩性特征的一种方法。气页岩的主要特征是总孔隙度较低、黏土矿物吸水量显著、有机质热成熟高以及大量的微间隙孔体积[40]。

当以经济可行性来判断储层产量时,气页岩的可变性是最重要的考虑因素[41]。

常规岩石的绝对渗透率(以下简称渗透率)是在储层应力作用下,用稳态法或脉冲衰减法等多种方法对岩样进行测量的。其中一些方法已在低渗透岩石上得到了应用,取得了一定的成功。对于页岩气藏,通常使用的方法与天然气研究所发表的方法相似,后者使用破碎岩石样品的压力衰减来测量岩石基质的渗透率。就像孔隙度测量一样,在没有储层应力的情况下,在破碎岩石上测量的渗透率值可能与就地基质渗透率值有很大的不同[27,35,36]。

与孔隙度测量相似,本文的结论是,不同实验室采用压力衰减法对岩样进行基质渗透率测量时,应进行对比研究,相应地实验室接收来自相同深度区间的保存岩样碎片。不同的实验室所报告的渗透率值相差 2 ~ 3 个数量级。报告的值是接收到的渗透率,观测到的差异的来源之一可能是样品处理的差异。识别渗透率值实验室间变化来源的另一个主要困难是,在解释压力衰减响应时缺乏合适的数学公式[27,36]。

需要指出的是,确定一个微达西级的渗透率仍然是一个复杂的任务。在孔隙压力振荡法中,先将试样稳定在一定的孔隙压力下,然后在试样上游施加一个小的正弦压力波,记录下游的压力响应。与其他方法相比,该方法大大减小了孔隙压力的变化,提高了测量灵敏度,使表征更加准确[42]。

三组工具还可以进行电阻率和孔隙度的测量。具有天然气潜力的页岩电阻率测量值要高于没有天然气潜力的页岩电阻率测量值。含气页岩孔隙度的测定也具有明显的特点。富有机质页岩表现出较大的变异性、较高的密度孔隙度和较低的中子孔隙度。这表明页岩中存在天然气。泥页岩中黏土矿物含量较低可能导致中子孔隙度较低[2,27,41]。

由于页岩的组成物质在页岩的形成过程中起着重要作用,页岩与砂岩、石灰石等常规储层相比具有更高的体积密度。干酪根具有较低的容重,这导致较高的计算孔隙度。为了得到页岩的密度孔隙度,必须知道由电子捕获光谱法得到的颗粒密度。硅、钙、铁、硫、钛、钆和钾是由光谱法得到的主要结果[2,27]。

光谱数据还提供了有关黏土类型的信息,以便工程师们能够预测压裂液的敏感性,并利用这些数据了解地层的压裂特征。当黏土与水接触时,它会膨胀,从而抑制气体的生产,并可能出现许多操作问题(压力增加、生产井腐蚀)。蒙脱石是膨胀黏土中最常见的一种。它也显示了岩石的延展性。对于页岩气井的长期生产能力,声波测量非常重要,因为它提供了各向异性页岩介质的力学性能。为了提高机械地球模型和优化钻井,利用声波扫描仪的声学数据。力学性能包括体积模量、泊松比、杨氏模量、屈服强度、剪切模量和抗压强度,这些由压缩剪切和斯通利波测量确定[2,27]。

当测得的垂直和水平杨氏模量相差较大时,非等向同性介质的闭合应力要高于各向同性岩石。这些各向异性结果与具有较高黏土体积的岩石有关。支撑剂嵌入韧性地层较多,生产过程中难以保持裂缝导电性[2,27]。

另一个有利于页岩分析的声学测量方法是声波孔隙度。页岩中声波测井孔隙度远低于中子测井孔隙度。这一特征是页岩中常见的高黏土束缚水作用的结果。高孔隙度意味着孔隙空间内的天然气潜能。当声波测井孔隙度和中子测井孔隙度值相比较时,意味着页岩可能易于产油。为了确定井眼的方位和方向,测井分析人员采用电缆井眼图像。从这些数据可以看出井眼是否敞开。

这些不同工具的测量结果可以组合在一个集成的光栅显示器中,就像斯伦贝谢公司提供的页岩组合形成显示(Montage)测井一样。地质工作者可以通过单一平台所呈现的地层性质,直接比较岩石的质量。游离气和吸收气的单位为标准立方英尺每吨。

2.15 含气页岩中孔隙大小分布

根据对公元前(BC)页岩的研究[43](图 2.20),在含气页岩中,小孔隙(2~5nm)数量占大多数,而大孔隙(20~30nm)对渗透率的影响最大(图 2.20)。

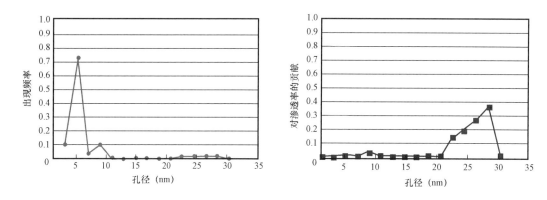

图 2.20 含气页岩孔隙大小分布[43]

从图 2.21 可以看出,常规油气储层的渗透率(如 $K > 1mD$)和孔隙直径(如 $d_{pore} \geq 1\mu m$)均高于页岩和致密气储层。例如,页岩油的渗透率和孔径分别为 $1 \sim 10^{-3} \mu D$ 和 $10^{-1} \sim 10^{-2} \mu m$[44]。

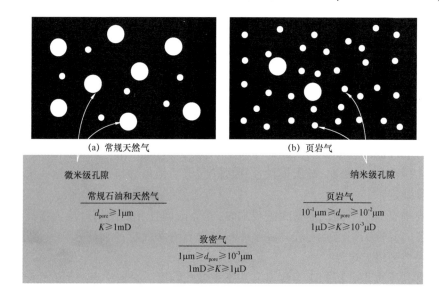

图 2.21 不同油气层的孔隙度和渗透率范围[44]

在扫描电镜 – 聚焦离子束(SEM – FIB)图像中可以识别出主要存在于有机质内的多孔系

统[45]。孔隙可以占到原始有机物体积的一半以上。因此,它们是某些含气页岩总有效孔隙度的组成部分(图2.22)。与矿物基质中的孔隙相比,孔隙的润湿性可能完全不同。有机孔隙可能为烃湿孔隙,其中含有游离气体[31]。

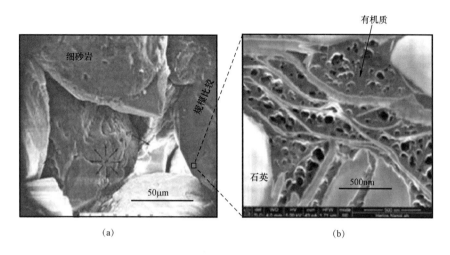

(a)　　　　　　　　　　(b)

图2.22　扫描电子显微镜成像的细颗粒砂岩(a)和巴内特页岩组的孔隙大小(b)[45]

为了进一步阐明孔隙大小分布和比表面积,简要介绍一个实例研究的结果。

岩心样品采自四川盆地。采用8个样品,从SC-1到SC-8,对原始孔隙结构进行表征[46]。分别在温度77.3K和273.15K处获得CO_2和N_2吸附等温线。工作压力保持在228MPa[46]。

图2.23所示为不同页岩样品的氮气吸附等温线。正如预期的那样,压力的增加会增加气体的吸附量。

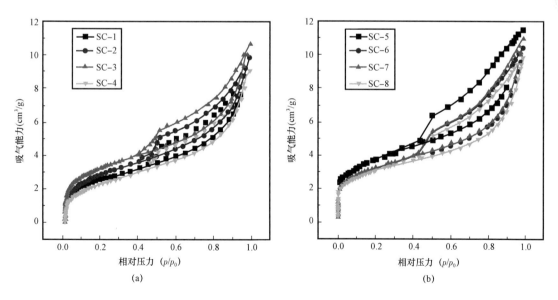

(a)　　　　　　　　　　(b)

图2.23　页岩样品氮气吸附等温线[46]

得到的等温线显示由具有特定形状的分支形成的滞后回路。例如,属于 2 型的吸附等温线意味着多层吸附。在低压下,气体吸附增加,形成单层吸附,表明存在毛细管冷凝现象[46]。吸附实验也有助于确定比表面积和孔隙体积,如图 2.24 所示。

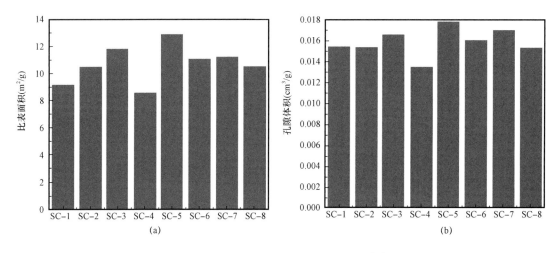

图 2.24   页岩样品比表面积和孔隙体积[46]

2.16   页岩气藏特性表征的挑战

目前,页岩气藏特性表征面临的主要挑战之一是,尚不清楚吸附气在提高页岩气产量和采收率机理中是如何发挥作用的。从生产数据倒推吸附气量,目前还没有很好的算法[47]。

对页岩气藏的分析和表征过程仍存在许多问题,例如[47,48]:

(1)样品破碎和研磨。这一阶段提供了进入局部孔隙系统的途径;然而,吸附表面积增加了,并暴露于氧气中。

(2)烘干干酪根和液体油气。实验室中萃取回火温度越高,测得的总孔隙率越高。

(3)测量。异常测量气体曲线显示通过各种方法产生气体(细菌、双孔毛细管蒸发、催化生成)[48]。

此外,还发现孔隙度测量结果随调查技术的不同而不同,如图 2.25 所示[49]。表征过程中的主要挑战是所涉及的各种参数之间的相互依赖或相互联系。从图 2.25 中可以看出,对气相页岩性质的不同的表征方法可能会得到不同的数值/趋势,从而对泥质地层的表征带来重大挑战。为了进一步说明,图 2.26 强调了气页岩表征模型的复杂性。

总的来说,天然气页岩储层特征表征面临的主要挑战如下:

(1)没有一种测井或岩心工具能提供页岩气藏特征化所需的全部信息。

(2)传统的测井方法不能提供天然气页岩开发所需的全部特征资料。

天然气页岩的开发和生产技术面临的挑战如下:

(1)降低钻井成本。

(2)优化完井和压裂设计。

(3)环境影响最小化。

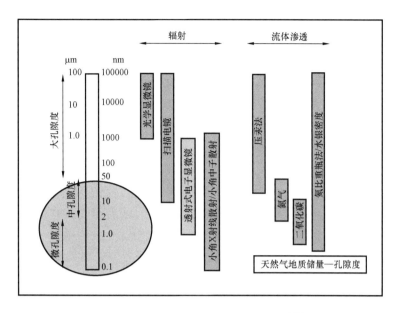

图 2.25　测定微孔率的不同研究方法[49]

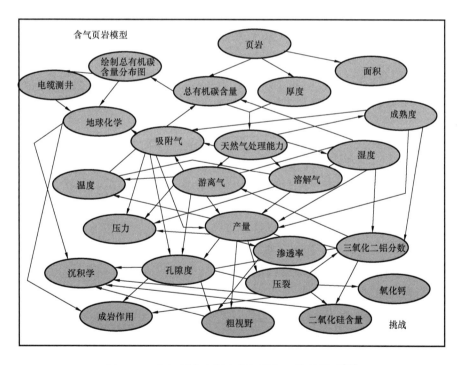

图 2.26　含气页岩表征参数间的相互依赖关系[49]

2.17　研究热点

页岩气具有极大的潜力,可显著提高美国能源供应的安全性,降低温室气体排放,并降低最终用户的成本。尽管美国页岩气储藏的天然气开发已有几十年历史,但直到最近10年,水力压裂技术和新的水平钻井技术的出现推动了经济复苏的步伐,页岩气才被认为是一种重要的资源。

目前,页岩气产量占美国天然气产量的近16%。由于这一巨大的天然气供应开发,预计这一数量还将经历重大增长[2]。天然气可以恢复高排放燃料,如煤炭和石油,并促进各种绿色/可再生能源,如太阳能、地热和风能。然而,在页岩气产量显著增加之前,应先考虑与页岩气开发相关的环境风险和安全前景问题。化石能源部门正集中精力解决这些问题,以确保提供安全的和环境上可持续的天然气资源。现场工程(FE)项目由以下活动组成。

2.17.1　页岩储层描述

产气页岩主要由固结黏土颗粒组成,有机质含量较高。在高温和地层压力作用下有机物转化为天然气和石油,它们可能会迁移到传统的油气圈闭,或者留在页岩地层中。然而,页岩中流体(如水和气)的流动受黏土含量的限制。因此,了解孔隙度、渗透率、微量元素和有机质含量、天然裂缝发生率、页岩体积和热成熟度是确定生产潜力的关键。商业产量和产量所需的适当钻井和增产技术取决于这些储层特征。

2.17.2　水力压裂技术

水力压裂是在低渗透地层中注入大量的水和砂,并加入少量的化学添加剂,以提高油气产量的一种方法。泵注流体的注入压力使岩石产生裂缝,从而提高地层的渗透率,而砂粒或其他粗粒物质会使裂缝保持张开状态。注入的流体大部分返回井筒并被泵出地面。

水力压裂技术已在100多万口井中应用了60多年[2]。最近,公众对饮用水和其他环境损害的潜在影响的担忧迅速增加。因此,美国国会在2010年指示美国国家环境保护局(EPA)对这项技术进行研究,以进一步了解水力压裂对地下水和饮用水的任何可能影响。美国能源部(DOE)下属的美国国家能源技术实验室(NETL)在进行调查时正与EPA密切合作,以提高对这些风险的理解[31,44,49,50]。

目前有关页岩和页岩气特性描述的研究热点主要集中在以下几个方面:

(1)层序地层学、微相和组分变异性对页岩气藏的影响;

(2)将页岩气融入气液两相技术;

(3)对新地区储层空间进行全局的定量表征;

(4)对乙炔(C_2H_2)页岩气生产工艺进行了研究;

(5)页岩气的吸附势如何受孔隙结构的影响;

(6)表征页岩气压裂效果;

(7)从储集岩中提取有机质;

(8)采用新方法测定页岩气藏总孔隙度;

(9)页岩气藏孔隙和有机结构的规模成像;

(10)描述页岩地层的断裂特征,如得克萨斯州的鹰滩页岩;

(11)页岩气藏的双成因改造(如鹰滩页岩):对物理和化学性质的影响;

(12)储层结构、定量和含气页岩特征的挑战,如哥伦比亚盆地上新世—更新世薄层储层,以及特立尼达海上。

目前的页岩气项目如下[50]:

（1）Colorado 组，包括 First White Speckled Shale，Joli Fou，Shaftesbury，Fish Scales，Kaska-pau，Blackstone，Second White Speckled Shale，Muskiki，Colorado Shale，Wapiabi 和 Puskwaskau；（2）Fernie 地层，包括 Fernie Shale，Pokerchip Shale 和 Nordegg；（3）Muskwa 地层；（4）Duvernay 地层；（5）Exshaw 地层；（6）Lower Banff 地层；（7）Montney 地层；（8）Reirdon 地层；（9）Bantry 页岩地层；（10）Wilrich 地层。

参与页岩气开发的主要工程研究公司名单如下[50,51]：

- Apache
- Talisman Energy Inc.
- Total S. A.
- Ultra Petroleum
- Vale
- Waller LNG Services
- PetroChina
- PetroEdge Resources
- Mitsui
- Protege Energy
- Baker Hughes
- Naftogaz
- Noble Energy
- Petrohawk
- Petronas
- Southwestern Energy Company
- PTTEP
- Spectra Energy
- Statoil（STO）
- Warburg Pincus LLC
- Anadarko Petroleum Corporation
- Antero Resources
- BP
- Cabot Oil & Gas Corporation
- Carrizo Oil and Gas
- Hess Corporation
- Central Petroleum
- SM Energy
- Southern LNG Company
- Southern Union
- CE（Cambridge Energy）
- Cheniere

- Oregon LNG
- Pangea LNG
- Chesapeake Midstream Partners
- CONSOL Energy Inc.
- Pieridae Energy Canada Ltd
- Pioneer Natural Resources
- PKN Orlen
- Jordan Cover Energy Project
- PTTEP
- Chevron Corporation
- Korea Gas Corporation（kogas）
- Plains Exploration & Production Company（PXP）
- Atlas Energy
- BHP Billiton
- Progress Energy Canada Ltd
- Protege Energy
- Baker Hughes
- BC LNG Export Cooperative LLC
- BG Group
- Range Resources Corporation
- Reliance Industries Limited（RIL）
- Sasol
- Sempra
- Mitchell Energy
- Mitsubishi Corporation
- Shaanxi Yanchang Petroleum Group
- Shell Canada
- Repsol
- Rio Tinto
- East Resources
- Encana Corporation

- Santos
- Chesapeake Energy Corporation
- Cove Energy
- Devon Energy Corporation
- Dominion Resources
- Exco Resources
- Excelerate Energy
- ExxonMobil Corporation

- EOG Resources, Inc.
- EQT Corporation
- Royal Dutch Shell (Shell)
- San Leon Energy
- Sinopec
- Wintershall
- Woodside Petroleum

—oont'd
- Freeport LNG Development
- Gasfin Development
- Chevron Canada
- CNOOC
- CNPC
- Grenadier Energy Partners LLC
- Gulf LNG Liquefaction
- Haisla
- Japex
- KNOC—Korea National Oil Corporation
- Marathon Oil Corporation

参 考 文 献

[1] Bustin AM, Bustin RM, Cui X. Importance of fabric on the production of gas shales. In: SPE unconventional reservoirs conference. Society of Petroleum Engineers; 2008.

[2] Speight JG. Shale gas production processes. Oxford (UK): Elsevier; 2013.

[3] Chopra S, Sharma RK, Marfurt KJ. Some current workflows in shale gas reservoir characterization. Focus; 2013.

[4] Sharma RK, Chopra S. Conventional approach for characterizing unconventional reservoirs. Focus; 2013.

[5] Cramer DD. Stimulating unconventional reservoirs: lessons learned successful practices areas for improvement. In: SPE unconventional reservoirs conference. Society of Petroleum Engineers; 2008.

[6] Daniels JL, Waters GA, Le Calvez JH, Bentley D, Lassek JT. Contacting more of the Barnett shale through an integration of real – time microseismic monitoring, petrophysics, and hydraulic fracture design. Society of Petroleum Engineers; 2007.

[7] Elgmati MM, Zhang H, Bai B, Flori RE, Qu Q. Submicron – pore characterization of shale gas plays. In: North American unconventional gas conference and exhibition. Society of Petroleum Engineers; 2011.

[8] Passey QR, Bohacs KM, Esch WL, Klimentidis R, Sinha S. From oil – prone source rock to gas – producing shale reservoir—geologic and petrophysical characterization of unconventional shale – gas reservoirs. Beijing, China. June 8, 2010.

[9] PGI. Assessment of shale gas and shale oil resources of the lower Paleozoic Baltic – Podlasie – Lublin basin in Poland. Polish Geological Survey; 2012.

[10] Slatt RM,Philp PR,Abousleiman Y,Singh P,Perez R,Portas R,Baruch ET. Pore – to – regional – scale integrated characterization workflow for unconventional gas shales. 2012.

[11] Abousleiman YN,Tran MH,Hoang S,Bobko CP,Ortega A,Ulm FJ. Geomechanics field and laboratory characterization of the Woodford Shale：the next gas play. In：SPE annual technical conference and exhibition. Society of Petroleum Engineers；January 2007.

[12] Weatherford. Shale gas/oil reservoir assessment. 2013.

[13] MAS. Physical characterization of shale. Micromeritics Analytical Services；2013.

[14] Alexandar T,Baihly J,Chuck B,,et al Toelle BE. Shale gas revolution. Oilfield Review 2011;23(3).

[15] Cluff B. Approaches to shale gas log evaluation. (Colorado,USA)：Denver Section SPE Luncheon；2011.

[16] Davis G. Petrophysics measurements：lithology,porosity,fluid,pressure and permeability. Society of Petrophysicists and Well Log Analysts；2010.

[17] Passey QR,Creaney S,Kulla JB,Moretti FJ,Stroud JD. A practical model for organic richness from porosity and resistivity logs. AAPG Bulletin 1990;74:1777 – 94.

[18] Loseth H,Wensaas L,Gading M,Duffaut K,Springer M. Can hydrocarbon source rocks be identified on seismic data? Geology 2011;39:1167 – 70.

[19] Rickman R,Mullen M,Petre E,Grieser B,Kundert D. A practical use of shale petrophysics for stimulation design optimization：all shale plays are not clones of the Barnett Shale. In：Annual technical conference and exhibition. Society of Petroleum Engineers,SPE 11528；2008.

[20] Treadgold G,Campbell B,McLain B,Sinclair S,Nicklin D. Eagle Ford shale prospecting with 3D seismic data within a tectonic and depositional system framework. The Leading Edge 2011;30:48 – 53.

[21] Zhang K,Zhang B,Kwiatkowski JT,Marfurt KJ. Seismic azimuthal impedance anisotropy in the Barnett Shale. In：80th annual international meeting,SEG,expanded abstracts；2010. p. 273 – 7.

[22] Bullin K,Krouskop P. Composition variety complicates processing plans for US shale gas. 2013.

[23] Bustin RM,Bustin A,Ross D,Chalmers G,et al Cui X. Shale gas opportunities and challenges. In：AAPG annual convention,San Antonio,Texas；2009.

[24] Gardner GHF,Gardner LW,Gregory AR. Formation velocity and density—the diagnostic basics for stratigraphic traps. Geophysics 1974;39:770 – 80.

[25] Waite WF,Santamarina JC,Cortes DD,Dugan B,Espinoza DN,Germaine J,Jang J,Jung JWT,Kneafsey T,Shin H,Soga K,Winters WJ,Yun T – S. Physical properties of hydrate – bearing sediments. Rev Geophys 2009;47.

[26] Moridis GJ. Challenges,uncertainties and issues facing gas production from gas hydrate deposits. Lawrence Berkeley National Laboratory；2011.

[27] Gilliam TM,Morgan IL. Shale：measurement of thermal properties. TN (USA)：Oak Ridge National Lab；1987.

[28] Dembicki H. Challenges to black oil production from shales. In：Geoscience technology workshop,hydrocarbon charge considerations in liquid – rich unconventional petroleum systems,Vancouver,BC,Canada；2013.

[29] Emerging Oil Plays Canada 2012,http://www. emerging – shale – plays – canada2012. com/media/downloads/46 – glenn – schmidt – manager – north – american – new – plays – talis – man. pdf.

[30] Wang Y,Zhu Y,Chen S,Li W. Characteristics of the nanoscale pore structure in Northwestern Hunan Shale gas reservoirs using field emission scanning electron microscopy,high – pressure mercury intrusion,and gas adsorption. Energy & Fuels 2014;28(2):945 – 55.

[31] Wikipedia,http://en. wikipedia. org/wiki/Shale.

[32] Tourtelot HA. Black shale—its deposition and diagenesis. Clays and Clay Minerals 1979;27(5):313 – 21.

[33] Bonakdarpour M,Flanagan B,Holling C,Larson JW. The economic and employment contributions of shale gas in the United States. IHS Global Insight. America's Natural Gas Alliance；2011.

[34] Labani M. Characterization of gas shale pore systems by analyzing low pressure nitrogen adsorption. Unconventional Gas Research Group. Curtin University; 2012.

[35] Worldwide Geochemistry. Review of data from the Elmworth energy Corp. 2008. Kennetcook #1 and #2 Wells Windsor Basin, Canada. p. 19.

[36] U. S. Office of Technology Assessment. An assessment of oil shale technologies. 1980.

[37] Dawson FM. Cross Canada check up unconventional gas emerging opportunities and status of activity. In: Paper presented at the CSUG technical Luncheon, Calgary, AB; 2010.

[38] Gillan C, Boone S, LeBlanc M, Picard R, Fox T. Applying computer based precision drill pipe rotation and oscillation to automate slide drilling steering control. In: Canadian unconventional resources conference. (Alberta, Canada): Society of Petroleum Engineers; 2011.

[39] Understanding Shale gas in Canada: Canadian Society for Unconventional Gas (CSUG) brochure.

[40] Kuila U. Measurement and interpretation of porosity and pore – size distribution in mudrocks: the hole story of shales. Colorado School of Mines; 2013.

[41] Pemberton SG, Gingras MK. Classification and characterizations of biogenically enhanced permeability. AAPG Bulletin 2005;89(11):1493 – 517.

[42] Wang Y, Knabe RJ. Permeability characterization on tight gas samples using pore pressure oscillation method. Petrophysics – SPWLA – Journal of Formation Evaluation and Reservoir Description 2011;52(6):437.

[43] Harris NB, Dong T. Porosity and pore sizes in the Horn River shales. Earth and Atmospheric Sciences, University of Alberta; 2012.

[44] Society of Petroleum Engineers, http://www. spe. org/dl/docs/2012/ozkan. pdf.

[45] Klimentidis R, Lazar OR, Bohacs KM, Esch WL, Pedersen P. Integrated petrography of mudstones. In: AAPG 2010 annual convention, New Orleans, Louisiana; 2010.

[46] Jun – yi L, et al. Nano – pore structure characterization of shales using gas adsorption and mercury intrusion techniques. Journal of Chemical and Pharmaceutical Research 2014;6(4):850 – 7.

[47] Lewis AM. Production data analysis of shale gas reservoirs. Louisiana State University and Agricultural and Mechanical College; 2007.

[48] Vasilache MA. Fast and economic gas isotherm measurements using small shale samples. Journal of Petroleum Technology 2010;44:1184 – 90.

[49] Maiullari G. Gas shale reservoir: characterization and modelling play shale scenario on wells data base. San Donato Milanese (Italy): ENI Corporate University; 2011.

[50] Alberta Geological Survey, http://www. ags. gov. ab. ca/energy/shale – gas/shale – gas – projects. html.

[51] Visiongain. The 20 leading companies in shale gas 2013 – competitive landscape analysis. 2014.

第3章 页岩油气藏的勘探与开发

过去,由于采用传统钻探和生产方法的投资回报率过低,页岩和致密储层中的油气开采一直不经济。随着钻井技术的进步,对这类储层的勘探和钻井活动增加,使未开发资源得以动用。这些技术包括水平钻井技术、水力压裂技术和先进的钻井液技术等。页岩油气产量的增加对加拿大以及许多其他国家抵消传统油气藏的减少起到了至关重要的作用。本章介绍了页岩油气勘探与开发中的一些新技术和新兴技术,以及它们对当今能源行业运营的影响。

3.1 页岩油气藏的勘探

在油气工业中,对页岩油气的勘探采用了多种勘探技术。其中一项技术就是地震勘测。地震勘测使用大型机械在地表发出振动,使地震波向下穿过地壳。这些地震波在不同的地层中产生不同的反射,并记录在地表的检波器上。创建一个二维(2D)或三维(3D)模型,根据地震波反射回来的方式,计算它们返回地面所需要的时间。这一过程如图3.1所示。

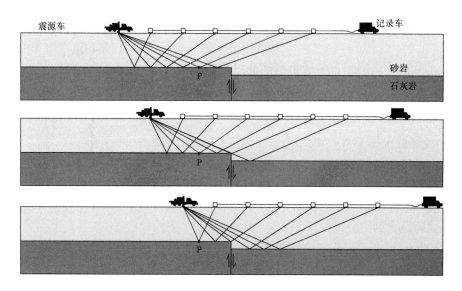

图3.1 地震勘测过程示意图[1]

我们也可以创建第三个地震模型,这就是一个四维(4D)模型。4D模型包含了在很长一段时间内采集的地震数据或岩心试样。随着时间的推移,则可检测出岩层的变化。利用这些地震图像,可以根据岩石的形态和岩石类型确定潜在赋存和油藏。

另一种勘探方法是地球物理测井,通常在地震勘测后进行。这种方法是通过钻入地层,取出一段岩心试样在实验室中做进一步分析。在实验室中通过对岩心样品的分析,可以了解地下流体(石油或天然气)资源分布储存情况,以及诸如孔隙度、渗透率和润湿性等关键的潜在岩石性质。这一过程可以进一步帮助找到有价值的储藏[2]。

3.1.1　勘探技术的优缺点

每种勘探技术都有其优缺点。在二维地震成像中,可分析一小块地表的岩石结构和不同的岩石类型。虽然它不像其他地震成像方法那样显示更多的信息,但这种方法比三维和四维地震方法更为经济。

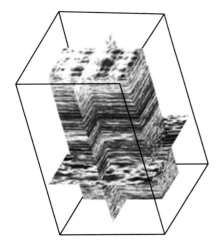

三维地震图像可显示一个地区的岩石类型和地层情况,故可了解到更多细节。尽管这种技术所需的分析水平要高得多,但处理细节的能力和在陆地上的分布使其成为比二维地震更好的选择。三维地震成像每平方英里的成本可达 10 万美元以上[1]。图 3.2 所示为三维地震图像。

第三种是四维地震成像,它可比三维地震图像显示更多的信息,但这种方法存在很多缺点。四维地震的问题在于,需要采集很长一段时间的地震数据来进行比较,并确定岩层的变化。这可能会变得非常昂贵,也可能不会获得任何比二维或三维图像更有价值的东西。

最后,岩心取样是一种有效的勘探方法,因为它通过实验室的实际测试能够确认地下确实存在油气。这种方法最大的缺点是,必须首先知道在哪里钻取岩心样

图 3.2　三维地震图像[1]

本,才能有机会进入一个潜在的、有价值的储层。所以,对于未知区域,地震成像技术就可以大显身手。

3.1.2　勘探阶段划分

勘探的主要阶段如下[1]:

(1)第一阶段,天然气资源的识别。

① 土地征用、安全地震和钻探地点的批准、土地利用协议。

② 目标区域地球化学和地球物理初步调查阶段。

(2)第二阶段,钻井初步评价。

① 地震勘测,以获得可能影响储层潜力的含气地层的地质特征,如地层间断或断层。

② 初次垂直钻井,获取岩心样品,评估页岩气资源的特征。

(3)第三阶段,钻井试点工程。

① 初钻水平井,识别储层特征和优化完井方法(可能包括多级压裂工艺)。

② 在潜在页岩气区带的附加区域连续钻直井。

③ 初级生产测试。

(4)第四阶段,试生产追踪。

① 作为全尺寸中试的一部分,在单层中钻多口水平井。

② 通过微震试验对钻井、多级压裂等完井技术进行优化。

③ 试验性生产测试。

④ 设计并完成管道流动系统的现场开发。

(5)第五阶段,商业发展。

① 启动商业决策。

② 获得建设天然气工厂、管道和钻井的政府许可。

页岩油气勘探过程中常用的设备有地震振动器、检波器、陆上钻机等。

3.1.3　勘探装备

3.1.3.1　地震振动器

地震振动器用于地震勘测,是一种实际产生地震波的装置,地震波通过地球传播。这些振动器通常作为卡车的附件。这使它们非常灵活,并允许频率调整,以确保它们可以达到分辨率要求[3]。如图 3.3 所示为 Nomand 90 型地震振动车。

图 3.3　Nomad 90 型地震振动器[4]

3.1.3.2　地震检波器

地震检波器是用于从地震勘测中提取反射地震波的仪器。这些设备使用磁铁和一圈铜线。当检波器移动时,由于地震波的作用,线圈会切割磁场。由此可以确定地震波的速度和方向。

3.1.3.3　陆地钻机

一旦确定了潜在油藏,就需要陆地钻机。陆地钻机将钻到地表深处,达到所需的深度,并回收储层岩石的岩心试样。这些钻机可以有许多不同的尺寸,这取决于它需要钻穿的岩石类型和钻达的深度。常规陆地钻机的组成如图 3.4 所示。

3.1.4　典型的勘探成本

在寻找具有经济开发价值的区块的过程中,勘探成本有可能非常高昂。三维地震是油气勘探中常用的地震方法之一。采用三维地震方法对大片区域进行勘测是非常昂贵的。三维地震图像每平方英里的勘测成本可高达 10 万美元。获得地震数据之后,分析图像和创建模型的花费也是很高的。建立一个区块的地震模型有可能需花费 100 万 ~ 4000 万美元不等[7]。

页岩储藏勘探的下一步是打一口初步的取心探井。这些井在任何地方都要钻 14 ~ 35 天,每英尺的成本为 150 ~ 200 美元。这些井的总成本可能高达 300 万美元。然而。一口探井不

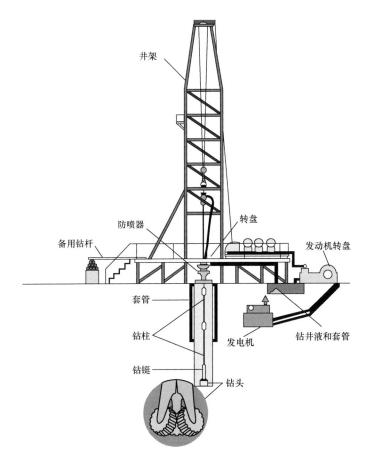

图 3.4   陆上钻机的组成[5]

太可能提供该地区所需的全部信息。在某些地区,平均需要钻 10 ~ 20 口井才能完成勘探工作,且必须对每口井的结果进行分析并报告[8]。

3.2   页岩油气藏的开发

3.2.1   页岩油气藏开发中面临的挑战和风险

页岩油气藏开发中面临的风险包括高压储层、地下水污染和水资源短缺。页岩油气井钻达的地下压力可以达到 13500psi,钻遇这种高压地层要使用大量的钻井液和化学添加剂,以确保油井不会发生井喷。

遇到的第二个主要风险是地下水污染。在钻遇高压地层时,一旦气藏地层产生裂缝,油气就很容易开始渗漏或向上运移。一旦油井开始泄漏或气体开始迁移,气体就有可能进入地下水源。如果石油或天然气到达地下水源,就会污染该地区的地下水。

页岩油气开采的第三个主要风险是水资源短缺。仅其中一口井就可要使用数百万加仑的水来帮助平衡所遇到的压力。一旦水或液体注入井中,钻井化学试剂就会污染它。由于世界的水供应已经很紧张,在每口井中使用大量的水来钻井,会大大增加造成水资源短缺的风险[6]。

3.2.2　露天开采

油页岩是一种由有机碳和矿物组成的岩石。它通常是含有固体干酪根的沉积岩。露天开采是开采这种油页岩的主要方法之一。露天开采是利用重型设备将干酪根岩剥离出来,运到炼油厂,如图3.5所示。先通过爆破或切割破坏岩石表面,然后岩石被压碎并用卡车运走。这种开采方法对环境具有破坏性,矿藏被开采和运走的地方会留下大的矿洞[9]。

图3.5　露天开采页岩油实例

3.2.3　地下开采

地下开采是开采油页岩的另一种方法。这种方法也称为房柱式开采法。这种方法是在地下进行的,对环境的影响要小得多。这些柱子为地下空间提供了支撑,防止矿井坍塌。在这种采矿方法中,重要的是矿柱的尺寸要足够支撑矿井。一般情况下,矿柱的尺寸一般与空间的尺寸相同。图3.6显示了一个地下房柱式矿井的实例[10]。

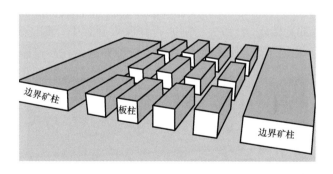

图3.6　地下房柱式开采法示意图

3.2.4　钻井技术概述

3.2.4.1　程序、技术和设备

一旦确定了石油或页岩气储量,并通过勘探技术证明了其经济价值,油气开发的下一步就是钻井,准备开始油气生产。

在开始钻井程序之前,适当的基础设施必须就位。根据施工是在陆地还是在海上进行,准备工作会有所不同,例如,要有恰当的水源或水井,以便钻井液和废弃物处理,以及设置钻井平台的平坦区域。钻井还涉及多学科团队的投入,包括钻机、维修人员、工程师、地质学家和油藏专家[11]。

除了基础设施和人员,钻井装备也必须到位。钻井装备有多种类型,包括钻井船、自升式钻井平台、陆地钻井平台、半潜式钻井平台,以及其他视环境而定的设备。其中最大的钻井装备是井架,井架坐于井眼上方并安装在下部底座上,用于安放其他钻采设备[12]。另一些主要装备包括大型柴油发动机、发电机和驱动机械系统的电动机。转盘是用来旋转钻柱的,钻柱由一个可旋转的或大的手柄固定在适当的位置,可以承受较大的载荷,并在钻井时对井眼进行严密的密封。采用方钻杆衬套(四边或六边的钻杆)将旋转运动转移到转盘和钻柱上。所有的旋转设备都由位于井架顶部的顶部驱动装置驱动。单根的钻柱为大约30ft长的厚壁钢管,由大直径钻铤连接。钻头位于钻柱末端,首先进入钻孔内,部分钻头如图3.7所示。钻头有锋利的刀刃,可以研磨和切割岩石,可以制成多种形状,材料包括钨、钢和钻石。在钻头附近,通常在钻柱中安装有测井或数据跟踪设备,这有助于地面工程师更好地了解井下情况[11]。

图3.7　钻头类型示例[13]

此外,油井上还需安装安全设备,用于在发生紧急情况时保护施工人员和环境。每口井的井口都装有防喷器(BOP),用于防止油气喷出地面造成井喷事故。

一旦钻井计划启动,适当的人员基础设施和设备就位,钻井就可以开始了。钻柱和钻头被下放到井口,随着钻柱的旋转运动,钻头切割岩石并深入到井中。每隔30ft,钻柱上就会增加一段新的钻杆。图3.8描述了陆上钻机帮助将要下入油井的钻柱段连接起来。

图3.8　陆上作业人员将连接的钻柱放入井中

油井钻探包括三个主要阶段:(1)将钻头钻入地下,直到达到目标区域的深度;(2)将直径较小的套管钻入钻孔;(3)将套管固井到位。这个过程重复多次,每次使用一个直径更小的钻头,直到钻到足够深的地下,到达油藏[14]。

3.2.4.2　水平钻井、垂直钻井和定向钻井及其优缺点

在石油开采的历史之初,在钻探井时,往往是直接从井架向下垂直钻探的。然而,自20世纪20年代以来,定向钻井已经成为石油生产中不可或缺的一部分[15]。

定向钻井即控制井眼的方向、角度和偏离井眼垂直方向的距离,以达到特定的地下目标或位置。采用这种类型的钻井有很多原因。

首先,非垂直钻井是为了达到垂直钻井无法达到的目标。如果目标储层位于地面或地下条件受到限制的区域,就需要采用定向井。其次,钻定向井可以最大限度地减少钻井作业对地面的影响。采用水平井可以只钻一口井就到达一个储层的区域,而采用垂直井可能需要许多不同的井才能覆盖相同数量的油气资源。水平钻井作业也可能提高目标储藏产层钻遇率。定向井可以作为救援井完成与"井喷失控"井的连通并释放压力[16]。定向钻井也常用于绕过地下障碍物或钻过陡坡断层。

定向井的三种主要类型有水平井、多分支井和大位移井。如图3.9所示,水平井是倾角大于80°的大角度井。对于页岩储藏的开发来说,水平井发挥着重要的作用。这类储层的低渗透性岩石含有大量的天然气,这些天然气很难从微小的孔隙空间中被开采出来。为了提高这类储层的开发效率,常常采用水平井定向钻井和水平井压裂技术[16]。

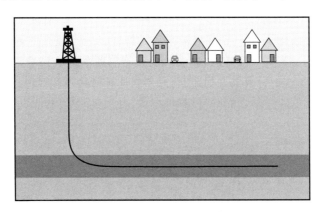

图3.9　水平井钻井示意图[16]

多分支井(图3.10)是一种从一个主井干眼钻出多个分支井眼的新型钻井技术。因此,必须采用定向钻进的方法才能达到不同的目标点。大位移井是另一种水平钻井方式,其测量深度与实际垂直深度之比至少为2∶1[17]。

定向钻进只需将钻头对准正确的方向即可完成。然而,更复杂的定向钻井方法可能需要用到位于钻头附近的井底钻具组合(BHA)中的井下可操纵泥浆马达。泥浆马达利用钻井液对井筒的推力或拉力使钻柱弯曲到正确的方向[15]。

垂直钻井的一个明显缺点是无法像定向钻井那样钻达数个目标。定向钻井带来的好处包括提高了储层的生产效率和油气的暴露面积,降低了与相同生产效率相关的成本(一口水平

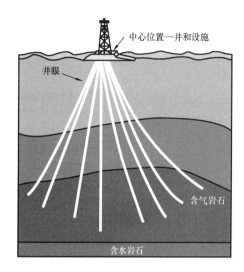

图 3.10 多底井或多井钻井示意图[15]

井可完成的油气开采量,可能需要多口直井才能完成),以及降低了对环境的影响。定向钻井还有另外一些优势,可以钻到更困难的断层,绕开障碍物,当遇到井喷时,还可以打定向井进行救援[17]。

然而,定向钻井也有很多缺点。多分支井是一种定向井,当试图通过其中一个侧钻获得足够的气流量来提升井眼压力和清洁井眼时,其难度尤其大。这项技术也是新的和具有挑战性的技术。缺乏这方面的经验可能对石油公司不利[17]。定向钻井还需要额外的人员来操作井下泥浆导向马达,以及额外的测井或数据采集技术,以确保钻头更接近目标。定向钻井还会带来额外的安全风险,因为必须确保两口井不会交碰。而垂直钻井可以显著降低这种风险。

3.2.4.3 钻井液

当钻井时,钻井液或"泥浆"被泵入钻头。钻井液由基液(水、石油或合成化合物)和其他化学添加剂组成,以帮助钻入地层。水基钻井液(WBM)、油基钻井液(OBM)和合成基钻井液(SBM)是三种主要的钻井液。根据钻井作业的成本、环境影响和技术要求,钻井液的选择是作业成功的关键因素[18]。

当使用旋转钻头时(图 3.11),钻井液被泵入钻杆,从钻头流出,并通过环空(钻杆与井壁之间的空间)返回地面。当钻头旋转时,岩石碎块或岩屑脱落进入钻井液中,井眼变深。钻井液的主要功能之一是将这些岩屑携带到地面,避免岩屑在井中堆积[18]。钻井液的其他功能还包括保持井眼稳定、钻头的冷却和润滑、控制地层压力以及向钻井设备传递液压能量。

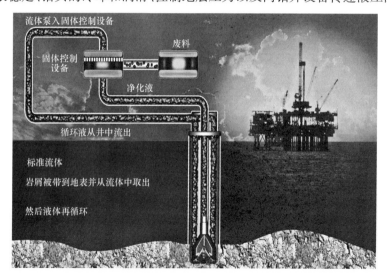

图 3.11 钻井液在钻井应用中的循环情况[19]

因其成本效益和通用性,水基钻井液成为石油工程应用中最常用的钻井液。水基钻井液包括由淡水、海水或盐水与黏土和其他化学添加剂混合而成的液基。在大多数陆上位置,水基钻井液可以在环境中处理,这取决于其成分中包含的化学添加剂[20]。油基钻井液是为更具挑战性的钻井作业而开发的,因为在某些钻井环境下,使用水基钻井液无法获得理想的钻井效果。这些具有挑战性的钻井环境包括反应性页岩、深井、水平井和延伸井。油基钻井液在这些操作中表现出色,因为它们增强了润滑性、页岩抑制能力、清洁能力,以及在不破坏的情况下承受更大热量的能力。为了在不产生有害环境影响的情况下产生与油基钻井液相同的效果,工程师们开发了合成基钻井液。合成基钻井液具有油基钻井液所需的钻井性能,但不含多核芳烃,毒性更低,生物降解速度更快,生物蓄积潜力更低。由于成本高,合成基钻井液通常被回收或重新注入,而不是处理到环境[21]。

钻井液是一种重要的流体,在井的建造过程中发挥着重要的作用。钻井液最基本和最重要的功能包括将钻头产生的岩石碎片或岩屑搬运到地面。钻井液携带岩屑到地面的能力取决于岩屑尺寸和形状,以及钻井液密度和沿井向上的流动速度[22]。作为钻井液工程师,使钻井液保持正常性能至关重要,以避免井漏和"卡钻"的情况。

钻井液也是维持油井受控的一个关键因素。通过钻头上时产生的静水压力抵消了地层压力,否则地层压力会迫使地层流体进入钻孔,从而失去对油井的控制(图 3.12)。钻井液还能保持井筒的稳定性,润滑钻头,并向钻头传递液压能量[22]。

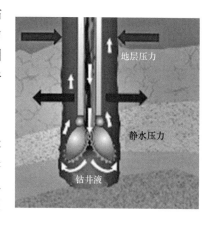

图 3.12　钻井液静水压力[19]

3.2.4.4　钻井风险与挑战

石油行业每天都面临着许多与社会影响、环境和经济问题以及技术性相关的风险和挑战,页岩油气的开采也是一样,如果处理不当,所有这些风险都会对工作人员和环境造成威胁。下文介绍了与钻井相关的典型风险。

(1)流体漏失。

钻井中的一个挑战是流体漏失或循环损失。这种情况发生在油井无法得到有效控制的情况下,钻井液漏失进入地层。图 3.13(a)显示了只有部分钻井液返回到地面时,部分漏失是如何发生的;图 3.13(b)所示为没有钻井液返回到地面时,全部漏失是如何发生的,此时钻井液都被挤入地层中。

这类问题发生是由于地层本身破碎或井下压力过大(由于钻井液相对密度大、不适当的井眼清洗或高压气体)而产生裂缝,也可能是由于套管安装过高,或钻井工艺措施不当[23]。

虽然由于高渗透率或裂缝带的存在,往往无法完全预防漏失的发生,但通过多种方法可以显著改善或部分避免流体失去循环。保持适当的钻井液密度,以确保钻头上的正确钻压,将环空压力降至最低,并充分清洗孔眼是主要的。研究薄弱地层存在的位置,并在适当位置安装套管保护井筒也是有价值的[23]。

为限制流体漏失和循环损失的可能性,还可以进行预防性试验。堵漏试验(LOTs)是通过关闭油井并对最后一套管柱下的裸眼井施加压力来进行的。压力下降的点表示井筒的强度。

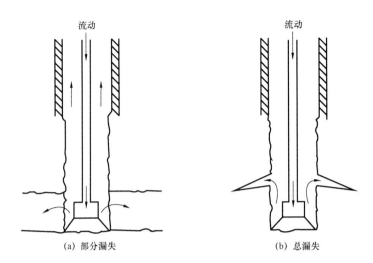

图 3.13   钻进时的流体漏失量[23]

此外,还可以进行地层完整性测试(FITs)。这些测试决定了钻井时井筒是否能承受预期的最大钻井液密度。对于 LOT 或 FIT 显示存在裂缝性漏失风险的地层,通常注水泥进行堵漏[23]。

(2)井眼失稳。

井眼失稳包括井筒关闭或坍塌、井壁破裂以及井筒扩大。当地层引入外来流体时,可能会发生井眼失稳。为了防止地层流体进入孔内,钻井液必须能够比钻头穿过的多孔岩石中的流体施加更大的压力。为了防止这种情况的发生,必须适当地保持钻井液的性能和化学性质。钻井液密度必须根据参数精心选择,必须利用水力控制当量循环密度,钻井液类型应与所钻的井眼和地层相匹配[24]。

(3)卡钻。

钻井时的一个主要问题是钻柱卡住,也称为卡钻。这一问题每年给石油行业造成数亿美元的损失,并在 15% 的油井中发生[25]。

在力学上,发生卡钻可能有两个原因(图 3.14):首先,主要是由于井眼清洗不正确,即过多的钻屑在环空流体中沉淀。正因为如此,在将钻柱拉出地面之前,通常要将流体循环几次。扭矩、阻力和循环压力的增加都是钻屑过量的指标。其次,井眼封闭可能会造成卡钻。当钻井液密度过低时就会发生这种情况,这会导致井筒坍塌。为了解除力学上的卡钻,钻井工程师应该尝试一下降低当量循环密度(如果由于岩屑堆积而卡住)或提高钻井液密度(如果井筒坍塌)[26]。

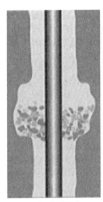

(a)岩屑堆积   (b)井筒坍塌

图 3.14   卡钻示意图[25]

(4)典型钻井成本。

据先锋自然资源公司(Pioneer Natural Resources)称,在陆地上钻一口井大约需要 60 天和 1500 万美元。根据加拿大石油生产商协会(Canadian Association of Petroleum Producers)的报告,在加拿大大西洋沿岸钻探一口海上油井,通常需要 3~4 个月的时间,每口井的成本高达 1.5 亿~2 亿美元[27]。

　　因此,钻井成本和时间因油井的环境和类型而异。在纽芬兰近海钻探的一些油井耗时 30 天,另一些则接近 365 天,根据每天的费用和钻井平台租金,总花费接近 10 亿美元。

　　尤其是在页岩储量中经常看到的水平钻井是昂贵的。它每英尺的成本是垂直钻井的 3 倍。然而,井生产能力的提高证明了成本的增加是合理的[16]。

3.2.5　水力压裂

3.2.5.1　什么是水力压裂

　　水力压裂(Hydraulic Fracturing,又称 Fracking),是一种增产技术,利用压裂液的高压注入在岩层中形成裂缝,从而提高油气采收率。裂缝在储层中的扩展增加了地层的整体渗透率,从而使油气更自由地流动,从而提高了产量。该方法适用于低渗透(小于 10mD)的页岩储层[28]。

　　水力压裂一般分为三个主要阶段:第一阶段,考虑到流体的流变性能,将压裂液以足够高的速度注入地层中,以克服地层的压应力和地层岩石的抗拉强度,从而产生裂缝。如图 3.15 所示,第二阶段为继续进行流体注入,进一步进行裂缝支撑,使裂缝的长度和宽度增加。最后,水力压裂的第三阶段是在注入流体中加入支撑剂,填充扩展裂缝,在压力降低时防止裂缝闭合。支撑剂的加入也增加了地层的渗滤能力,使油气能够通畅地流入井筒[29]。

图 3.15　裂缝在岩层中的扩展情况[29]

3.2.5.2　水力压裂设备

　　压裂处理过程需要专门的设备和配合物,这些设备和配合物可以根据所钻油井的类型而变化。地面设备通常储存在井场的储罐或容器中,包括多级泵送装置、混合装置、压裂液储罐、化学储罐、支撑剂供应、辅助设备和控制监控装置(图 3.16)[30]。

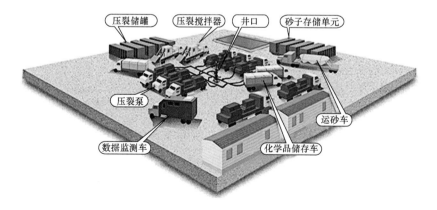

图 3.16　水力压裂设备

油井管理和监测是水力压裂过程中的关键因素。位于压裂作业现场的控制单元监测并记录压裂液注入井筒的速度和压力、流体添加剂的速度和支撑剂的浓度,以确保安全作业,并为优化处理提供关键数据[31]。

3.2.5.3 水力压裂相关理论

通过井筒向油层挤注压裂液,当页岩层内部的流体压力超过岩石的最小主应力(σ_h)和抗拉强度时,油层将被压开并产生裂缝。在增加压力时继续泵送液压油,使成形裂缝向最小阻力方向扩展。从理论上讲,当式(3.1)成立时,形成水力裂缝:

$$p_{frac} = 2\sigma_h - p_f + T_0 \tag{3.1}$$

式中:p_{farc} 为最大井底压力或裂缝起裂压力;T_0 为抗拉强度;σ_h 为最小水平应力;p_f 为流体压力。

在水力压裂过程的第一个和第二个泵循环过程中,从井的压力响应可以确定临界压裂压力、抗拉强度等重要特征,如图 3.17 所示。

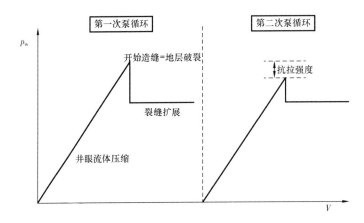

图 3.17 水力压裂过程中理论上第一和第二泵响应

水力压裂第一次泵注过程中观测到的线段,代表了井内流体压缩产生的系统的弹性形变。在响应的峰值处,开始起裂并形成垂直裂缝。压裂后,井筒压力下降,裂缝扩展速度大于注入速度,导致裂缝发育不稳定。然而,泵注流体的继续流动会导致裂缝扩展的重新稳定,裂缝扩展表现为井内压力稳定,如第二次泵注响应所示。在第二次泵循环中,由于已经产生裂缝,拉伸强度为零。第一峰和第二峰之间的差异是衡量地层抗拉强度的理想指标[32]。

随着压裂液的不断注入,岩石地层内部对流动的阻力增大,导致井筒压力也随之增大,直至超过地层的破裂压力。模型的破裂压力是岩石的地应力和拉应力之和。一旦产生裂缝,裂缝的扩展发生在一个称为裂缝扩展压力的压力下,可以用以下参数来表示:

裂缝扩展压力 = 地应力 + 净压降 + 井筒附近压力降

式中,净压降等于压裂液在裂缝中的压力下降量,由于顶部效应引起的压力增加量。近井筒压力降可以是黏性流体通过裂缝时的压力降和(或)井眼与裂缝之间的弯曲(弯曲路径)导致的压力降的组合[33]。

原地应力描述了作用于地下岩层的承压压力,可分为三个主应力,如图 3.18 所示,其中,

σ_1 为垂直应力（σ_v），σ_2 为最小水平应力（σ_h），σ_3 为最大水平应力（σ_H）。产生和扩展裂缝所需的控制压力由图 3.18 所示的主应力的大小和方向决定。

在水力压裂过程中，裂缝会垂直于形成的垂直裂缝的最小水平应力。最小的水平应力可以用下面的方程来确定：

$$\sigma_{min} = \frac{\nu}{1-\nu}(\sigma_1 - \alpha p_p)\alpha p_p + \sigma_{ext} \quad (3.2)$$

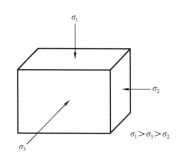

图 3.18　原地应力—主应力分布图

式中：ν 为泊松比；σ_1 为上覆岩层压力；α 为 Biot 常数；p_p 为孔隙压力；σ_{ext} 为构造应力。

从水力压裂的理论分析中可以看出，压裂液性质以及岩层性质对裂缝的形成和扩展起着非常重要的作用。

3.2.5.4　压裂液及添加剂

在压裂过程中，含支撑剂和添加剂的压裂液在高压下被泵入油井，用以造缝。压裂液的主要功能包括延伸裂缝、输送支撑剂以及为压裂过程提供润滑。根据成岩作用和性质，可以利用不同的流体基液提供最佳的性能，如水、泡沫、油、酸、醇、乳液以及二氧化碳等液化气[28]。对于页岩地层，"滑溜水"处理方法是使用低黏度流体和低支撑剂，以高速率泵送，从而产生狭窄、复杂的裂缝。通常情况下，水基流体成分主要由水组成，支撑剂极少，添加剂的比例明显较低，如图 3.19 所示[34]。

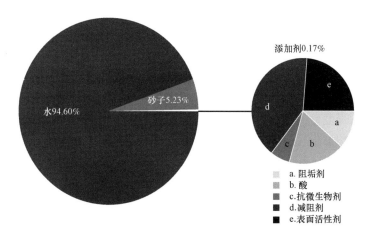

图 3.19　典型压裂液组成

与流体基液相类似，水力压裂添加剂也依赖于井的条件，提高黏度、摩擦力和地层适应性，并为压裂液提供流体损失控制[33]。常见的添加剂类型及其功能包括：

（1）抗微生物剂——防止细菌或其他动物生长；

（2）缓冲剂——抑制 pH 值变化；

（3）破胶剂——降低破胶黏度或增强流体回收；

（4）缓蚀剂——保护套管和设备；

(5)交联剂——有利于凝胶的形成,提高支撑剂井下携液黏度;

(6)减阻剂——产生层流;

(7)胶凝剂——有利于凝胶的形成、井下支撑剂的黏度和理想的支撑剂载体;

(8)防垢剂——避免套管或井口矿物垢物沉淀;

(9)表面活性剂——乳化和耐盐性。

3.2.5.5 压裂支撑剂

支撑剂是水力压裂过程中的关键因素。如图 3.20 所示,支撑剂是悬浮在压裂液基液内的小颗粒。它们被用于在压裂后保持裂缝的张开,并形成流体流入井筒的通道[35]。

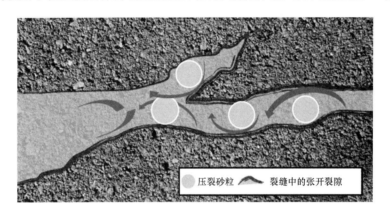

图 3.20 支撑剂在岩层中的作用

理想的支撑剂强度高,耐破碎和腐蚀,密度低,成本低。支撑剂颗粒的间隙也是需要考虑的一个重要特性,间隙应该足够大,以允许流体流动,同时必须保持承受闭合应力所需的机械强度。

最常见的支撑剂包括硅砂、处理过的砂粒和尺寸从 $106\mu m$ 到 $2.36mm$ 不等的陶瓷。树脂包覆砂层(RCS)是处理砂层最常用、最适合岩石压缩地层岩型的方法。RCS 具有比普通砂更低的密度和更高的强度性能,但也更昂贵。陶粒支撑剂包括烧结铝土矿、中等强度支撑剂和轻质支撑剂。这些支撑剂最适合于对地应力非常高的深井(大于 8000ft)进行增产[36]。

3.2.5.6 流体流变学特性

流变学是研究流体流动和形变的科学。压裂液是一种非牛顿流体,这意味着其流变性质是黏性的,并随外加应力的变化而变化。决定流体流变性的压裂液性质还受到井筒内剪切速率、化学添加剂浓度、支撑剂类型以及温度的影响[29]。压裂液性能对确定最佳支撑剂选择也很重要,因为基液必须具有支持支撑剂运输、悬浮和分布的流变学特性。

流变性是水力压裂预测裂缝发育和几何形状的基本要素。这对于优化增产技术的实施至关重要,因为裂缝扩展的精确测量提供了设计和实施处理要求的具体细节。由于对流体流变性认识不够导致的流体选择失败可能导致油藏措施不成功,从而降低石油产量。

3.2.5.7 压裂措施设计与优化

为了设计页岩地层的压裂措施方案,必须获取重要的数据,如地应力剖面和可穿透性,以确定最佳的压裂液和支撑剂的选择。确定裂缝长度、裂缝导流能力对油井产能和采收率的影响是优化方案设计的关键因素。利用所获得的生产数据和储层特征,建立水力压裂模型,以最小的成本获得最佳的裂缝长度和裂缝导流能力。

在压裂措施方案设计中,对压裂液的选择基于以下因素:

(1)储层温度;

(2)储层压力;

(3)裂缝半长期望值;

(4)水的敏感性。

由于大多数油藏都含有水,因此在压裂施工中常采用水基压裂液。碳酸盐岩储层普遍采用酸基压裂液,油基压裂液在储层中是最优的,但事实证明,水基压裂液的应用并不成功。

与压裂液相似,支撑剂的选择是优化压裂设计的关键因素。为了确定这一点,应该对支撑剂的最大有效应力进行评估。通常,对于最大有效应力小于6000psi的情况,应该使用砂粒支撑剂。如果最大有效应力范围在6000 ~ 12000psi,则应在储层温度之前使用陶粒或中等强度支撑剂。此外,如果有效应力大于12000psi,则应使用高强度铝土矿支撑剂[37]。

3.2.5.8　裂缝建模与仿真

压裂模拟程序提供了详细的裂缝几何形状和分布示意图,用于压裂措施的优化。霍华德(Howard)和法斯特(Fast)在20世纪50年代建立的第一个二维数学模型,用于设计以裂缝宽度为常数的压裂措施方案,根据地层流体滤失特征确定裂缝区域。随着技术的进步,人们建立了更为深入的二维裂缝扩展模型,以更精确地找到裂缝几何形状,并取得了一定的成功。如今,使用高性能计算机的三维裂缝传播模拟器被用于石油和天然气工业,以确定真实的裂缝几何形状和尺寸。这些模型使用精确的数据描述了压裂地层的层数,以及兴趣带上下的层数[37]。

高效、全三维水力压裂模拟器的第一个关键部件是模型的几何表示。它意味着计算机存储和模型拓扑和几何的可视化。裂纹扩展的模拟比许多其他计算力学的应用更为复杂,因为在模拟过程中结构的几何和拓扑结构发生了演化。因此,作为仿真过程的一部分,需要维护和更新独立于任何网格的几何体描述。几何数据库应包含包括裂纹在内的实体模型的显式描述。

三种应用最广泛的实体建模技术,边界表示法(B - rep)、构造实体几何(CSG)和参数分析补丁(PAP),能够表示未开裂几何形状[37a - c]。

压裂模拟器,如贝克休斯(Baker Hughes)的"MFracSuite",提供了裂缝几何形状和井筒传热的实时数据。支撑剂的输送和射孔侵蚀。压裂模拟评估了油气采收率最高的区域[38]。

3.2.5.9　裂缝特征

裂缝的特征是密度或压裂强度,与岩石类型、物理参数(深度、高度和地形设定)和水力传导率测量相比较。压裂强度的计算方法是,无论压裂方向、压裂方式或岩石类型如何,在基准井中观察到的所有裂缝之间的距离。这种裂缝强度的估计被称为"裂缝间距"。

裂缝 - 结晶体含水层系统是非常不均匀和复杂的[39]。

水力裂缝一般沿水平方向或垂直方向传播,其传播方向是基于地层内部的应力方向和已有的薄弱面(或天然裂缝)[39]。根据主应力位置,裂缝将沿与井眼有关的方向传播:

σ_H方向与井眼平行

$$p_{\text{frac}} = 3\sigma_{\text{h}} - \sigma_{\text{v}} - p_{\text{f}} + T_0$$

σ_{h} 方向与井眼平行

$$p_{\text{frac}} = 3\sigma_{\text{H}} - \sigma_{\text{v}} - p_{\text{f}} + T_0$$

如图 3.21 所示,上述情况中,第一种情况裂缝与钻孔平行,因为最小地应力与井眼垂直。在第二种情况中,裂缝与钻孔垂直,因为最小地应力与井眼平行[32]。

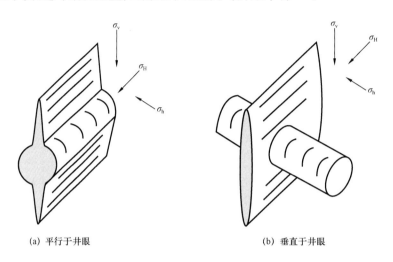

(a) 平行于井眼　　　　　　　　　　　　(b) 垂直于井眼

图 3.21　裂缝方向[32]

裂缝导流能力也是裂缝的一个重要特征,并与裂缝的宽度、渗透率和裂缝长度有关。由于支撑剂、腐蚀、支撑剂嵌入地层以及支撑剂破碎等因素的影响,裂缝的导流能力在井的使用寿命中会逐渐降低。利用裂缝的几何形状和特征,可以制订井距和开发策略,最大限度地从储层中采收油气。

3.2.5.10　压裂岩石特征

在两种情况下通常需要进行压裂:一是对于渗透率非常低的油藏;二是对于已投产很长时间的油藏,运营商希望扩大产量,以便从较小的孔隙空间开采剩余油。压裂不是一个钻井过程,它是在最终储层段钻完后进行的,目的是提高油井的油气采收率。在勘探钻井过程中,可以使用一定的测井工具对井筒内的岩石性质进行测定,以帮助生产和油藏工程师更好地了解油藏的性质。然后,这些信息被用来确定是否需要压裂工艺来达到最佳产量。

压裂工艺是一种非常规的油气生产方法。"常规"一词简单地指油气天然地从储层流向地面。然而,非常规生产是指在低渗透致密地层的生产或需要更多介入,而不是简单钻井从储层中生产的生产方法。

具有致密油或致密气的岩层有时被称为页岩油藏或页岩气藏。致密油藏或气藏渗透率通常为 0.001 ~ 0.1mD,意味着它们相对不透水[40]。在一些致密页岩储层中,渗透率可能更低,范围从 0.001mD 到 0.0001mD[40]。从本质上讲,这种极低的渗透率意味着储层中含有流体的孔隙空间的连接很差,因此不能很容易地流向生产井筒。这些类型的地层需要采取压裂措施才能生产油气。

需要水力压裂的非常规油气藏主要有三种类型[41]：

（1）致密油和致密气砂岩——这些砂岩地层可能是含油气的，但是它们的细颗粒几乎没有提供渗透性。如果在形成过程中没有自然产生的裂缝，那么它们几乎总是需要压裂来产生裂缝以提供油气渗流通道。

（2）页岩气——页岩气可以从页岩中开采出来，在页岩中天然气赋存在细粒页岩材料中。压裂过程可以将天然气从致密页岩层中释放出来。

（3）煤层气——它是指赋存在煤层中的天然气。需要压裂将煤岩中气体释放出来。

3.2.5.11　压裂过程

钻井完成后，用钢制套管和水泥对各井段进行完井，最后到达储层段。需要压裂的储层段可能主要由致密页岩组成。在最后的储层段，将最后一块钢制套管水泥封固到位，然后在套管内射孔，进入页岩地层。储层剖面的末端称为趾部，储层剖面的开始通常称为跟部[42]。压裂通常是分阶段完成的，从井的趾部开始作业后退到跟部。

井筒下部的套管内安装有特殊的完井设备。该设备是为了方便各种压力上升阶段压裂岩石。初始清理过程使用酸性流体循环来清除套管中可能导致堵塞和干扰压裂过程的水泥碎屑[43]。经过清洗泵送阶段后，压裂液在高压下被泵入油井。每个压裂阶段都需要地面设备在非常高的压力下泵入压裂液，这样就会在岩石地层中产生裂缝，并为储层流体流动提供通道。支撑剂与压裂液（通常是水）一起泵送很长时间，以保持裂缝位置的张开[42]。页岩地层压裂结果如图3.22所示。

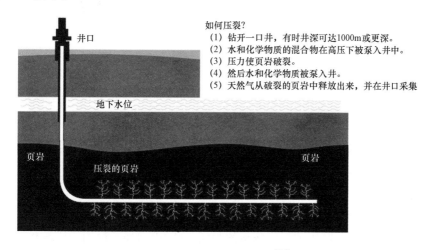

图3.22　压裂工艺流程图[44]

裂隙结晶岩体（如花岗岩）中的水动力扩散是具有环境意义的地下工程的一个重要问题，裂隙网络控制着地下水的流动和污染物的运移。一般来说，这个传输过程涉及两种基本机制。

第一种机制是分子扩散。这是由分子种类的随机运动引起的，它与流体是运动还是静止无关，在长距离运移或高的流动速度下贡献很小。

第二种机制是宏观扩散。这是由于裂缝网络（沟槽）中流体流动速度场的差异造成的，主要是由迹线长度、方向以及裂缝孔径而决定的。

实际上，这两种机制之间的区分是相当主观的，因为它们本质上是混合在一起的。

3.2.5.12　压裂过程风险评估

地质风险、产品价格风险和机理风险是油井运营商应始终评估的主要风险[1]。

储层模型和裂缝扩展模型的敏感性分析有助于识别数据的不确定性。水力压裂过程的主要问题是,所有阶段的压裂都是一次性完成的,这意味着在很短的时间内要花费大量的资金,而产量和累计采收率远远达不到预期的程度。由于油藏对流体注入的反应以及地表设施和井的机械问题等因素,可能导致措施失败[1-3]。

基于经济分析证明,几乎全部成本和部分收益都应用于储层和机理风险的评估。例如,如果将80%的预期收入和100%的预期费用分配到相应的操作/活动中,以确定最佳的压裂长度,那么对5段压裂的处理方法可能不会成功。图3.23为经济分析中首选裂缝长度的变化[1-3]。

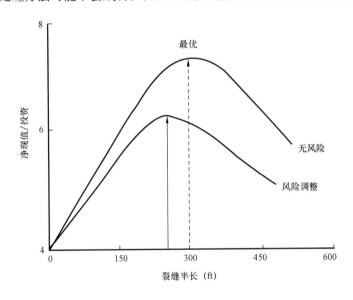

图3.23　经济分析中净现值与裂缝半长的关系

压裂优化设计后,服务公司与井筒作业方共同努力,在压裂作业前、作业中和作业后进行有效的质量控制,以精确的方式使压裂工艺最优是非常重要的[1-3]。

3.2.5.13　压裂地层的挑战与风险

压裂作为一种油气增产方法有几个好处。它使无法天然流动的页岩油气储量开采成为可能,从而增加了一家公司从销售油气中获得的利润,同时也增加了可用于燃料和其他产品的资源数量。它还可以帮助延长油田的使用寿命,从而增加就业机会。然而,随着收益的增加,风险也随之增加,在这种情况下,风险既有环境方面的,也有经济方面的。

在《国家地理》(National Geographic)2013年发表的一篇文章中,强调了石油和天然气行业压裂的几个负面影响。其中一些风险是对环境的影响,例如为了完成压裂作业而增加的泵送设备和运输服务。由于操作的限制,排放的气体燃烧产生的耀斑以及为了提高压裂效果,在压裂过程中无意排放或泄漏压裂化学物质[45]。在其他情况下,浅井或地下水供应附近井的压裂岩石也可能造成严重的健康和环境风险。在离地表较近的井中压裂,最终可能导致气体从井中冒出来,穿过破裂的盖层进入大气。同样地,如果一口井在接近地下水位的地方压裂,那么气体有可能污染水源[46]。这可能导致居住在附近地区的居民出现严重的健康状况,而如果不经常监测附近的供水情况,就很难发现这种情况。

3.2.6　开发井

3.2.6.1　井的设计与施工

探井主要用于收集资料和勘探新的油气资源。然而,每口井都需要一个设计和施工计划。探井的设计比开发井要困难得多。探井通常在岩石强度、孔隙压力和流体类型未知的地区钻井。由于巨大的不确定性,提前计划和进行井设计的难度很大。

井的设计通常从井位选定开始。一旦确定了井的最终目标位置,工程师们就利用他们所掌握的有关储层和岩石性质的所有可用数据来确定井身结构。这些数据包括在该地区进行的地震勘测数据,或在附近地区钻探的其他井的压力和流体梯度数据。压力数据很重要,因为它们可以帮助工程师确定该地区所钻井眼的尺寸以及套管鞋的下深。

探井钻井时,根据岩石中存在的孔隙压力,使用不同的井段直径。随着井深增加,孔隙压力越大,岩石的破裂压力梯度越大。因为在钻进更深的井段时,必须使用更重的钻井液。上部井段,即之前钻过的井段,必须与重泥浆隔离[47]。为了隔离每个井眼段,在井眼内安装了一根钢制套管,并用水泥封固。水泥有助于将流体从岩石中隔离出来,使其不会浮到地表,并提高套管的结构完整性。

一般来说,每口井通常有 4 ~ 5 个主井段。前两部分是导管段和表层段。导管井段截面直径最大(通常为 30 ~ 36ft),深度最浅;它是井的基础。表层井段也是一个相对较大的直径,并延伸至略高于导管井段位置。其次,中间井段是最大的井段之一,钻到储层段的起始位置。中间井段套管鞋通常位于储层盖层内部。最后一个井段是生产井段或储层段。该井段钻穿了预期要生产的储层。

图 3.24 为典型的套管和套管水泥井设计的垂直示意图。探井可以是垂直的,也可以是定向的,但在开发井中,储层剖面可以向储层内延伸,以增加生产或注入能力。对于探井,钻进储层的目的可能只是为了确定该地区未来开发井的储层性质。

3.2.6.2　套管和射孔井

套管射孔是一种常用的完井方法,当储层孔段套管就位时,该完井方法用于接近储层岩石。如果操作正确,这是一种快速有效的进入油藏的方法。一旦套管安装到位并胶结到位,射孔枪必须射入油井并放置在储层段套管内。从发射射孔枪的表面激活电荷。坚硬的射孔弹从火炮中释放出来,穿透套管进入储层岩石[48]。这为流体进入井筒打开了一条流动通道。

对于探井来说,更常见的做法是在钻井的同时进行测井,而不是在下套管和射孔后再进行测井。然而,由于某种原因,可能需要从解释井中生产一段时间来预测压力衰减或流量,这种方法可用于初始流动。

3.2.6.3　完井设备

在当今的油气工业中,存在着大量的完井设备和技术。随着技术的不断发展,人们正在开发新的、更有效的产品和工具,以提高产量,降低油井建设和生产成本。

除了用于向储层打开油井的射孔设备外,最常见、用途最广泛的完井设备是封隔器。如图 3.25 所示,封隔器是简单地安装在套管内的密封元件,将储层流体与上套管和生产油管隔离

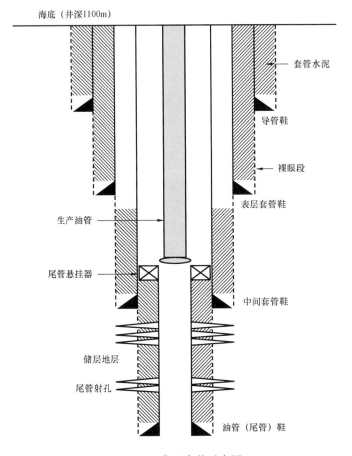

海底（井深1100m）

套管水泥

导管鞋

裸眼段

表层套管鞋

生产油管

尾管悬挂器

中间套管鞋

储层地层

尾管射孔

油管（尾管）鞋

图 3.24　典型直井示意图

开来。这是设计和选择的一个关键因素,以承受井中特定的压力和温度额定值。

除了生产封隔器,井下完井设备可能包括如用来监控油井生产过程的压力和温度仪表,防止砂子或微粒进入生产油管的生产筛管,以及提高生产和增加油井寿命的化学剂注入和气举阀。

3.2.6.4 页岩储层典型完井成本

油井完井成本取决于井所处的位置和环境。海上油井通常比陆上钻井更昂贵,这仅仅是因为所需的作业类型。海上钻井平台租赁费明显高于陆上钻井平台租赁费,海上作业设备采购的物流成本也显著提高了完井成本。

根据一个加拿大西部陆地油井成本的在线消息来源做参考,该井完井和套管的成本可能在 100 万 ~ 200 万美元[50]。当然,这一成本可能取决于油井的深度,因为井越深需要的套管完井设备越多。然而,

图 3.25　生产封隔器[49]

对于普通井,钻井和完井的成本要高得多。根据发表在加拿大大西洋沿岸的一篇关于海上石油和天然气业务的文章,钻探和完成一座海上油井可能需要 3 ~ 4 个月的时间,成本可能在 1.5 亿 ~ 2 亿美元[27]。假定这笔费用概算的大部分是近海钻井平台的每日租金,但其中很大一部分将包括设备费用和与这种复杂作业有关的后勤支出。

3.2.6.5 页岩地层的井眼失稳

井眼失稳主要是由岩石内部或外部应力引起的力学破坏、流体泵排量引起的井眼冲蚀以及钻井液中的化学物质与岩层相互作用并使岩石破碎而引起的[51]。所有这些问题都会导致井筒周围岩石的破裂,这可能会在钻井过程中产生问题,比如卡钻、井眼坍塌、循环失效、无法记录岩石性质等。由于页岩的性质,这些问题在钻遇页岩地层时更加突出。

在页岩地层进行钻井是一项具有挑战性的工作。页岩主要由高胶结粉砂岩组成,当应力作用于一定方向时,粉砂岩非常脆弱。当钻过页岩时,来自钻柱和钻井设备的振动会导致页岩的破坏,导致页岩在钻柱周围发生破碎和塌陷[52]。其他的问题,比如用大密度钻井液钻井,也会导致页岩变得不稳定。此外,一些储层可能已经存在天然的页岩破碎带。在这种情况下,相对不可能避免该地区的井眼不稳定性,因为页岩已经由于岩石中现有的裂缝而变得脆弱。

在进行勘探钻井时,对不稳定岩石进行钻进准备是极其困难的。由于在钻井作业开始前,对岩石的性质往往是未知的,因此,由于井眼不稳定,会很快产生井下复杂的问题。如果生产井或勘探井的目标是开采页岩油气地层,这种风险就非常明显。如果因为井漏或是设备卡在井眼里,而不得不进行侧钻时,作业的成本可能会非常高并大大延长工期。

3.2.6.6 与勘探钻井有关的公式

虽然勘探钻井是一项以操作为基础的工作,但在井的规划设计和控制中对相关理论的研究也是必不可少的。钻井过程中使用的数学方程数量非常庞大,由于其复杂性,许多方程都需要计算软件。下面是一些钻井工程师常用的公式。

与水力压裂有关的方程见前文。

(1)标准化的机械钻速。

标准化的机械钻速($NROP$)是钻头在地层中钻进的速度,由不同的钻井参数决定。这使得钻速可以通过改变式(3.3)中的因素来优化[53]:

$$NROP = ROP \frac{(W_n - M)}{(W_o - M)} \left(\frac{N_n}{N_o} \right)^r \frac{(p_{bn} Q_n)}{(p_{bo} Q_o)} \tag{3.3}$$

式中:ROP 为实测机械钻速;W_n 为标准钻压;W_o 为实测钻压;M 为地层门限钻压;N_n 为标准转速;N_o 为实测转速;r 为旋转指数;p_{bn} 为标准钻头压降;p_{bo},实测压降;Q_n 为标准循环排量;Q_o 为实测循环排量。

(2)机械钻速——鲍戈因(Bourgoyne)和杨格(Young)公式。

计算钻井中机械钻速(ROP)最全面的模型是于 1986 年发表的鲍戈因(Bourgoyne)和杨格(Young)模型。它是式(3.4)中 4 个不同因子的函数[53]:

$$ROP = f_1 f_2 f_5 f_6 \tag{3.4}$$

f_1 和 f_2 使用地层数据计算起来相当简单[式(3.5)和式(3.6)]。通过对油田早期评价得到的数据进行回归分析,得到校正因子[53]。

$$f_1 = K \tag{3.5}$$

式中,K 为可钻性。

$$f_2 = e^{2.303a_2(10000-D)} \tag{3.6}$$

式中:D 为垂深,ft;a_2 为深度校正指数。

第三个因子(f_5)称为钻压系数,通过式(3.6)计算:

$$f_5 = \left[\frac{\left(\dfrac{W}{d_b}\right) - \left(\dfrac{W}{d_b}\right)_t}{4 - \left(\dfrac{W}{d_b}\right)_t} \right]^{a_5} = [W]^{a_5} \tag{3.7}$$

式中:W 为钻压,1000lbf;d_b 为钻头直径,in;$(W/d_b)_t$ 为钻头开始钻进时每英寸直径的门限钻压,1000 1bf/in;a_5 为钻压指数。

计算 ROP 的最后一个因子是转速因子,由转速和转速指数表示,式(3.8)计算[53]:

$$f_6 = \left(\frac{N}{60}\right)^{a_6} = [N]^{a_6} \tag{3.8}$$

式中:N 为转速,r/min;a_6 为转速指数。

一旦上述四个因素结合起来,它们的乘积就是 ROP。可以用四个独立方程的分量将其简化为一个方程。

$$ROP = f_1 f_2 f_5 f_6 = KW^{a_5}N^{a_6}e^{a_2(10000-D)} \tag{3.9}$$

3.2.7　探井废弃和再利用

探井的废弃和再利用是一项重要的工程任务,通常可占与井有关的总成本的25%[54]。这项工程任务可以通过使用钻机或专用的封堵弃井(P&A)船来完成。井的封堵弃井首先要移除所有完井设备,如井下设备、封隔器和适用的配注器。对于探井来说,通常需移除的设备较少,因为钻探井的目的是获得数据和流体与岩石试样,实际上从未用于生产。完井设备拆除后,任何用于完井的水下设备都应被拆除,以避免影响海洋野生动物或船只路线。在此之后,必须使用专用工具拉出井筒并进行井口切割。

一旦相关设备被成功地移走、拉上岸并进行了适当处理,井内就会填满水泥,防止油层浮油流入大海。这一步的正确执行是至关重要的,以确保水泥完全凝固,无泄漏。在探井中,这一问题尤为突出,因为储层压力仍然很高,而且原油饱和度处于初始水平,这使得泄漏更加严重。在生产井中,压力会在整个生产周期中自然下降,储层流体会降低到约 95% 的含水率[54,55]。为了尽可能缩短探井水泥的凝固时间,在封堵弃井(P&A)过程中,会随着水泥一起泵入浓砂浆[54]。

3.3　勘探与开发新技术简介

为了提高采收率,使更多的油气藏得到更加经济有效地开发,对新的驱油技术和方法的研究和商业化应用一直是竞争的焦点。目前有几种技术正在进行进一步的研究和开发,以便使它们最优化,以供常规现场使用。这些技术包括拉链压裂和二氧化碳注入。

　　拉链压裂是对两口相邻的井同时进行水力压裂。如图3.26所示,这使得岩石的裂缝更加深入和有效。在一些陆上测试井中,石油和天然气产量增加了一倍[55]。

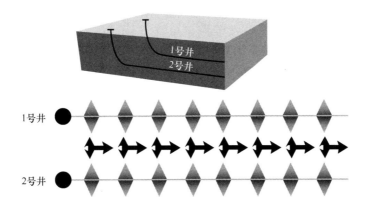

图3.26　拉链压裂示意图[55]

　　二氧化碳注入是使用两个水平钻孔,形成错列的线驱动。顶部的油井注入超临界二氧化碳,底部的油井产出石油。通常情况下,当压力超过二氧化碳临界点时,气体是一个超临界流体,这意味着它的密度与气体的黏度相同。这使得它成为一种很好的溶剂,可以从储层流体中提取甲烷和轻质组分,使石油流入底部的油[56]。这项技术仍在研究中,相信它将对油气行业产生重大影响。

　　下面简要介绍页岩勘探钻井研究的新方向。

3.3.1　技术演化

　　目前,通过开发有效的横向和水平钻井技术,将小直径的井设计成非常规资源中精确的目标区域/位置,以优化采收率。为了达到这一目标,大部分含有油气的地层应该位于井的排水区域。为提高油层的渗透率,油层还应采取相应的增产措施。这只有在钻长侧水平井,使其覆盖油气层的大面积区域时才能实现[3-5]。

3.3.2　横向压裂

　　最复杂的水力裂缝网络产生于垂直于最大地应力的水平井筒。造成这种复杂性的主要原因是沿水平横向存在或(和)传播一系列横向裂缝。很明显,由于多孔地层中存在复杂的裂缝网络,有效储层渗透率和产能均有所提高[1-4]。

　　页岩储层领域的工程与研究活动正致力于新的诊断技术的研发,并在钻井作业中实时发现甜点。除了探索有效的裂缝导向控制技术外,优化的钻井完井技术,以及生成的数据与不同条件下储层特征之间的有效联系,是研究与工程中心的未来目标[1-4]。

参 考 文 献

[1] McFarland J. How do seismic surverys work. Oil and Gas Lawyer Blog; 2009.

[2] Dybkowska K. Shale oil exploration and production methods. [Online]. Available from: http://infolupki.pgi.gov.

pl/en/technologies/shale – oil – exploration – and – production – methods.

[3] Petro Wiki. [Online]. Available from: http://petrowiki. org/Seismic_data_acquisition_ equipment.

[4] Wikipedia. April 5,2016 [Online]. Available from: https://en. wikipedia. org/wiki/Seismic_vibrator.

[5] Martinelli A. Fracking versus conventional oil drilling: an investor's guide. Energy and Capital; 2014.

[6] Botkin DD. The dangers of gas drilling. [Online]. Available from: http://www. desmogblog. com/fracking – the – future/danger. html.

[7] Hill KB. A seismic oil and gas primer. [Online]. Available from: http://www. loga. la/ flash/HS/kevinhillL-SUS. pdf.

[8] RA Associates. The current costs of drilling a shale well. April 7,2016 [Online]. Available from: http://www. roseassoc. com/the – current – costs – for – drilling – a – shale – well.

[9] Adams M. Wirtgen. 2016 [Online]. Available from: http://www. wirtgen. de/en/ news – media/press – relea-ses/article_detail. 2500. php.

[10] Room and pillar. November 4,2014 [Online].

[11] Freudenrich C,Strickland J. How oil drilling works. April 12,2001 [Online]. Available from: http://science. howstuffworks. com/environmental/energy/oil – drilling3. htm.

[12] Energy F. Equipment used for purposes of oil extraction. 2016 [Online]. Available from: http://www. flowtechenergy. com/oilfield – equipment/drilling – equipment/.

[13] HRDC. Drilling and well completions. 2016 [Online]. Available from: http://www. petroleumonline. com/con-tent/overview. asp? mod = 4.

[14] Zion Oil & Gas. The excruiciating difficulty of drilling for oil—51 steps. 2016 [Online]. Available from: ht-tps://www. zionoil. com/updates/excruciating – difficulty – of – drilling – for – oil – in – 51 – steps/.

[15] RigZone,How does directional drilling work? [Online]. Available from: http://www. rigzone. com/training/in-sight. asp? insight_id = 295.

[16] King H. Directional and horizontal drilling in oil and gas wells. [Online]. Available from: http://geology. com/articles/horizontal – drilling/. .

[17] PetroWiki. Directional drilling. June 26,2015 [Online]. Available from: http:// petrowiki. org/Directional_drilling#Types_of_directional_wells.

[18] Neff JM. Composition,environmental fates,and biological effects of water based drilling muds and cuttings dis-charged to the marine environment. Battelle; 2005 [Online]. Available from: http://www. perf. org/images/Archive_Drilling_Mud. pdf.

[19] 3M oil and gas. November 3,2011 [Online]. Available from: http://i. ytimg. com/vi/ CDK771L5glU/maxres-default. jpg.

[20] AES Drilling Fluids. Drilling fluids. AES Drilling Fluids, LLC; 2012 [Online]. Available from: http://www. aesfluids. com/drilling_fluids. html.

[21] Drilling waste management information system. [Online]. Available from: http://web. ead. anl. gov/dwm/tech-desc/lower/.

[22] Williamson D. Drilling fluid basics. 2013 [Online]. Available from: http://www. slb. com/ resources/publica-tions/oilfield_review/ ~/media/Files/resources/oilfield_review/ ors13/spr13/defining_fluids. ashx.

[23] Society of Petroleum Engineers. Lost circulation. June 30, 2015 [Online]. Available from: http://petrowi-ki. org/Lost_circulation.

[24] Society of Petroleum Engineers. Predicting wellbore stability. December 5,2014 [Online]. Available from: ht-tp://petrowiki. org/Predicting_wellbore_stability.

[25] Schlumberger. Stuck pipe: causes,detection and prevention. October 1991 [Online]. Available from: http://www. slb. com/ ~/media/Files/resources/oilfield_review/ ors91/oct91/3_causes. pdf.

[26] Society of Petroleum Engineers. Stuck pipe. January 2015 [Online]. Available from: http://petrowiki. org/ Stuck_pipe.

[27] Canadian Association of Petroleum Producers. Offshore oil and gas life cycle. 2015 [Online]. Available from: http://atlanticcanadaoffshore. ca/offshore – oil – gas – lifecycle/.

[28] Gandossi L, Von Estorff U. An overview of hydraulic fracturing and other formation stimulation technologies for shale gas production. Publications Office of the European Union; 2015.

[29] Edy KO, Saasen A, Hodne H. Rheological properties of fracturing fluids.

[30] CSFU Gas. Understanding hydraulic fracturing. [Online]. Available from: http:// www. csug. ca/images/ CSUG_publications/CSUG_HydraulicFrac_Brochure. pdf.

[31] Hydraulic fracturing: the process: BC Oil & Gas Commission. [Online]. Available from: http://fracfocus. ca/ hydraulic – fracturing – how – it – works/hydraulic – fracturing – process.

[32] Fjaer E, Holt R, Horsrud P, Raaen A, Risnes R. Petroleum related rock mechanics. 2nd ed. Elsevier B. V. ; 2008.

[33] Fracturing fluids and additives. [Online]. Available from: http://petrowiki. org/ Fracturing_fluids_and_additives.

[34] Fracturing fluids: types, usage, disclosure. [Online]. Available from: http://www. shale – gas – information – platform. org/categories/water – protection/the – basics/fracturing – fluids. html.

[35] Schlumberger oilfield glossary. [Online]. Available from: http://www. glossary. oilfield. slb. com/en/Terms/p/ proppant. aspx.

[36] Proppant: the greatest oilfield innovation of the 21st Century. [Online]. Available from: http://info. drillinginfo. com/proppant – the – greatest – oilfield – innovation/.

[37] Fracture treatment design. [Online]. Available from: http://petrowiki. org/Fracture_ treatment_design.

[37a] Mantyla M. An introduction to solid modeling. 1988.

[37b] Mortenson ME. Geometric modeling. New York: John Wiley & Sons; 1985.

[37c] Hoffmann CM. Geometric and solid modeling: an introduction. Morgan Kaufmann Publishers Inc. ; 1989.

[38] Hydraulic fracturing: increase oil and gas recovery. [Online]. Available from: http:// www. bakerhughes. com/ products – and – services/reservoir – development – services/ reservoir – software/hydraulic – fracturing.

[39] The source for hydraulic fracture characterization. 2005 [Online]. Available from: https://www. slb. com/ ~ / media/Files/resources/oilfield_review/ors05/win05/04_ the_source_for_hydraulic. pdf.

[40] GO Canada. Natural resources Canada. 2016 [Online]. Available from: http://www. nrcan. gc. ca/energy/ sources/shale – tight – resources/17675.

[41] United State Environmental Protection Agency. In: The process of hydraulic fracturing,10; 2015 [Online]. Available from: https://www. epa. gov/hydraulicfracturing/process – hydraulic – fracturing.

[42] Halliburton. Interactive fracturing 101. 2016 [Online]. Available: http://www. halliburton. com/public/projects/pubsdata/Hydraulic_Fracturing/disclosures/interactive. html.

[43] Registry CD. FracFocus. 2016 [Online]. Available from: https://fracfocus. org/ hydraulic – fracturing – how – it – works/hydraulic – fracturing – process.

[44] LINBC. BC LNG Info. 2016 [Online]. Available: http://bclnginfo. com/learn – more/ environment/hydraulic – fracturing – fracking/.

[45] Nunez C. The great energy challenge. November 11,2013 [Online]. Available from: http://environment. nationalgeographic. com/environment/energy/great – energy – challenge/big – energy – question/how – has – fracking – changed – our – future/.

[46] O'Day S. Top environmental concerns in fracking. March 19, 2012 [Online]. Available from: http://

www. oilgasmonitor. com/top – environmental – concerns – fracking/.

[47] Society of Petroleum Engineers. Casing design. June 25,2015 [Online]. Available from: http://petrowiki. org/ Casing_design.

[48] Society of Petroleum Engineers. Perforating. June 29,2015 [Online]. Available from: http://petrowiki. org/ Perforating.

[49] Weatherford. Injection production packers. 2016 [Online]. Available from: http:// www. weatherford. com/en/ products – services/well – construction/zonal – isolation/ inflatable – packers/injection – production – packers.

[50] Petroleum Services Association of Canada. 2015 Well costs study. March 30,2015.

[51] Society of Petroleum Engineers. Borehole instability. June 26,2015 [Online]. Available from: http://petrowiki. org/Borehole_instability.

[52] Bol G. Borehole stability in shales06. Society of Petroleum Engineers; 1994 [Online]. Available from: https:// www. onepetro. org/download/journal – paper/SPE – 24975 – PA? id = journal – paper%2FSPE – 24975 – PA.

[53] Solberg SM. Improved drilling process through the determination of hardness and lithology boundaries. Norwegian University of Science and Technology; 2012.

[54] Fjelde KK, Vralstad T, Raksagati S, Moeinikia F, Saasen A. Plug and abandonment of offshore exploration wells. In: Offshore technology Conference,Houston (Texas,USA); 2013.

[55] Badiali M. 2 new drilling techniques that will shatter US oil expectations. 2014 [Online]. Available from: http://dailyreckoning. com/2 – new – drilling – techniques – that – will – shatter – us – oil – expectations/.

[56] Messer AE. New technique both enhances oil recovery and sequesters carbon dioxide. 2015 [Online]. Available from: http://dailyreckoning. com/2 – new – drilling – techniques – that – will – shatter – us – oil – expectations/.

第4章 页岩气生产

4.1 概述

"页岩气的崛起将成为数十年来能源领域最大的转变"[1]。

页岩是沉积岩的一种分类,称为"泥岩"。它是由黏土大小的矿物颗粒(泥)和淤泥压实而成的岩石。页岩是"片状的"和"叠层的",这意味着它由许多薄层组成,这些薄层很容易沿着叠层分裂。页岩气是赋存在这些页岩岩层中的天然气。

黑色页岩含有能够分解形成石油和天然气的有机物。黑色是通过泥页岩形成过程中赋存在泥中微小的有机物获得的。在岩层的压力和温度下,泥土中的这种物质会转化为石油和天然气。与其他地层相似,油气(由于密度低)在地层中向上迁移,直到被盖层岩石(如砂岩)圈闭住。如果发生这种情况,就会形成一个常规资源储藏,可以通过钻井来建立生产井。然而,许多页岩储藏被归为非常规资源。这本质上意味着储层渗透率低,需要进行增产作业。

页岩气在生产方面需要克服重大障碍。由于岩石孔隙中含有大量的气体,这些孔隙有时是很难到达的。近年来,水平井钻井技术和水力压裂技术的结合,使世界各地都能开采到大量以前不具经济开采价值的页岩气。非常规页岩气藏的开采为北美天然气工业带来了新的生机[2]。

在美国得克萨斯州,通过实践钻井人员了解到,流体可以被泵入生产井中,并具有足够的压力来压裂孔隙空间,从而提高油层的渗透率。这是非常规天然气生产领域的革命性发现。

在这一发现之后的几年里,定向钻井也成为了一种有用的工具。"产层"是储层中能够产生有价值油气的部分。由于这些产层的水平长度通常比垂直方向的高度要宽得多,因此人们希望能够控制钻井的位置。随着钻井技术的发展,钻井工人可以钻进储层,然后将油井方向转向到90°,非常规储藏的很大一部分就可以开采了。

各项技术的结合彻底改变了页岩气行业,并为大量大型天然气田的开发与生产铺平了道路[3]。

非常规页岩气生产的增长,将增强主要市场的能源安全感;然而,正如下面讨论的那样,它也在世界范围和有限的阶段引发了一系列困难和挑战:

(1)当将电力生产从其他方式(如煤电)转向天然气(发电)时,可能会对气候产生积极影响。

(2)水力压裂过程中大量使用有毒化学物质和水,不仅是造成污染的原因,而且是对饮用水的威胁来源。

(3)化学品的大量使用、相关排放和汽车尾气对大气和生态造成了相当大的影响。

(4)一些公共的、文明的和当地的财政成本来自于不同的问题。

(5)许多冲突涉及与规模有关的执行公司,以及在一个领域工作的众多工作人员和服务提供者,引起了人们对协调、预期和组织危险的关注,包括意外事故和职业健康暴露。

4.2 页岩气生产的步骤

从页岩储藏中获得天然气的过程,彻底改变了美国页岩气的能源市场,扩大了页岩气在发电和运输中的应用。然而,除此之外,水力压裂对环境有很大的影响,这也是必然考虑的。

与常规天然气相比,页岩的渗透率较低,这使得天然气和水的流动受限。天然气赋存于不同的、不连通的泥页岩孔隙中。水力压裂是将这些孔隙连接起来,从而使气体流动的过程。页岩气生产的步骤如下。

(1)道路及井场建设。

包括为钻机提供稳定基础的井所需要的场地;储罐;罐车、管道、泵送和控制车的装卸区。清洁和平整几英亩的土地作为井场,井场的大小取决于钻井深度和井的数量。

(2)钻井。

页岩气储层分布在地下不同的深度。大多数储层位于6000ft深的岩石底部,相对较薄。从薄层岩石中钻取天然气需要用到水平钻井技术,如图4.1所示。这是通过垂直向下钻井来实现的。典型井采用重型工业钻头,先用大直径钻头,随着钻进深入,更换较小直径钻头钻进。在钻完井的每个部分后,都要下入一个嵌套的钢制套管,以保护地下水资源并保持井筒的完整性。

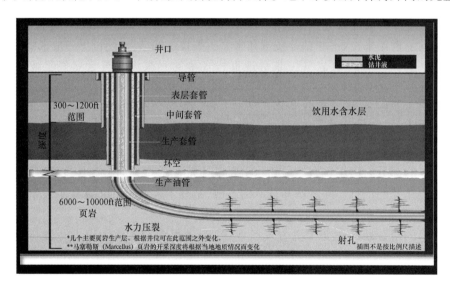

图4.1 水平钻井水力压裂页岩气井

(3)下套管和射孔。

在钻井过程中,要分阶段在井中下入不同直径的钢制套管,既保护了地下淡水资源的安全,又保证了井筒的完整性。表层套管与井壁之间的间隙要用水泥进行封堵,起到隔离地层和保护井壁的作用。在表层套管水泥胶结后安装防喷器。防喷器是连接在套管顶部的一系列高压安全阀和密封件,用于控制油井压力和预防井喷。接下来,一个小钻具组合通过表层套管继续向下钻进。在套管的底部,钻头继续它在天然气目标区域的行程,可深达地表以下8000ft。钻井中采用的是一种无害混合物钻井液。钻井液的用途如下:

① 将岩屑从井底携带至地面;

② 冷却钻头,润滑钻柱;

③ 支撑井壁,防止井壁坍塌;

④ 施加静水压力,超过平衡地层的压力,从而防止地层流体进入井中;

⑤ 通过钻头喷嘴的喷射作用进行钻井。

在目标页岩上方几百米处,停止钻进。将整个管柱收回到地面上,调整钻具组合,并安装专用导向钻井工具,该工具允许钻头逐渐转向,直到达到水平平面(图4.1)。从页岩进入地层的位置开始,在4000ft以上的连接处继续水平钻进。一旦钻井完成,设备就会收回地面。然后,下入生产套管(直径较小)。根据区域地质条件,通过将水泥泵入套管末端,将生产套管进行水泥胶结并固定到位。水泥被泵送至生产页岩地层或地表上方约2500ft的套管外壁。水泥会形成一个密封,以确保污染物只能在生产套管内产生。每一层套管安装完毕后,都要对油井进行压力测试,以确保其完整性,以便继续钻井。地表以下的井的横断面有很多保护层:导管层、表层套管层、钻井液、套管层,之后是生产油管,生产出来的气和水从保护层流出。与垂直钻进相比,水平钻井具有7层保护,具有许多优点。

然后,在通过页岩结构与井的水平部分相邻的覆盖层上使用微型炸药射孔,使水力压裂液从井中流出进入岩层,并允许天然气最终流出岩层进入井中。由于水平井与产气页岩的接触较多,因此很少需要井来优化气田开发。可以在同一块井场里钻多口井,例如,使用常规垂直钻井技术开发1280acre的土地可能需要多达32口直井,每口井都有自己的井位。然而,水平井的多重井位可以有效地从1280acre的土地上开采出相同的天然气储量,使得整个对地表的扰动降低了90%。

(4)水力压裂和完井。

即使对油井进行了射孔,页岩岩层中也只有少量天然气能够自由流到井中。这时,需要采取水力压裂措施来使岩层产生人工裂缝,裂缝的网状结构必须在含气页岩储层中形成,使天然裂缝与压裂形成的人工裂缝形成网状结构。在压裂过程中,使用数百万加仑的水和水泥,这些流体以很高的压力泵入油井。图4.2所示为压裂液的体积组成。

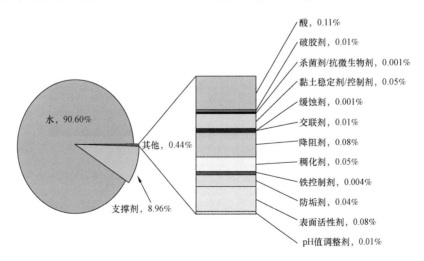

图4.2　压裂液的体积组成

压裂液中还含有不同用途的化学物质,其类型和用途见表4.1。这些化学物质不仅提高了压裂液的性能,还能防止微生物的生长,阻止页岩裂缝、腐蚀和防垢剂的堵塞,以保护油井的可靠性。射孔枪下入井中,连接电缆产生电火花,通过射孔穿透套管、水泥和目标页岩,并形成一个通道。通过这些射孔孔眼将储层和井筒连接起来。

表 4.1 水力压裂液类型和用途

产品类别	主要成分	作用	其他常见的用途
水	水和砂大约占99.5%	裂缝扩展,携砂	景观美化和制造业
砂		保持裂缝张开,使天然气从裂缝中产出	饮用水过滤,玩耍用砂,混凝土和传统产业
其他	约占0.5%		
酸	盐酸	帮助溶解矿物质,并在岩石中引发裂缝	游泳池化学品和清洁剂
杀菌剂	戊二醛	消除水中产生腐蚀性副产物的细菌	医疗和牙科设备的消毒、灭菌器
破胶剂	过硫酸铵	允许凝胶延迟分解	用于染发剂、消毒剂和制造普通家用塑料
缓蚀剂	二甲基甲酰胺	防止管道的腐蚀	用于制药、丙烯酸纤维和塑料
交联剂	硼酸盐	在温度升高时保持流体黏度	用于洗衣粉、洗手液和化妆品

为了后续操作,将射孔枪拆掉并丢弃。如上文所述,压裂液在受控条件下被注入地下深层储层,帮助提高产量,之后通过射孔孔眼排出。

通过射孔和压裂作业,在油气储集岩中形成裂缝,如图4.3所示。压裂液中的砂粒留在岩石的裂缝中,当泵的压力释放时,砂粒会使岩石保持张开状态。它允许最后一批石油和天然气流入井眼中。然后用一个特别适合的桥塞将第一个射孔段隔离开来,对下一井段使用射孔枪进行射孔。

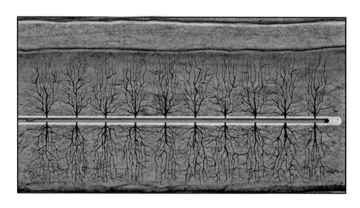

图 4.3 单个射孔区域的视图

(5)生产、报废、再利用。

在生产过程中,可采气体通过小直径集输管道收集到生产井网中。由于页岩气井处于开发的初级阶段,其生产寿命还没有得到充分的开发。一般认为,页岩气井比常规天然气井产量下降更快。据估计,在阿肯色中北部的前5年的产量,几乎占到油井终身产量(或估计采收率)的一半。如果油井不能以经济的采收率生产,那么这口井就会做封井处理,用水泥填满井筒以防止气体泄漏到空气中,同时恢复地表以适合重新利用。

4.3　岩性及其对生产的影响

　　页岩是一个广泛的术语,用来描述各种岩石成分,如黏土、石英和长石,它们都具有相同的物理特性。页岩,也被称为泥岩,有非常细的颗粒,直径小于 $4\mu m$,但可能包含粉砂大小的颗粒(最大达 $62.5\mu m$)[4]。尽管页岩的组成各不相同,但由于这些颗粒的尺寸较小,用肉眼很难确定其变化。

　　页岩气藏被称为"非常规气藏",这意味着为了实现有利可图的产量,储层将需要额外的增产措施[5]。渗透率是指储层内流动的难易程度,因此低渗透率意味着储层内的气体不易流动。页岩气藏渗透率低,需要压裂等增产措施才能保证良好的气体流动[6]。

　　孔隙是储层岩石内部的自由空间,这意味着储层岩石中可能含有富含有机物的物质(油气)或水。由于页岩的直径如此之小,很难确定这些储层的孔隙度。这些小孔隙可以容纳来自毛细管力的地表水[4]。由于这些储层孔隙度难以测量,建议考虑气体总体积(BVG)测量而不是孔隙度[4]。

　　由于组成页岩的成分多种多样,储层性质的变化取决于储层内页岩的类型。例如,如果岩石中含有 50% 的石英或碳酸盐岩,那么岩石就会变得更加脆弱,并且对增产措施反应良好[4]。

　　巴内特页岩和鹰滩页岩是在得克萨斯州发现的最大的两个页岩成藏区[7]。在图 4.4 中,我们用第三纪图对比了这两种层位的页岩组成以及富含黏土的含气泥岩。这张图很重要,因为它显示了页岩的成分变化有多大;当比较只有三个成藏区时,整个第三纪图几乎被完全覆盖了。从一篇杂志文章《从易产油烃源岩到产气页岩储层——非常规页岩气藏的地质和岩石物理特征》[4]中一个重要观察结果是,目前页岩气生产的成藏的倾向于保持在总黏土线 50% 以下。这是由于当石英或全碳酸盐岩含量为 50% 时,增产效果更好,增产效果的好坏直接影响储层的产量。

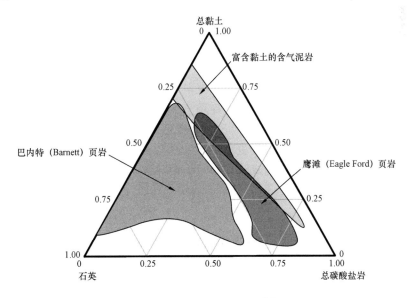

图 4.4　各储层矿物组成[4]

4.4   页岩气生产方法

对于页岩气等非常规储层,开采并不像钻一个井眼然后等待石油价格上涨那么简单。为了成功地提取所需的流体,这些储层需要仔细和精确的操作。图 4.5 为典型的页岩生产布局。如图所示,该井垂直钻井,直到接近储层深度,然后控制轨迹,使该井沿产层长度水平移动。然后将进行水力压裂,产生许多裂缝分支,提高渗透率,并允许气体以线性流进入生产井。这是非常规油藏开发中的一项革命性技术。页岩生产方法设计到深井钻井以及达不到预期产量的吞吐井[8]。

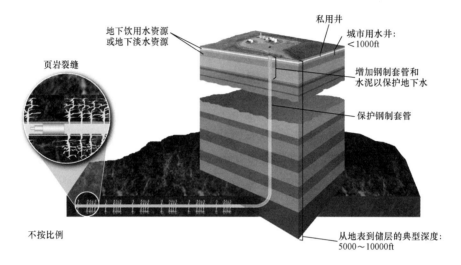

图 4.5   典型页岩生产布局[9]

4.4.1   人工油井增产

页岩储层渗透率低,开采难度大,页岩气采收率低将不足以收回钻完井所需的资本性投资[10]。

在这种情况下,人工油井增产方法被广泛用于提高储层的渗透率。增产措施主要有两种类型,水力压裂和基质酸化。当地层的平均有效渗透率为 1mD 或更低时,采取增产措施是合理的。

在常规油藏中,油气向井筒方向的流动主要是径向的。如上文所述,低渗透率将是流体流经多孔介质的主要限制因素。这时就需要进行水力压裂,沿储层形成一条高导流性裂缝,油气沿裂缝由井筒径向流动转变为线性流动[10],如图 4.6 所示。

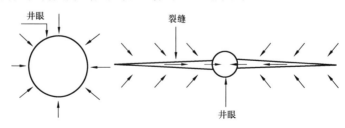

图 4.6   压裂井与未压裂井的流量差异

致密储层内水平井水力压裂最为常见。从井眼末端开始,将压裂液泵入储层,直到压力足够使裂缝开启。压裂液中的支撑剂可以在压裂压力释放后保持裂缝的开度[10]。

支撑剂如何放置取决于压裂液的性质。一些压裂液携带支撑剂沿裂缝分布,而另一些则允许支撑剂在流体下井后在流体中沉降[10]。支撑剂在储层中应用的一个例子是砂子。

压裂液主要有两种类型,即滑溜水和凝胶。滑溜水的动力黏度小于水,且能较好地从裂缝中返流。凝胶具有比水更大的动力黏度,因此可以将支撑剂进一步带入裂缝[10]。最近的一项技术创新是将这些流体技术结合起来,这样凝胶就可以携带支撑剂深入油井,注入酶将凝胶分解,然后凝胶就会变成滑溜水,以便更好地生产。

表面活性剂是一种用于更改裂缝表面化学性质的化学物质[10]。有时候,这是必要的。因为一些水基压裂液会锁定疏水性岩石表面,并阻碍流动。因此,可以使用一些天然气液体作为表面活性剂。这是有利的,因为它与油气具有化学兼容性,在生产阶段,流体将作为气体释放。

油井地面压力将不断增加,直到地层破裂并产生裂缝。图4.7为压裂过程压力—时间曲线实例。在峰值之后,压力的下降代表着支撑剂被加入到井中。

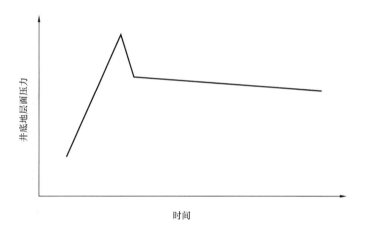

图4.7　水力压裂压力—时间曲线图[10]

随着高注入速率下压裂液的持续注入,裂缝沿井向井附近方向扩展。一般油井压裂造缝需要用 $500 \sim 1000 m^3$ 压裂液。压裂过程通常采用"微震监测"技术进行密切监测,该技术跟踪裂缝的产生和扩展[10]。压裂液的潜在溢出必须最小化,如果发生泄漏,必须对其进行监控和控制,以确保不会对环境造成损害。

虽然在页岩储层中不常见,但基质酸化是提高油井渗透率的常用方法[10]。酸被注入储层,从而扩大孔隙空间,提高流体流动能力。这种方法通常用于修复由于石油钻井和完井阶段而造成的油井损坏。优选的增产方法是酸化与压裂相结合,而压裂液则使用盐酸等酸液。然而,这适用于对酸溶解度高的地层,酸溶解度高的地层更可能是砂岩,而不是页岩[10]。

4.4.2　定向钻井

大多数为获取水、石油或天然气而钻探的井是垂直的。这意味着井的长度是真实的垂直深度。如果能够控制油井钻向哪里,就是定向钻井。定向钻井是一项技术突破,彻底改变了页岩气的生产。

定向钻井有许多应用,其中与石油生产有关的应用是[11]:

(1)垂直钻井无法达到的目标,这样可以在不影响结构本身位置的情况下进入结构下的储层。

(2)从一个井位得到较大的泄油面积。为了减少石油生产的地面足迹,可以从一处钻多口井,使井位布置整齐,易于收集产物。

(3)增加"生产层"长度。这是页岩气生产中的一个重要概念。通过水平井钻井,可以大幅度增加储层中油井的长度,这在水力压裂中尤其显著,而裂缝可以沿产层长度(含石油的区域)扩展。

(4)当前井的密封或压力释放。如果现有井存在问题,可以在其上钻另一口井,或将部分压力释放到地面,或对现有井进行密封。

(5)非开挖区应用。在地面不能开挖的地区,比如在城市地下钻井,可采用定向钻孔安装公用设施。

如上文所述,定向钻井最重要的应用是对页岩气的勘探与开发。水力压裂与定向钻井相结合在页岩地层中创造更多孔隙空间的过程中至关重要,从而提高渗透率和流体在多孔介质中的流动。

在钻直井时天然气产量很低地区,使用这些增产措施可以创建一个巨大的生产井网络,支撑着页岩气行业。

采用水平井钻穿储层岩石时,裂缝扩展明显延长,如前文所述,用砂等支撑剂将裂缝撑开,然后完井并生产[11]。

定向钻井先从地表钻直井开始,直到钻头前端距离目标高度约100m才开始转向进行定向钻井。此时,在钻杆和钻头之间连接有一个液马达。这种液马达可以改变钻头的方向,而不影响钻头后方的钻杆。此外,一旦定向钻井部分完成,许多额外的仪器就会被放置在井内,以帮助导航和确定钻头的方向。这种信息被传递到地面,然后传递到液马达,液马达将控制钻头的方向。

使用水平钻井和水力压裂相结合的技术,可能会导致钻井和完井阶段的成本是直井的3倍以上。然而,随着生产速率和总采收率的提高,这种资本性成本很容易与收益达到平衡。如前所述,如果没有这些方法,今天的许多井将无法开采或不可行[11]。图4.8所示为垂直钻井与定向钻井的对比。

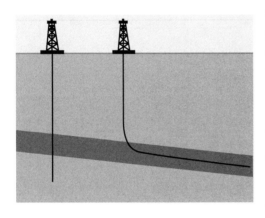

图4.8　垂直钻井与定向钻井对比[11]

4.5　页岩气产量优化

近年来,随着页岩气产量的不断提高,页岩气产量的优化也在不断进行。新的钻井方法可以提高气藏的整体采收率。通过将一个井位集中在若干口井周围,页岩气生产变得更有组织、更高效,并为多种可能性打开了大门。

人工举升在直井中应用最为广泛,可以使用电潜泵(ESP),或采用注水或注气的方法。在油藏中,注水和注气(或两者结合)是为了保持油藏压力,提高石油产品的整体采收率。然而,在水平页岩气藏中,泵的实施面临的挑战是,泵必须沿水平轨迹弯曲和移动,而液体可能在几个地方积聚,整体概念是泵在其一侧运行。

新技术的进步解决了在定向井中潜油电泵机组的安装问题。通过排出页岩气储层中的液体,提高了井的总体天然气产量。

这种提高采收率的措施,再加上油井压裂,使天然气产量的潜力得以充分发挥。产量优化过程得以实现。

4.6 页岩气生产的局限性

页岩气生产的一个主要局限性是它对环境和公众健康的影响。由于大多数页岩气藏需要使用水力压裂技术,因此水力压裂的影响一直是人们研究的一个课题。

水力压裂带来了许多问题,比如潜在的对空气质量的影响、地下水/饮用水污染、气体或压裂液运移到地面以及废水的处理不当等。水力压裂最主要的问题是所使用的压裂液。这种流体含有许多有害的化学物质,如果释放到环境中,不仅会伤害许多物种,而且还会伤害公众。

无论是陆上还是海上,都有同样大的环境和社会影响。许多水力压裂工程在开工前需要取得相关部门的批准,因此,限制了页岩气在许多地区的开采。例如,位于加拿大大西洋沿岸的新斯科舍省(Nova Scotia)的页岩气生产于2011年停止,原因是该省政府不允许采用水力压裂技术[8]。

天然气生产的另一个限制是流体的性质。硫化氢是一种有害气体,在许多气藏中普遍存在。当气藏中含有硫化氢,特别是在偏远地区气藏中存在时,必须有相应的采集与处理设备和管道,以及加工设施或市场,使其在经济上可行。

4.7 油气分离

油气分离通常是指气体蒸汽的上升和液滴在容器中的沉降,其中液相从底部流出,汽相从顶部流出[12]。液滴的沉降速度方程解释了液相与汽相的分离:

$$v_t = \sqrt{\frac{4gD_p(\rho_L - \rho_G)}{3\rho_G C'}} \tag{4.1}$$

式中:v_t为使液滴能够析出气体的沉降速度;g为重力加速度;D_p为液滴直径;ρ_L和ρ_G分别为液体和气体密度;C'为阻力系数。

油气分离是油气工业中一个极其重要的过程。为了使操作顺利进行,必须进行气液分离。分离对保护加工设备和实现产品规格至关重要[13]。如果液体污染物被恰当地从气流中去除,则过程设备如压缩机和汽轮机等大量的停机时间和维护时间将明显降低[14]。

实现气液分离有不同的方法。然而。其中最常用的技术之一是重力分离器,利用了重力和密度差控制分离的原理[14]。

4.7.1 分离器设计

用于气液分离的重力分离器通常称为气液分离器,通常是立式的。这些类型的分离器通常用作气液分离的第一级洗气器,因为它们对体积较大或更大颗粒液体更有效。这些分离器通常用于要求内部部件具有最低复杂度的情况[14]。该容器是根据入口流量和所需的分离效率设计的。为了达到图4.9中所示的要求的分离,通常需要分阶段设计分离器,其中"洗气器"表示气液分离管道[15]。

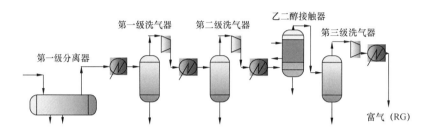

图4.9 分离阶段[13]

当气速较低或容器较大时,重力分离器能够实现较好的分离[14]。气液分离器的选型标准包括工作状态、方向和部件[16]。它们通常是根据液相从气体中聚结所需的停留时间而设计的,但其尺寸具有在大范围内工作的能力。分离器通常在以下功能区进行设计:入口、流动分布、重力分离和出口[15]。分离器设计中考虑的主要因素包括所需的性能、总体流量、流体组成、所需的乳化液、保持时间和报警。这些参数用于进行理论计算,以估计管道体积。直径尺寸是由各相的设定理论计算的横截面积确定的[17]。沉降理论包括根据相位和容器方位变化的方程和计算。在设计气液分离器时,必须考虑许多参数和所需的应用程序,以确保能够实现适当的性能。

4.7.2 材料选择

在制造气液分离器之前,必须考虑的另一个因素是材料的选择。材料的选择在很大程度上取决于操作条件、流体中组分的组成以及周围环境。为工艺设备的制造选择合适的材料对于防止材料的失效是非常重要的。材料方面的故障,如脆性断裂和机械疲劳,可导致极端和灾难性的事故,其中设备可能受到损坏,人员安全可能受到危害[18]。

考虑材料的特性是为了确保它能承受工艺条件而不发生故障。平常需要考虑的一些性质包括抗拉强度和屈服强度、延展性、韧性和硬度。材料的化学和物理特性也被用来确定它的耐腐蚀性[18]。腐蚀是材料失效的主要原因之一。

气液分离器选用的典型材料包括碳钢、304不锈钢和316不锈钢,这些材料适用于没有很强腐蚀性的环境。在腐蚀性环境中(如近海,海水中含有氯化物)或在此过程中使用某些化学物质时,应选择更坚固的材料,如高合金不锈钢或哈氏合金(一种镍基合金)[19]。

4.8 腐蚀与防腐问题

由于工艺流体或化学物质的作用而经常在材料中发生腐蚀。腐蚀可以随着时间的推移而发生,也可以在没有任何警告的情况下发生(如氯化物应力腐蚀开裂),因此选择一种耐腐蚀材料是极其重要的[20]。不同的腐蚀开裂实例如图4.10所示。腐蚀性环境包括碱性、含氯、含水环境等。含二氧化碳和硫化氢的地方容易引起腐蚀[21]。了解腐蚀反应的机理,可以帮助减轻腐蚀的发生。有些合金经过处理可以增强其耐蚀性。热处理工艺如退火和淬火可以使金属材料具有所需的力学性能、物理性能和化学性能,同时可增强金属的耐腐蚀性[18]。

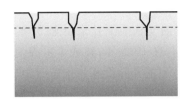 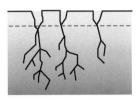 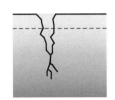

(a) 应力腐蚀开裂或疲劳裂纹　　　(b) 应力腐蚀开裂裂纹　　　(c) 腐蚀疲劳裂纹
　　　在凹坑处裸露　　　　　　　具有高度的分支性　　　　具有细小的分支

图4.10　腐蚀开裂与疲劳[20]

4.9　运输和储存

在天然气生产和精炼之后,考虑这些可燃材料的运输和储存是很重要的。本节讨论最常见的运输和储存天然气的方法。

4.9.1　运输

一旦页岩气离开井口从储层中开采出来,就需要考虑运输问题。天然气的运输主要是通过管道。在其他情况下,例如海上天然气生产,为了便于运输可能需要在生产时经过增压和冷却将天然气液化的结合可以实现这个过程[22]。

在陆地上最常见的做法是修建管道,使天然气从生产现场输送到需求量大的地方。美国北部有一个巨大的天然气管网,为整个大陆的天然气提供高速通道[22]。

美国天然气管道的类型包括集输、州际/州内和分配。集输,顾名思义,就是将天然气集中输送到处理设施,处理设施负责脱水、脱硫、冷凝物去除等过程。集输管道可能需要额外的服务,如专门的酸处理管道或清管系统[22]。例如,可能需要清管系统帮助较重的油气通过管道中的向斜构造(即:如果是在山谷中穿行)。在这里,一个类似于塞子的工具被制成与管道直径相同的直径,它将在管道后面的气体压力的推动下穿过低洼区域,并推动任何可能在线路上形成的东西[22]。

州际/州内管道是管道中最长的一段,是输送到高需求地区(城市中心)所必需的。该段管道需要的加压站,在集输管道中也可能需要[22]。由于管道中天然气是靠压力梯度来流动的,因此必须补偿沿管道发生的自然压降。加压站是天然气的一种“停站”类型,它将使用涡轮、发动机或电动机对天然气进行压缩,并为流体提供动力,使其继续流动。它们通常位于沿管道间隔40~100mile(64~160km)的任何地方[22]。配送管道将天然气输送至终端消费者,这是运输过程的最后一步。

4.9.2　储存

如果需要,天然气可以在管道分配前储存一段时间,这是因为一直以来天然气都被用作一种季节性燃料,其在冬季的消耗量占全年消耗量的大部分[23]。然而,天然气现在还被用于发电,使其在夏季的用量也大大增加。

尽管如此,对这种轻烃混合物的储存是有要求的。储存设备应靠近消费市场,而不是靠近生产设施。在20世纪50年代初,季节性需求变得明显,这导致了地下储气库的发展。

地下储气库主要有三种类型:枯竭油气藏型、含水层型和盐穴型。这些地下空间经过改造,然后将天然气注入,形成压力,最终形成地下储气库。

枯竭油气藏是指使用寿命已结束的油气储层。随着油气从地下开采出来,形成一个天然的储存容器,它的特性使得它能够(显然地)储存天然气。在1915年,建成了世界上第一个地下储气库[23]。当一个枯竭的储层在被评估后认定具有适当的孔隙度和渗透率时,它就可以作为储气库使用。枯竭气藏中有一部分气在物理上是不可回收的,这部分气就可作为地下储气库的气垫气或缓冲气。所以对于枯竭的储层来说,不用再另外注入缓冲气体,因为它已经存在于储层中。

含水层是地下的、可渗透的、多孔的岩石形式。将含水层改造为地下储气库是不太理想的。含水层的开发成本要高得多,因为在注气之前必须先排水,并使储层具备条件。此外,必须彻底测试地层属性,以确保它能够处理流体。使用这种类型的储气库,必须将地上处理实用程序放置到位。只有在附近没有枯竭油藏的地方才会使用这种储存方法[23]。

相比于含水层,盐穴也可以用于存储天然气,也需要类似的预处理方法;但盐穴地层的物理性质更适合于保存天然气,同时,盐穴要小得多,也不太常见[23]。

4.10 传输流的数学公式

在油藏模型建立和储层赋存条件描述中常用到数学公式和方程。这些公式和方程是质量、动量和能量守恒定律的结果。由动量方程推导出达西定律,证明流体的速度与压力梯度呈线性关系[24]。

页岩气是一种可压缩流体,根据流动类型(线性或径向)有特定的输运流动数学方程。当储层内流体流动处于稳态时,达西定律成立。当流动沿着路径继续时,质量流量是恒定的。随着气体的流动,当气体体积流量增加时,其压力和密度减小[25]。

4.10.1 线性流

假定页岩气为非理想气体,线性流动的密度可表示为:

$$\rho = \frac{p M_w}{Z R T} \qquad (4.2)$$

式中:p 为压力;M_w 为分子量;Z 为压缩因子;R 为气体常数;T 为温度。由此,对于 x 轴的 0 和 L 之间(图4.11),密度和体积流量的乘积(ρq)为常数,当横截面积为常数时,密度和速度的乘积(ρv)也为常数[25]。

考虑在稳态条件下 $\rho q = \rho_1 q_1 = \rho_2 q_2$,并假设分子量、压缩因子、黏度和温度为常数,将密度和达西流速方程代入得到[25]:

$$p_2 q_2 = -p \frac{KA}{\mu} \frac{\mathrm{d}p}{\mathrm{d}x} \qquad (4.3)$$

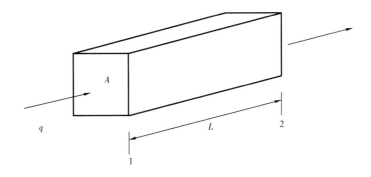

图4.11　线性单相可压缩流[25]

然后,在 p_1 到 p_2 以及 $x=0$ 到 $x=L$ 进行积分,得到:

$$p_2 q_2 = \frac{KA}{\mu} \frac{p_1^2 - p_2^2}{2L} \tag{4.4}$$

式(4.4)可以重新整理,用 $p_m = (p_1 - p_2)/2$ 代替,得到线性单相页岩气的最终输运流动方程[25]:

$$q_2 = \frac{K\,A}{\mu} \frac{p_m(p_1 - p_2)}{Lp_2} \tag{4.5}$$

该方程可用于建立储层的数学模型并预测其动态。除上述公式外,流量还可以用以下公式与标准或表面条件有关:

$$q_2 = \frac{p_2}{Z_2 T_2} = q_{sc} \frac{p_{sc}}{T_{sc}} \tag{4.6}$$

式中, p_{sc} 为 $1\,\text{atm}$, T_{sc} 为 $60\,^\circ\text{F}$。

4.10.2　径向流

假设天然气是理想气体,密度可以用相同的径向流方程来表示。

图4.12所示为一个储层内的径向流,其中下标 w 和 e 分别表示井眼和排液区。

与线性流类似,可以通过以下步骤推导出径向流的输运方程。在径向条件下, q 等于速度乘以面积,其中面积等于 $2\pi rh$ 。式(4.7)为页岩气径向单相可压缩流动输运方程:

$$q_w = \frac{\pi Kh}{p_w \mu \ln\left(\dfrac{r_e}{r_w}\right)}(p_e^2 - p_w^2) \tag{4.7}$$

与线性流一样,在标准条件下,径向流也与流量相关。除了这个公式,式(4.8)与线性流关系非常相似,下标 w 代表井。

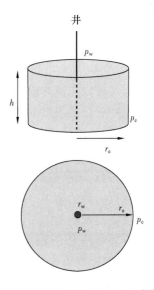

图4.12　径向单相可压缩流[25]

$$q_{\text{w}} = \frac{p_{\text{w}}}{Z_{\text{w}}T_{\text{w}}} = q_{\text{sc}}\frac{p_{\text{sc}}}{T_{\text{sc}}} \qquad (4.8)$$

4.11 页岩气生产现状和未来前景

页岩气天然气的一种。天然气在日常生活的用途很广,如用于民用燃气和作为发电的燃料[26](美国天然气的历史使用情况见图 4.13)。最初,页岩气的生产并不具有经济可行性。近年来,随着技术的进步,页岩气的开采成为一项有利可图的事业[8]。

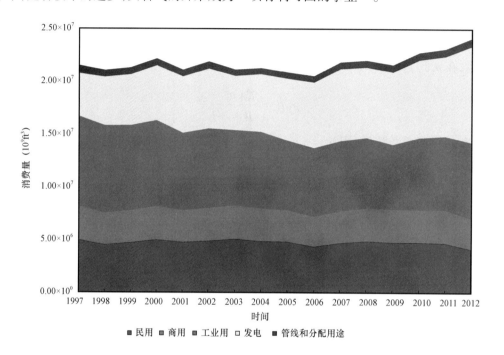

图 4.13 美国天然气历史使用情况[26]

4.11.1 页岩气生产现状

页岩气可以在浅井或深井中找到。美国利用浅井(1000～3000ft)生产已有多年;这些储层采用直井和最低限度的压裂技术,因此在经济上是可行的[27]。近年来,美国开发了一种新技术,可以有效地使深井增产,从而提高了产品质量。该技术涉及水力压裂与水平钻井技术的结合[8]。位于福斯沃斯(Forth Worth)盆地(得克萨斯州北部)的巴内特页岩层是第一个深层页岩层,它为这项新技术开辟了道路。巴内特页岩在 2002 年引入了水平井水力压裂技术[27]。在巴内特页岩钻的第一口深井为 7000～8000ft 深[27]。

这项新技术使美国成为页岩气的主要生产国,尽管美国并不拥有最大的页岩气技术可采储量。页岩气技术可采储量最大的前 5 个国家是中国、阿根廷、阿尔及利亚、美国和加拿大[8]。从图 4.14 可以看出,2014 年北美是页岩气的主要来源。美国生产的天然气有一半以上是页岩气,加拿大大约 15% 是页岩气。当时唯一一个生产页岩气的国家是中国,其天然气产量中只有不到 1% 来自页岩气[28]。

在美国,有许多不同的公司正在生产页岩气(图 4.15 做对比)。马塞勒斯(Marcellus)位于宾夕法尼亚州和西弗吉尼亚州,是美国最大的页岩气产区。2015 年,每日产量为 $162.8 \times 10^8 \mathrm{ft}^3$[30]。在短短 3 年多的时间里,该产区的日产量增加了 $103 \times 10^8 \mathrm{ft}^3$,这大约增加了 162%[30]。

然而,随着产量的不断增加,北美天然气市场呈现了供过于求局面。由于天然气储量巨大,价格自然下降。多年来,天然气价格的下降并没有影响页岩气的产量。然而,2015 年 9 月页岩气产量开始放缓[32]。

4.11.2 页岩气生产未来前景

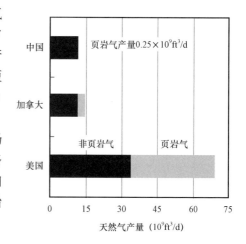

图 4.14　2014 年页岩气产量[29]

尽管北美页岩气的生产已经放缓,页岩气生产的未来仍然充满希望。在页岩气成为经济上可行的资源之前,加拿大和美国开始担心天然气的供应。传统的储层开始减产,因此天然气勘探没有可预见的未来。"预计非常规天然气产量将从 2007 年占美国天然气总产量的 42% 增加到 2020 年的 64%"[33]。

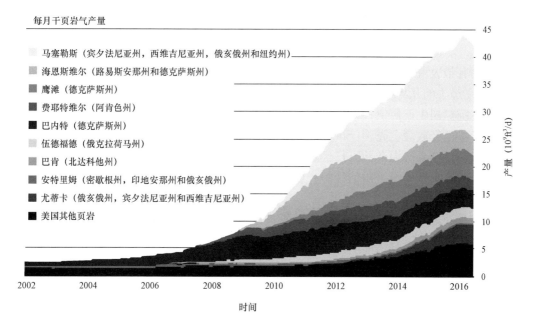

图 4.15　美国页岩气产量[31]

图 4.16 显示了截至 2010 年,美国境内已钻探的油井和天然气井的数量。总共有 400 多万口井,其中大约一半是通过水力压裂技术增产的。近年来,95% 的钻井采用水力压裂进行增产[9]。话虽如此,随着技术的进步,生产系统也在进步,因此,在可预见的未来,页岩气的生产是必不可少的。

没有一个国家能够像美国那样,用这种新技术取得成功[34]。一些国家,如墨西哥,已经考

虑使用这种先进的技术,然而总是有一些挑战必须面对。2015 年对墨西哥页岩气进行了初步
研究。研究发现,可采页岩油气大多位于墨西哥欠发达地区。这是一个挑战,因为为了生产页
岩油气,必须先建造基础设施,然后才能开始油气生产[34]。

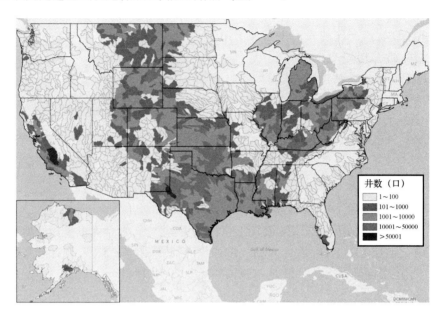

图 4.16　在美国钻的石油和天然气井[9]

作为拥有最大可采页岩气藏的国家,中国也试图效仿美国在这种新生产方法上取得的成
功。然而,在过去的几年里,也面临着许多挑战。经济和地质条件是其中两个主要的挑战。中
国因为在传统储层生产更便宜,而且可以获得同样的产品,目前以常规天然气生产为主,因此
页岩气的产量已经放缓。壳牌(Shell)公司是中国某油田的投资者之一,最近由于“地质条件
的挑战性和钻井结果的混杂性”,已经退出了在中国的开发[35]。这些因素迫使中国将 2020 年
预期的页岩气产量调整至最初估计的产量的三分之一[35]。

4.12　经济因素对页岩气生产的影响

本章的经济考虑包括当前的市场价格和盈亏平衡的天然气价格。这两个因素对页岩气生
产的未来至关重要。

4.12.1　天然气价格

近年来页岩气产量的演变有能力影响天然气的价格。由于储层互动性差,页岩气生产一
直被认为是一种无法实现的资源调度,因此,页岩气从来没有被认为是每个国家的天然气资
源。例如,加拿大的天然气产量在 2006 年达到顶峰,之后开始减少[8]。天然气产量的下降预
计将继续下去,直到上文讨论的新技术得到发展。开发新技术为加拿大提供了继续生产天然
气的机会,因为没有这种天然气来源,加拿大就需要进口液化天然气。

随着天然气供应的增加,价格受到了极大的影响。从 2008 年到 2015 年天然气价格下降
了 75%[8],这一趋势可以从图 4.17 中看出。这对加拿大经济既有积极影响,也有消极影响。

由于天然气价格低廉,加拿大居民节省了大量的资金,但同时由于天然气价格低廉,加拿大市场的利润也不高,导致钻井减少。尽管目前钻探的油井数量较少,但有朝一日可能会利用向海外出口并带来更高利润的机会[8]。图4.17还显示,亚洲和欧洲的天然气价格远高于北美,这可以归因于这些地区天然气的低可用性。

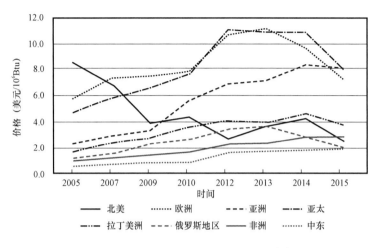

图4.17　基于不同区域的天然气价格[36]

这种价格上的巨大差异表明,页岩气在每个地区都是可用的。北美目前正经历天然气供应过剩,因此天然气价格已大幅下跌。阿特·伯曼(Art Berman)等经济分析人士认为,这不是一个可持续的经济。多年来,油价下跌一直没有影响页岩气产量的增长,直到2015年9月才达到[32]。在2015年9月,产量略有下降(减少$12 \times 10^8 \text{ft}^3/\text{d}$),虽然这只是一个小的下降,但意义重大,因为这是一段时间以来产量首次下降。

4.12.2　马塞勒斯天然气盈亏平衡价格

正如Art Beman所说[32],天然气价格的上涨是不可避免的。从非常规储层中开采天然气的公司无法以如此低的价格进行开采。表4.2显示了美国最大页岩气来源Marcellus页岩的盈亏平衡油价。

本报告公布的这一周(7月20日星期三至7月27日星期三),大多数市场地点的现货价格上涨。亨利枢纽(Henry Hub)的现货价格上涨了8美分,从上周三的每百万英国热量单位(MMBtu)2.72美元上涨到昨天的每百万英国热量单位2.8美元。这一价格仍然低于马塞勒斯目前的盈亏平衡天然气价格,因此以目前天然气价格最大的发挥在美国没有任何盈利;事实上,它正在赔钱(表4.2)。

表4.2　马塞勒斯天然气盈亏平衡价格

马塞勒斯	井数(口)	估算最终储量(10^9ft^3)	报税单(B/E)价格(美元)
阿纳达科(Anadarko)	241	6.17	4.25
卡伯特(Cabot)	280	9.36	3.42
切萨皮克(Chesapeake)	575	7.20	3.91
雪佛龙(Chevron)	199	4.93	4.89

续表

马塞勒斯	井数(口)	估算最终储量($10^9 ft^3$)	报税单(B/E)价格(美元)
殷拓(EQT)	220	9.42	3.41
兰吉(Range)	643	3.85	5.75
壳牌(Shell)	305	3.20	6.56
西南(South Western)	238	5.81	4.73
泰利斯曼(Tailsman)	354	4.31	5.33
卡伯特油气(COG)切萨皮克(CHK)和殷拓(EQT)的平均值			3.58

注:CHK 全称 Chesapeake,是一家钻井信息及迷宫咨询服务公司。

对于北美经济来说,这是一个很大的担忧。如果天然气价格不很快开始上涨,页岩气企业将不得不减产。如果页岩气产量放缓,它们将无法抵消传统天然气产量的减少,因此自然天然气资源将开始枯竭。因此,天然气价格的上涨是经济持续繁荣的必经之路。

4.13 结论

页岩气藏的开发和经济生产能力为天然气工业注入了新的活力。随着水力压裂技术和定向钻井技术的兴起,无数曾经被认为在经济上不可行的储层正在被开发和生产。

由于流体无法在非常规油气藏储层自由流动,页岩储层被认为是非常规油气藏。孔隙度是对岩石内部孔隙空间的度量,而渗透率是描述这些孔隙空间相互连接的特性。尽管页岩具有合理的孔隙度,但这种沉积形成的性质使其具有较低的渗透性,使其成为一种非常规储层。

20 世纪 40 年代末,随着第一次水力压裂的施工,这项技术得到了进一步的发展和完善,成为今天使用的更安全、更环保的方法。随着研究的不断深入,关于水力压裂对环境的影响仍有很多不同观点,其中一些观点认为根本不应该开展这项技术的应用。

水力压裂定向钻井的首次实施是在 20 世纪 20 年代,然而这项技术的真正潜力在几十年后得到了进一步发展。定向钻井成为石油和天然气生产的有力工具,与页岩储层相关,定向钻井与压裂技术相结合,创造了巨大的生产机会。

页岩气生产方法,再加上强化的采收率技术、最先进的加工设施和天然气储运方法,创造了一个经济上可行的产业,在未来许多年都具有发展前景。北美天然气工业为国内经济提供了可靠的推动力,这种势头将持续多年。

参 考 文 献

[1] Zakaria F. The shale gas revolutional,Toronto Star;30. 03. 2012.

[2] Geology. com. Shale. [Online]. Available:http://geology. com/rocks/shale. shtml;01. 01. 2016.

[3] Administration EI Energy In Brief. [Online]. Available:http://geology. com/energy/shale – gas/;01. 01. 2010.

[4] Passey QR,Bohacs K,Esch WL,Klimentidis R,Sinha S. From oil – prone source rock to gas – producing shale reservoir – geologic and petrophysical characterization of unconventional shale gas reservoirs. In:International oil and gas conference and exhibition in China,Beijing;2010.

[5] Halliburton. Unconventional resevoir wells. 2016 [Online]. Available:http://www. halliburton. com/en – US/

ps/cementing/cementing – solutions/unconventional – reservoir – wells/default. page？ node – id = hfqela4g.

［6］ Cipolla CL，Lolon EP，Erdle JC，Rubin B. Resevoir modelling in shale – gas Resevoirs. SPE Resevoir Evaluation and Engineering 2010；13（04）：638—53.

［7］ Courthouse Direct. What you need to know about Eagle Ford and Barnett shale. Courthousedirect. com Inc；July 29，2013 ［Online］. Available：http：//info. courthousedirect. com/blog/bid/314206/What – You – Need – to – Know – About – Eagle – Ford – and – Barnett – Shale.

［8］ Parliment of Canada. Shale gas in Canada. January 30，2014 ［Online］. Available：http：//www. lop. parl. gc. ca/content/lop/ResearchPublications/2014 – 08 – e. htm#a8.

［9］ U. S. D. o. Energy. Natural Gas from Shale：Questions and Answers. ［Online］. Available：http：//energy. gov/sites/prod/files/2013/04/f0/how_is_shale_gas_produced. pdf；01. 01. 2011.

［10］ A. A. o. P. Geologists. Stimulation. ［Online］. Available：http：//wiki. aapg. org/ Stimulation 7. 07. 2016.

［11］ Geology. com. Geoscience News and Information—Geology. com. ［Online］. Available：http：//geology. com/articles/horizontal – drilling/；01. 01. 2016.

［12］ Enggcyclopedia. Gas liquid separation. 2015 ［Online］. Available：http：//www. enggcyclopedia. com/2011/05/gas – liquid – separation/.

［13］ Statoil. Gas/Liquid separation. October 18，2010 ［Online］. Available：http：//www. ipt. ntnu. no/~jsg/undervisning/naturgass/lysark/LysarkRusten2010. pdf.

［14］ Corporation PALL. Liquid/gas separation technology. 2016 ［Online］. Available：http：// www. pall. com/main/fuels – and – chemicals/liquid – gas – separation – technology – 5205. page？ .

［15］ Society of Petroleum Engineers. Oil and gas separators. PetroWiki；July 6，2015 ［Online］. Available：http：//petrowiki. org/Oil_and_gas_separators.

［16］ Shell，"Gas/Liquid Separators – Type Selection and Design Rules，" December 2007. ［Online］. Available：http：//razifar. com/cariboost_files/Gas – Liquid_20Separators_ 20 – _20Type_20Selection_20and_20Design_20Rules. pdf.

［17］ Society of Petroleum Engineers. Separator sizing. PertroWiki；July 6，2015 ［Online］. Available：http：//petrowiki. org/Separator_sizing#Separator_design_basics.

［18］ Center for Chemical Process Safety. Guidelines for engineering design for process safety. New York：American Institution for Chemical Engineers；1993.

［19］ EATON Powering Business Worldwide. Gas liquid separators. 2016 ［Online］. Available：http：//www. eaton. com/Eaton/ProductsServices/Filtration/GasLiquidSeparators/GasLiquidSeparators/index. htm.

［20］ Pearce J. Stress corrosion cracking—Metallic corrosion. AZO Materials；February 22，2001 ［Online］. Available：http：//www. azom. com/article. aspx？ ArticleID = 102.

［21］ Society of Petroleum Engineers. Corrosion problems in production. PetroWiki；January 19，2016 ［Online］. Available：http：//petrowiki. org/Corrosion_problems_in_production.

［22］ Naturalgas. org. The transportation of natural gas. ［Online］. Available：http：// naturalgas. org/naturalgas/transport/；20. 9. 2013.

［23］ Naturalgas. org. Storage of Natural Gas. ［Online］. Available：http：//naturalgas. org/naturalgas/storage/；20. 9. 2013.

［24］ Society for Industrial and Applied Mathematics. Flow and transport equations. 2006 ［Online］. Available：https：//www. siam. org/books/textbooks/cs02sample. pdf.

［25］ Zendehboudi S. Reservior analysis & fluid flow in porous media. May 2016 ［Online］. Available：https：//online. mun. ca/d2l/le/content/218361/viewContent/1968392/ View？ ou = 218361.

［26］ Union of Concerned Scientists. Uses of Natural Gas. ［Online］. Available：http：//www. ucsusa. org/clean_energy/our – energy – choices/coal – and – other – fossil – fuels/uses – of – natural – gas. html#. V5ypHLgrK00.

[27] Kuuskraa VA. Case study #1. Barnett shale: the start of the shale gas revolution. April 6 ,2010 [Online]. Available: http://www. adv – res. com/pdf/Kuuskraa _ Case _ Study _ 1 _ Barnett _ Shale _ China _ Workshop _ APR_2010. pdf.

[28] U. S. Energy Information Administration. North America leads the world in production of shale gas. U. S. Department of Energy; October 23 ,2013 [Online]. Available: http://www. eia. gov/todayinenergy/detail. cfm? id = 13491.

[29] U. S. Energy Information Administration. Shale gas and tight oil are commercially produced in just four countries. U. S. Department of Energy; February 15 ,2015 [Online]. Available: http://www. eia. gov/todayinenergy/detail. cfm? id = 19991.

[30] Brackett W. How marcellus & utica compare to other shale basins. August 27 ,2015 [Online]. Available: http:// extension. psu. edu/natural – resources/natural – gas/webinars/how – marcellus – and – utica – production – compares – to – other – shale – basins/how – marcellus – and – utica – production – compares – to – other – shale – basins – powerpoint.

[31] U. S. Energy Information Administration. Natural gas weekly update. U. S. Department of Energy; July 28 ,2016 [Online]. Available: http://www. eia. gov/naturalgas/weekly/.

[32] Berman A. Natural gas price increase inevitable in 2016. February 21 ,2016 [Online]. Available: http:// www. artberman. com/natural – gas – price – increase – inevitable – in – 2016/.

[33] A. P. Institute. Facts about shale gas. [Online]. Available: http://www. api. org/oil – and – natural – gas/wells – to – consumer/exploration – and – production/hydraulic – fracturing/facts – about – shale – gas; 01. 01. 2016.

[34] Tunstall T. Prospective shall oil and gas in Mexico. Shale Oil and Gas Magazine; September 28 , 2015 [Online]. Available: http://shalemag. com/shale – oil – gas – mexico/.

[35] Guo A. BP taking a bet on China's shale gas while shell backs out. Bloomberg; April 1 ,2016 [Online]. Available: http://www. bloomberg. com/news/articles/2016 – 04 – 01/ bp – taking – a – bet – on – china – s – shale – gas – while – shell – backs – out.

[36] International Gas Union. Wholesale Gas Price Survey—2016 Edition. May 2016 [Online]. Available: http:// www. igu. org/sites/default/files/node – news_item – field_file/IGU_WholeSaleGasPrice_Survey 0509_2016. pdf.

第 5 章　页岩气处理

5.1　概述

页岩气是天然气,是非常规天然气的几种形式之一(也被称为甲烷或 CH_4)。页岩气赋存于低渗透率的页岩地层中,是一种细粒沉积岩,既是页岩气的来源,又是储层。页岩通过有机物的分解,既是储气物质,又是天然气的生产者(图 5.1)。因此,在一口井中使用的技术可能无法在另一口页岩气井中获得成功[1,2]。

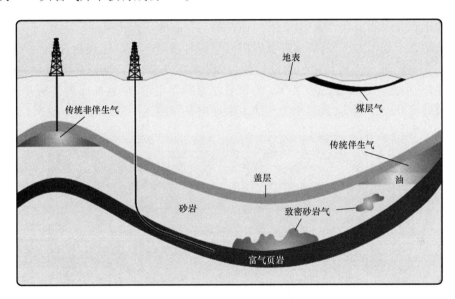

图 5.1　天然气资源地质示意图[2a]

由于生产成本高,世界上对页岩储量的勘探兴趣不大。然而,在过去几年里,页岩油气储量变得越来越重要,尤其是在新生产技术的发展、市场上石油的高成本和地缘政治利益的影响下。

从页岩岩层中开采天然气的一个关键是水平钻井和水力压裂两种成熟技术的结合。水平钻井和水力压裂是在地下高压下注入含有化学添加剂的水,以压裂岩石,加速释放赋存的油气。压裂液是由 90% 的水、9% 的支撑剂和不足 1% 的功能添加剂组成的混合物,这些功能添加剂包括 pH 调节剂、杀菌剂、黏土稳定剂、阻垢缓蚀剂、胶凝剂减摩剂、表面活性剂和酸。在钻井平台上,搅拌机将压裂液与支撑剂(通常是砂)和其他添加剂混合,在高压泵的帮助下将压裂液送入油井。在完成高压混合气的注入过程后,该井就可以生产天然气和石油(取决于盆地的类型),然后通过几条管道输送到生产设施,最终进入市场。

页岩气开发所需的基础设施与常规天然气收集和处理基础设施最为相似。然而,主要的区别在于从井中回收的气体污染物的类型、成分以及由此产生的采出水量。水力压裂需要大量的水。从金融视角看,页岩气的运输和提炼成本与常规天然气一样高。页岩气供应链包括油井、集输网络、预处理、天然气凝析液(NGL)提取分馏设施、油气输送管道和储存设施。

5.2 页岩气加工:背景

具有较高商业价值的页岩气的生产,从处理页岩气的提取配方到天然气处理厂的精制,经历了几个阶段。第一阶段为地面开采,连续采用水平钻井、水力压裂、多级压裂[3]。

在水平钻井步骤中,一口井首先垂直钻到特定的深度,通常约6000ft,在那里钻遇页岩气地层[3]。钻头改变方向,改变钻进角度,直至井筒与页岩气储层水平接触[3]。在进行水平接触后,该井被扩展到大约1000~30000ft的横向深度[3]。这使得与页岩气地层接触的井筒表面积最大化[3]。

钻井作业完成后,将钢制套管下入井内,并在套管周围注入水泥进行固结[3]。一种特殊的管状射孔枪在井眼周围套管上射出小孔,使井筒与页岩储层紧密接触[3]。

开采的第二步是水力压裂,即压裂页岩层以增加其渗透率[3]。这包括在压力下注入流体(通常是水,但有时是气体),其中包含细砂粒以及化学添加剂[3]。增压后的流体将使地层产生新的裂缝,并增大现有裂缝的尺寸[3]。砂粒悬浮液的作用是,一旦加压流体从井筒中返排,也能保持裂缝张开[3]。因此,页岩中的气体不断地向井筒输送。上述过程如图5.2所示。

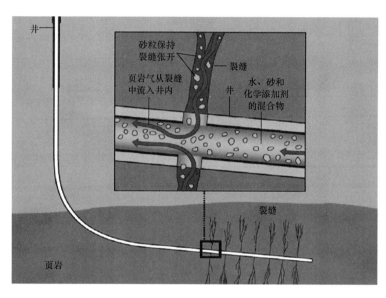

图5.2 页岩气井增产阿尔·格兰伯格(Al Granberg)绘图

然后将水平井划分为多个压裂段,每个压裂作业都与相邻压裂段隔离[3]。这个过程被称为多级压裂,它最大限度地提高了从地层中回收天然气的效率[3]。然后拆除分隔器,让天然气流入井筒,最终到达地面。

天然气处理设施通常建在页岩气生产现场。气体处理厂的关键部件为[4]:

(1)冷凝装置,从气体中冷凝出游离水和其他可冷凝部件;

(2)脱水装置,从凝析液中除去游离水;

（3）醇胺脱硫化氢装置，用于去除气体中的污染物，如 H_2S 和 CO_2（其他技术，如分子筛，可用于去除水分和这些污染物气体）；

（4）脱汞装置，从气体中去除汞；

（5）脱氮装置，从气体中去除氮；

（6）脱甲烷装置，从天然气凝析液（NGLs）中分离天然气；

（7）分馏塔装置，将天然气凝析液（NGLs）分离成混合物中不同类型的馏分（如乙烷、丙烷、丁烷）。

图5.3 展示了页岩气处理的不同步骤。

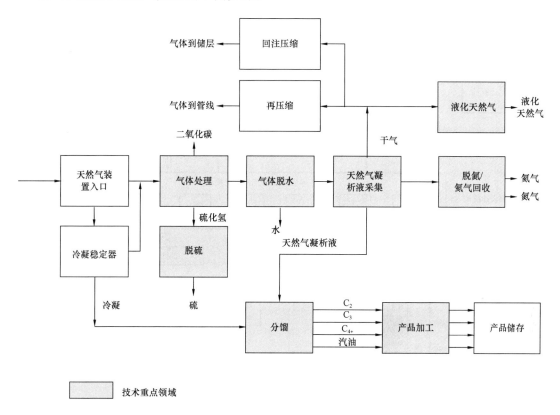

图5.3　页岩气处理步骤[5]

5.3　页岩气处理流程

第一级处理通常从井口开始。在井口用机械分离器分离气体凝析物和游离水。提取的凝析油和游离水被引导到单独的储气罐中，气体被输送到一个收集系统。沿着这条路，CO_2 和 H_2S 等污染物会在气体处理厂通过一种叫做胺溶液的物理溶剂被去除。这种预先处理非常重要，因为 CO_2 和 H_2S 具有很强的腐蚀性，管道中的腐蚀风险非常高，可能导致管道喷发、泄漏和爆炸等后果。

使用胺溶液处理过的气体必须在标准管道内脱水。脱水可以通过吸收或吸附方法来实现。分离和脱水的过程，以及与这些过程相关的成本，对常规天然气和页岩气都是相似的。如果存在大量的氮,则应使用包括过冷设备的低温设备进行提取,以满足管道所需的最小热值。

如果气体不符合要求的标准管道,如露点,那么它通常是在一个再充气装置中处理。在制冷装置中,气体被冷却,天然气凝析液(NGLs)沉淀出来,除去了超过90%的丙烷和大约40%的乙烷。混合物中其他较重的成分也几乎被完全去除。温度下降导致乙烷和其他较重的碳氢化合物冷凝,带走了相当数量的天然气凝析液和90%~95%的乙烷。

利用分馏过程是因为每个烃组分都有一个独特的沸点。在天然气凝液(NGL)价格较低的时期,由于利润空间收窄,所以将采取减产措施。一些气体液体,特别是乙烷,会留在气体中,因为它们分离起来可能不经济。

图5.4为典型的页岩气处理流程图。该工艺与传统的气体处理工艺非常相似。

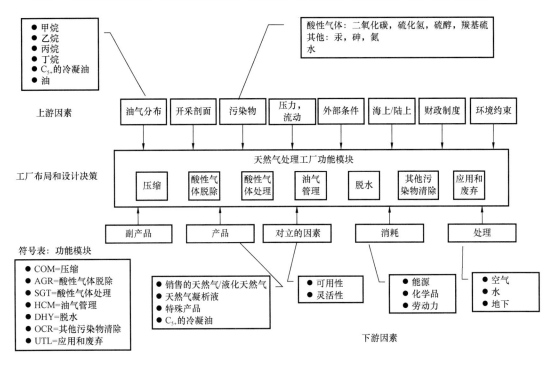

图5.4　页岩气处理典型流程[6]

5.4　水合物的形成与抑制

在高压和低温条件下,水分子可以凝结成5~6个由分子组成的环,这些环与相邻的环连接,形成水合物的晶格结构[7]。这些水合物的形成是不受欢迎的,因为气体分子可以被困在这些冰晶中,这会导致在页岩气开采过程中产量显著下降[7]。此外,水合物可能会堵塞管道,因为它们有团聚的倾向,并黏附在管道的管壁上[7]。为了防止水合物的形成,了解这些水合物的化学性质是很重要的。

引发水合物形成的促进剂有很多,这些促进剂可分为一级促进剂和二级促进剂。

游离水的存在和必要的物理条件,如高压和低温,对水合物的形成有促进作用[7]。周围混合物的组成也会影响水合物的物理性质[7]。

在页岩地层中,通过定期施加高压和高速注入,混合物的扰动会导致水合物的形成[7]。这些通过搅拌诱导水合物形成的因素被归为二级促进剂[7]。将来自外部来源的预形成水合物引入页岩气藏,还可以加速额外水合物晶体的形成[7]。

利用不同类型的抑制剂或抑制技术可以防止水合物的形成。减少水合物形成的一种方法是去除现有的游离水,这些游离水会带走产生水合物所必需的前体[7]。虽然这个方法很有效,但利用页岩热法生产大量天然气是非常昂贵和不切实际的。

脱水抑制的另一种方法是注射化学抑制剂来减缓或停止水合物生成[7]。化学抑制剂的使用更加实用和经济。化学抑制剂可分为三大类:热力学抑制剂、动力学抑制剂和抗附凝聚剂[7]。

热力学抑制剂改变了水合物形成的物理性质。它们最常见的作用是降低水合物形成过程的温度[7]。这将大大减少冰晶中所含气体的数量。最常用的一类热动力学抑制剂是乙二醇,特别是单乙烯乙二醇和二甘醇[7]。有时使用甲醇,但通常比乙二醇抑制剂更昂贵[7]。

动力学抑制剂通过增加生成水合物的反应所需的活化能来发挥作用[7]。结果,水合物形成的速率降低了。动力学抑制剂也被称为低剂量水合物抑制剂,因为与其他动力学抑制剂的剂量需要有大约相同的效果相比,这些抑制剂防止水合物形成的剂量是非常低的[7]。

抗附凝聚剂是一种化学物质,它对水合物反应的热力学或动力学特征没有影响,但可以防止水化骨架之间的凝结[7]。抗附凝聚剂通常与动力学抑制剂一起使用,以提供最佳的结果。

5.5 气体脱水工艺与技术

天然气的脱水是除去与天然气以蒸汽形式伴生的水。脱水可以防止气体水合物的形成,减少腐蚀。

在天然气处理装置中遇到的各种气体脱水方法各有优缺点。天然气最常用的脱水方法是三甘醇(TEG)脱水装置和固体床脱水系统。大多数天然气销售合同都规定了天然气中允许水蒸气含量的最大值。通常是在温度为 –15℃和压力为70bar情况下的数值[8]。

5.5.1 三甘醇(TEG)脱水系统:概述

含有游离水的气流离开冷凝器进入脱水装置[19]。游离水从气体流中被分离出来。一般脱水装置[特别是三甘醇(TEG)]应用乙二醇等化学物质[9]。图5.5给出了脱水系统的基本原理图。

首先,湿气进入乙二醇接触塔的底部,在那里它将向上游流动[9]。从塔顶注入贫乙二醇(纯乙二醇),迫使其向下游逆流,进入湿气[9]。

乙二醇与湿气接触后,乙二醇吸收湿气和其他污染物,包括甲烷、挥发性有机化合物和其他有害空气污染物[9]。从水和污染物中分离出来的气体在塔顶释放,进入下一阶段的处理。

富乙二醇(充满水分和污染物的乙二醇)进入到闪蒸容器中。这有助于消除乙二醇中的任何气态或液态油气[9]。然后,富乙二醇注入乙二醇再沸器/再生器。大部分的水和污染物被去除,乙二醇恢复到原来的纯度[9]。贫乙二醇再循环回到乙二醇接触塔[9]。

乙二醇脱水系统的一个主要问题是起泡。相当大数量的乙二醇会因为起泡而损失[10]。这进而导致乙二醇接触器中湿气体处理的减少[10]。泡沫的形成阻止了乙二醇和湿入口气体之间的有效接触。在接触器中注入单乙醇胺可以抑制发泡过程[10]。通常情况下,当贫乙二醇进入接触塔的浓度较低或贫乙二醇与注入的湿气温差过大时,就会产生泡沫[10]。另一个问题是这些装置释放的甲烷。大量的甲烷可以通过乙二醇的再循环排放到大气中[11]。

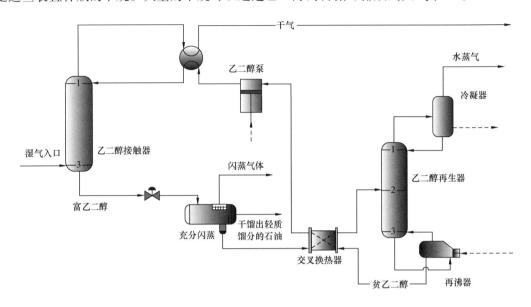

图5.5 乙二醇脱水系统基本原理示意图[9]

在进行气体脱水时,传统乙二醇装置的甲烷排放是一个主要问题。一项名为零排放脱水器的创新技术利用不同的技术来防止其排放[11]。电控制泵本质上是零排放的,而不是使用加压气体来泵送电路中的页岩气[11]。此外,零排放脱水器中的乙二醇再生步骤不使用气提塔,而是使用沸水排气箱代替[11]。

5.5.2 气体脱水:传统技术与新技术

天然气中存在的水蒸气有许多潜在的不利影响,可能导致管道和下游设备段塞形成、水合物形成和腐蚀。为了防止水合物的形成,必须去除水或脱水。这对于它避免其他现象,如腐蚀和堵塞在加工工厂和传输系统也很重要。防止水合物生成的一种有效策略是使用水合物抑制剂,这些抑制剂可以被注入到气流中以阻止水合物的形成。在天然气脱水前几个处理步骤包括:分离/去除酸性气体(如果有的话),分离液体形式的游离油气。

天然气凝析液(NGL)或(和)油气露点法采集是天然气销售前可用于天然气处理的其他方法。下面讨论了实现脱水的其他工艺选择[12]。

5.5.2.1 脱水工艺选择

有5种方法可以用来降低一种气体的水蒸气含量。几乎所有方法都适用于以下天然气的工艺压力[12]:

(1)用溶解固体(如氯化钙)吸附。

(2)用固体干燥剂(如分子筛、硅胶和氧化铝)吸附。

(3)使用液体干燥剂吸收,其中可能包括甲醇和乙二醇。

(4)冷却到低于露点的初始温度。

(5)通过冷却和相分离,压缩到更大的压力。当压力增大时,饱和水蒸气在一定温度下减小。

5.5.2.1.1　压缩和冷却

对于生产系统/气体收集和过程管理,分离是非常普遍的,在天然气的情况下,还包括一项额外的技术,如干燥。在某些情况下,压缩和冷却策略可能在现场规模的气举作业中是有效的(理论和实践经验表明,如果阻止了游离水,作业效果会更好[12])。

5.5.2.1.2　冷却到最初露点以下

低温通常对应于气体的低水蒸气饱和度。该技术通常需要一些防止水合物生成的手段,可用作低温分离(LTS)。为了防止水合物的生成和后续的气体脱水,乙二醇通常用于低温LTS工艺。这种策略通常与直接在制冷系统前端注入乙二醇或(和)贫油吸收工艺相联系。新膨胀技术,如绞扭器,也已结合直接喷射,以实现脱水[12]。

5.5.2.1.3　液体干燥剂吸水

通常使用一种二醇类,在环境温度下与吸收塔接触。它在低于环境温度下,也适用于结合冷却。它是目前应用最广泛的生产操作和许多炼油厂和化工厂的作业[12]。

5.5.2.1.4　固体干燥剂吸水

分子筛已在气体加工业中得到认可,用于深冷植物饲料调节应用和一些含特殊耐酸粘合剂配方的酸性气体。天然气的脱水通常需要 7 lb(水)/10^6 ft³,通常使用液体干燥剂(如乙二醇)而不是固体干燥剂,成本最低。活性氧化铝和硅胶多年来也成功地应用于生产和加工中,比传统乙二醇的露点要低。用硅胶模拟去除所谓的短循环单元中的碳氢化合物和水是可能的[12]。

5.5.2.1.5　潮解系统

潮解系统体积很小是是非常可行的,这可以是一个孤立的生产系统或(和)燃气。一般来说,潮解性干燥剂是由不同的碱土金属卤化物盐混合物(如氯化钙)构成的,而氯化钙自然具有吸湿性。当天然气在压力容器中通过干燥剂片的床层时,水蒸气被除去。这是因为水分被潮解药片中的盐所吸收,并被吸湿盐水包裹。这种现象会持续下去,因为被吸收的水分会形成一个液滴,然后把干燥剂床变成一个液坑。干燥剂吸水后,由于其潮解特性,干燥剂会潮解,因此,当需要时,会向容器中添加更多的干燥剂[12]。

这些技术中的任何一种都可以用来将气体的含水量降低到特定的水平。一般来说,最合适的脱水方法是根据各种因素确定的,如初始含水量、操作性质、含水量规格、工艺特性、经济性考虑,或(和)综合考虑这些因素。在大多数情况下,常用的脱水技术是用固体干燥剂吸附(如分子筛)、硅胶和近年来用于天然气处理的乙二醇等液体干燥剂进行脱水,而不仅仅是压缩和冷却[12]。

5.5.2.2　物理吸附过程流程图:说明

三甘醇(TEG)是最常用的乙二醇。水露点范围为 20~70℃,进气压力和温度范围分别为 5~170bar,15~60℃[13]。

进入的湿(富)气,不含液态水和液态油气,进入吸收器(接触器)的底部,并与乙二醇形成对流(图 5.6)。乙二醇—天然气接触发生在塔板和填料。过去曾使用泡罩塔板,但现今更常见的是整装填料。干燥的(稀薄的)气体离开吸收器的顶部。贫乙二醇进入顶部的塔板或填料,并向下流动,吸收水分。乙二醇离开时富含水分,因此也被称为"富乙二醇"。

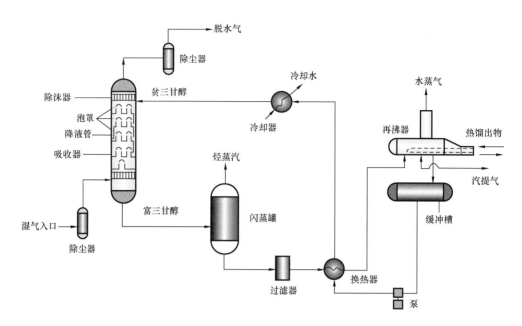

图5.6 TEG机组典型流程示意图

富乙二醇离开吸收塔的底部,首先流向蓄热塔顶部的回流冷凝器,然后流向乙二醇热交换器。然后,富乙二醇进入闪蒸筒,在闪蒸筒中,大多数挥发性成分(夹带的和溶解的)被汽化。闪蒸罐压力一般为300~700kPa(3~7bar),温度为60~90℃。离开闪蒸罐后,富乙二醇通过乙二醇过滤器和同热贫乙二醇交换热量的富—贫交换器。然后,富乙二醇进入柱形再生器,这些再生器通过干馏将水去除。这里也是将乙二醇浓度增加到贫乙二醇浓度要求的地方[14]。

再生器一般大气压下,温度非常接近204℃条件下工作。这是三甘醇(TEG)开始发生可测量分解的温度。当液体乙二醇从静止的柱状填料床上升起时,在再生器中产生的蒸汽将水从液体乙二醇中分离出来。

热再浓缩乙二醇从再沸器中喷流入贮料塔,然后用富乙二醇热交换器进行冷却。最后,将贫乙二醇通过冷却器泵回吸收塔顶部,以控制其在吸收塔内的入口温度。

在吸附过程中,气体中的水分子被表面力吸附在固体表面。活性氧化铝、硅胶和分子筛是一种具有吸附特性的材料,在工业上有广泛的应用。分子筛具有最高的含水能力和最低的水露点。这些特点使它们成为当今工业中最常用的干燥剂。

分子筛脱水器通常使用于天然气凝析液回收装置的前面,在那里需要非常干燥的气体(图5.7)。设计用于回收乙烷的低温天然气凝析液工厂产生非常低的温度(-80℃上下),需要非常干燥的原料气来防止水合物的形成。与其他气体脱水工艺相比,分子筛是最昂贵的[14]。

在循环操作中,使用多个干燥剂床连续干燥气体。干燥剂层的数量和排列可以从两个塔、交替吸附塔到多个塔不等。每个塔必须交替执行三个独立的功能或循环,这些是吸附循环、加热或再生循环和冷却循环(根据各自条件)。固体干燥剂脱水系统的重要组件有:

(1)入口气体分离器;

(2)两个或两个以上充满固体干燥剂的吸附塔(接触器);

（3）干气过滤器；

（4）高温加热器，提供热再生气体来重新激活塔内的干燥剂；

（5）用于再生气的冷却器，用于从热再生气体中冷凝水；

（6）用于再生气的分离器，用于从再生气体中除去冷凝水；

（7）再生鼓风机或压缩机，如果再生气是回收利用的；

（8）管道、管汇、开关阀和控制装置，根据工艺要求指导和控制气体流动。

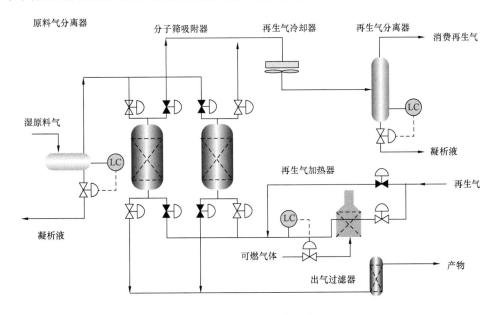

图 5.7　分子筛装置典型流程

5.6　天然气脱硫

5.6.1　过程描述

气体脱硫过程包括从混合气体中去除酸性气体，如硫化氢（H_2S）和二氧化碳（CO_2）[15]。这些气体不仅有毒，而且还降低了天然气的商业价值，这使得去除它们是可取的。气体脱硫可以通过吸附或吸收两种方法实现[15]。吸附过程使用堆叠的盐层，能够同时吸收酸性气体和水[15]。在吸附过程中，污染物被盐介质表面吸附[15]。

在吸收过程中，污染物被介质本身吸收。在气体脱硫吸收过程中最常用的化学物质是烷醇胺[15]。广泛应用的烷醇胺有单乙醇胺（MEA）和二乙醇胺（DEA）[15]。这些水相烷烃胺与 H_2S 和 CO_2 反应，并将它们带到水相中[15]。下面的反应显示了 H_2S 如何与 MEA 反应成为烷醇胺水相的一部分[15]。

$$RNH_2 + H_2S \longleftrightarrow RNH^{3+} + SH^- \tag{5.1}$$

5.6.2　气体脱硫：传统技术与新技术

酸气含量随天然气流量的变化而变化较大。了解进口酸性气体的组成及其含量是十分重要的。并且处理后的天然气要求的产品规格允许适当的设计和技术的选择。

美国发现的页岩气中 CO_2 含量适中,其摩尔分数从低于1%到超过3%不等。美国大部分页岩气的 H_2S 浓度水平普遍较低,从低于百万分之一体积到高达 750×10^{-6}(体积)不等。虽然 H_2S 含量较低,但仍然高到需要处理,才能满足管线天然气规格小于 4×10^{-6}(体积)的要求[16]。

由于不同原因,需要采用气体脱硫工艺处理酸性气体[16]:

(1)去除天然气气流中的 H_2S 含量,保证炼油安全。

(2)为了满足页岩气的要求:页岩气的 H_2S 含量必须低于4ppmv[约为 $5.7mg(H_2S)/m^3$ 或 $0.25g(H_2S)/100ft^3$ 的气体]。必须调整 CO_2 含量,使页岩气符合所需的总热值范围。

(3)使下游加工可靠。这就是低温过程的情况(二氧化碳可以在 -70℃结冰)。

传统的气体脱硫装置使用含有烷醇胺类溶剂的胺作为吸收剂。图5.8描述了气体脱硫装置的基本示意图。

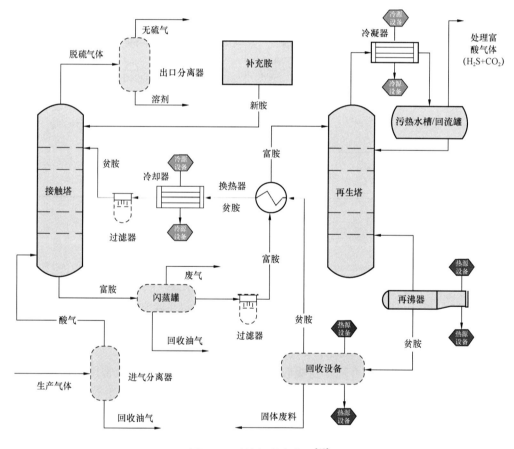

图5.8 天然气脱硫装置[15]

引入底部吸收塔的酸性气体被迫向上游喷射。稀烷醇胺溶剂进入塔的顶部,并被引导到与酸性气体相反的底部[15]。脱硫气体在塔顶释放,富含烷醇胺的溶剂存在于塔底,通过热交换器转移到气提塔[15]。

在气提塔中,施加热量,降低压力,使酸性气体演化为气相,从而再生贫烷醇胺溶剂[15]。稀溶剂被转移回吸收塔。吸收塔包含大量的塔板,大部分吸收发生在塔板上[15]。

吸附过程的工作原理与此类似,只不过它使用的是固体盐层,与固体层内部不同,固体盐层将酸性气体物理吸附到表面。

吸附在气体脱硫中的应用是通过使用分子筛[15a]。分子筛采用多孔晶体硅酸铝床,其中酸性气体和水可以粘着在分子筛上[15a]。硅酸铝床只可针对一种类型的分子制造[15a]。

5.6.2.1　气体脱硫吸附过程流程图:说明

在气体脱硫过程中,有几种化学溶剂是现成的,其中大多数是以含有羟基(—OH)和氨基官能团的烷醇胺产品为基础的。

它们是用来生成水溶液的。化学吸附过程是在目标进料气体与包括 MEA、DGA、DEA 和 MDEA 等溶剂的水溶液接触的基础上进行的[16]。

注入弱酸,弱酸与烷醇胺(碱性产品)反应生成二硫化物(与 H_2S 反应)和碳酸氢盐(与 CO_2 反应)。这种化学反应(化学吸收)发生在分馏塔(吸收塔或接触塔)中,分馏塔配有塔板,有时填料。在干馏塔中,气体从底部塔板或填料的底部进入,水溶液从顶部塔板(或填料的顶部部分)进入。在吸收过程中,溶剂和酸性气体之间有一种放热反应。处理后的气出口温度高于进料气出口温度,说明处理后的气的含水比进料气高。因此,天然气的脱水也是必要的。这种装置总是安装在脱硫装置的下游。然后将链烷醇胺盐在再生段重新转化为碱性溶液,再重复循环[16]。

MEA/DGA 溶液用于显著去除 CO_2(当原料气中不含 H_2S 时)、H_2S(当原料气中不含 CO_2 时),或当原料气中两种组分同时存在时,同时去除 H_2S 和 CO_2。因此,当气体中同时存在 H_2S 和 CO_2 时,这不是一个选择性消除 H,S 的合适过程[17]。DEA 是非选择性的,可以同时去除 H_2S 和 CO_2。无论进料气流中的初始浓度如何,这两种杂质都可以在任何较低的水平上被清除。因此,当气体中同时含有 H_2S 和 CO_2 时,这对于选择性地去除 H_2S 是不合适的。DEA 的处理方案与 MEA 处理方案相似,但不需要回收器。如果硫醇存在于原料气中,DEA 溶液将根据它们的沸点,从 10% 到 60% 去除硫醇。MDEA 是叔胺。乙醇胺是一种新型的用于天然气脱硫的乙醇胺,近年来由于能与 H_2S 在 CO_2 的存在下发生反应而受到广泛的关注。当 MDEA 作为水溶液中唯一的纯溶剂时,选择就是基于这一特性。MDEA 与 CO_2 的反应需要较低的反应热,这节省了再生段的能量,因此对 CO_2 的整体去除也很有用。为了有效地去除 CO_2,必须在 MDEA 中加入活化剂以提高萃取效率。对于大多数页岩气处理,选择性地去除 H_2S 是首选的,以满足管道规格要求,并将二氧化碳降低到所需的水平。图 5.9 为氨脱硫装置的典型工艺流程图(PFD)[16]。

在与再生稀胺溶剂反向接触的高压吸收体底部引入待处理天然气(含硫气体)。经过处理的气体,现在不含酸性气体,存在于干馏塔顶部。含酸性气体的富胺溶剂从吸收塔底部进入低压闪蒸槽,从富胺中分离出部分溶解气体。分离出的富胺在送入胺再生器之前,在贫/富胺交换器中预热。胺类再沸器将热量提供给胺类再生器,使化学结合的酸性气体从胺类溶剂中分离出来。低压剥离酸性气体从顶部离开胺类再生器(也称为汽提器),根据硫化氢含量和当地环境要求,当存在大量硫化氢或将大量硫化氢送到热氧化剂时,胺类再生器被转移到硫回收装置。贫再生胺溶剂通过贫/富交换器泵回吸收塔,回收热量[17]。

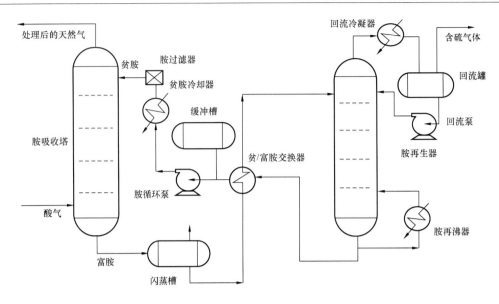

图 5.9　氨脱硫装置流程图（PFD）

5.6.2.2　原料气中汞的存在

汞与铝形成银汞合金，在换热器中引起腐蚀。为防止设备迅速恶化和其他气体处理设备受到污染，必须在脱水装置下游的吸附剂床中检测进料流中的汞，并在气体处理前将其捕获[18]。

5.6.2.3　天然气凝析液（NGL）的提取和分馏

从天然气流中回收烃类液体的范围从简单的露点控制到深层乙烷萃取。所需的液体回收水平对加工设备的工艺选择、复杂性和成本有重要影响。

天然气处理厂存在不同的天然气凝析液回收工艺。NGL 是一个通用术语，适用于从天然和相关气体中回收的液体，如乙烷和较重的产品（乙烷、丙烷、丁烷、冷凝物或天然汽油的混合物）。液化石油气（LPG）一词描述了主要成分为丙烷、异丁烷和正丁烷、丙烯和丁烯的水碳混合物。通常 NGL 是通过在饱和或烃类结露条件下冷却气体，或在饱和或烃类结露条件下和逆行区域条件下通过压降产生的。从富气中提取重组分（丙烷＋丁烷＋凝析油）会产生贫气。一般来说，NGL 可以含有戊烷及较重的（凝析油）、丙烷及较重的（凝析油）、乙烷及较重的（凝析油）[19]。NGL 处理的三个基本目标是：

（1）产生可运输的气流；

（2）产生可销售的气流；

（3）最大限度地提高天然气液体产量。

可输送气流的生产意味着现场最小程度的处理，即通过管道将气体顺利地输送到最终的加工厂。在运输气体中可能不需要三种成分：水、硫化氢和冷凝液。在许多情况下（特别是长距离），必须将水去除以防止水合物形成以及 CO_2 和 H_2S 的腐蚀。当输运气体的水蒸气含量低于在输运条件下形成水合物和游离水所需的量时，就可以达到这一目的。通常，输送气体的水汽含量以气水露点的形式表示，气水露点由压力和温度值确定。硫化氢毒性高，可在高浓度下脱除，以符合当地的安全规定[20]。

凝析油（重质组分）在管道运输前可能回收，也可能不回收。如果输送气体的露点在任何压力值下都低于管道内的最低预期温度,则无需进行去除 NGL 的处理。另外,如果油气露点温度值在任何压力值高于预期的温度最低的管道,有两个选项:

(1)没有天然气凝析液或冷凝切除进行现场生产设施以及和天然气管道运输是两相流无法控制的;

(2)现场生产设施进行凝析油的去除,控制管道输送气的两相流,或生产管线各部分仍为单相流的输送气。

输运气体中所含重组分的数量也由油气露点决定。销售级天然气的生产需要进行所有必要的处理,以满足 H_2S(15mg/m³)、CO_2(摩尔分数 <2% 或 2.5%)和含水量的要求。注意,对于气体液化,CO_2 必须被去除,最多不超过 50ppm(摩尔浓度),防止在低温下,冷热交换器凝固 CO_2 形成的总堵塞[21]。

天然气凝析液回收的必要性和重要性取决于满足以下三种规格的要求:

(1)总热值(GHV)或高热值(HHV);

(2)沃泊指数(WI);

(3)油气露点。

注意天然气凝析液回收的重要性取决于页岩气中氮的含量。如果气体中含有较高比例的氮,则可能需要从气体中提取较少的较重的碳氢化合物。三种情况激发了最大限度的天然气液体生产。首先是最大限度地提高凝析油产量;二是含丰富的丙烷气体;三是提取乙烷。在后者中,气体必须冷却到一定的温度,以便回收生成的 NGL 中的液态乙烷。乙烷在分馏装置中回收,分馏装置中有脱甲烷塔、脱乙烷塔、脱丙烷塔和减水塔(图 5.10)。

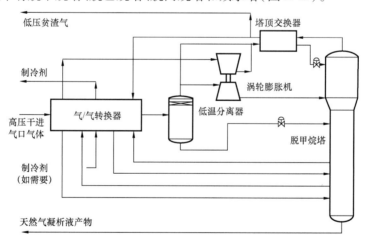

图 5.10　脱甲烷装置典型流程

天然气组分对天然气凝析液的经济采收率和工艺选择有重要影响。一般来说,具有更多可液化碳氢化合物的天然气产生更多的产品,从而为天然气处理设施带来更多的收入。

从相图的角度出发,通过对气体的冷却和(或)制冷,将流体的代表点移到两相区富气露点曲线的左侧,得到凝析油的去除。然后在一个或几个汽液分离器中从气体中分离出冷凝物。通常在气体处理过程中,最后一个分离器被称为"冷分离器",而离开最后一个分离器的气体被称为"贫气"。其烃露点低于"富气"烃露点。通常,通过冷却和(或)制冷回收烃类液体的

装置称为"低温萃取"装置[22]。凝析油回收目前使用的三种基本技术是:

(1)由蒸汽压缩循环提供的外部或机械制冷,通常使用丙烷作为制冷剂或工作燃料。

(2)焦耳—汤姆逊膨胀富气通过气—气交换器,然后进入膨胀阀或"节流"阀,通常称为JT阀("自制冷"过程)。当井口气体在非常高的压力下产生,并且可以在不进行再压缩的情况下扩大到出口管线压力时,JT工艺是最受欢迎的。如果气体必须重新压缩,JT过程是对再压缩马力要求是不利的。

(3)膨胀涡轮,在这种情况下,它的阀门被一个膨胀涡轮(所谓的涡轮膨胀机)取代。使用膨胀涡轮的装置有时可称为低温或膨胀装置("自制冷"过程)。JT阀通常与涡轮膨胀机并联安装。为了防止水合物的形成,必须对富气进行脱水或抑制。基本技术参数(外部制冷、JT膨胀和膨胀涡轮)的重要变化和(或)组合可以在气体处理厂考虑。

5.6.2.4 高含氮气体的特殊布置

事实上,所有的天然气都含有一定量的氮气,这会降低天然气的热值,但这并不是一个特别的问题。然而,由于合同对热值的考虑,在一些储层中已发现天然气含氮量超过可容忍的量。在这些情况下,操作者有三个选项:

(1)混合富气,以保持整体热值。

(2)接受降价或不太安全的市场。

(3)去除氮气以符合销售规格。

选项(1)和选项(2)是解决这个问题的合理方法,但是受具体地点限制。选项(3)总是一个代价高昂的选项。在综合装置设计中,当选择氮气重整装置作为气流的工艺选择时,通常要将其与天然气凝析液回收相结合。

许多技术可以用于从原料气中脱氮,但低温技术是常用的。基于深冷干馏技术,该脱氮装置的精确设计与含氮量有很强的关系。

5.6.2.5 冷凝液稳定化

气体处理厂入口设施的分离液分别送至凝析稳定装置。本单元的功能是把最轻的组分从原料和生产液体产品中分离出来。混合后的轻组分从天然气凝析液分馏装置冷凝。一般规定,在夏天稳定冷凝雷德蒸汽压为10psi(绝),在冬天为12psi(绝)。原始冷凝液首先在换热器中与稳定的冷凝液一起预热。蒸汽输送到预闪蒸槽,闪蒸槽是一个三相分离器。

烃类液体被泵送至凝析液脱盐设备。通过破乳剂注入包,在泵吸入管路中注入破乳剂。脱盐设备的工作温度保持在70℃左右,以确保水与凝结液的有效分离。这是通过加热流体与稳定凝析油在凝析油脱盐预热器。为防止闪蒸轻组分,脱盐设备压力要高于凝结液泡点,并有充分余量。淡水注入到脱盐设备混合阀的上游。脱盐设备利用静电效应达到了很好的相分离。脱盐设备口凝结液含盐量应小于10mg/L[23]。

随后,冷凝物进入稳定剂。原始凝析油在凝析油稳定器中处理,其工作压力在10bar左右。较轻的部件作为蒸汽头顶产品与作为回流的冷凝液体一起被移除。没有头顶上的碳氢化合物液体干馏物。稳定干馏塔底温度夏季在190℃左右,冬季在180℃左右。回流鼓中的水相被送到酸水提塔。在进料中注入缓蚀剂,以防止干馏塔顶部的任何酸腐蚀[23]。

5.6.2.6 除硫醇

硫醇存在于甲烷的所有馏分中,而且分量更重,但不能通过干馏去除,因为它需要化学处理才能去除。其含量一般从几毫克每升到几千毫克每升不等。

天然气包括硫化氢、二氧化碳和其他硫化物成分,如硫醇。硫醇的总分子式为 RSH。这里 R 代表碳氢化合物链。硫醇是含硫氢碳的有机组分;它们在管道输送过程中还具有较差的气味和腐蚀性。因此,如果硫醇在天然气中浓度很高,必须将其去除,使其值降低到可接受的限度。为了从脱硫装置的天然气中分离硫醇,通常采用梅洛克斯(Merox)法[24]。

梅洛克斯法是一种高效、经济的催化裂化法,适用于液化石油气的化学处理和脱硫醇缩合物。该工艺依赖于一种特殊的催化剂,以加速硫醇在或接近经济产品运行温度下氧化为二硫化物(图 5.11)。

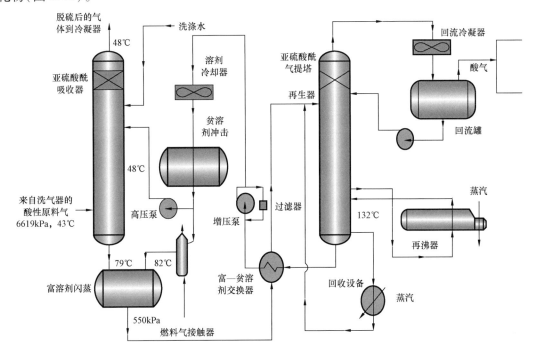

图 5.11　梅洛克斯(Merox)装置的典型流程示意图

梅洛克斯法的萃取版本从碳氢化合物原料中除去了苛性钠溶液。对于从天然气中提取燃料气和硫醇,梅洛克斯法几乎可以去除所有硫醇。提取的硫醇被催化氧化成二硫化物。送去妥善处理。然后,烧碱通过与空气和催化剂接触,使硫醇氧化成二硫化物,或在环境温度和压力附近进行再生。最后,将不溶于碱的二硫化物从再生碱中分离出来。梅洛克斯装置原料中通常不能容许硫化氢浓度超过 5mg/L[24]。

梅洛克斯法利用气液接触从气体中提取低分子量硫醇,并使用强碱性水溶液。富含硫醇的溶剂,也含有分散的硫醇催化剂,被输送到再生区,在那里注入空气来氧化硫醇。这个反应的产物产生了二硫化物。然后,二硫化物通过聚结、固结和倒瓶从溶剂中分离出来。最后,再生的稀溶剂被回收回萃取器。该装置由两个部分组成:萃取部分和烧碱再生部分。

5.6.2.7　硫黄回收工艺

如果存在大量的硫污染物,该设施需要一个硫黄回收装置从该工艺的废气流中回收单质硫。当硫含量较低时,脱硫装置产生的烟气可以焚烧或排放到大气中。通常,工艺包考虑克劳斯(Claus)装置从脱硫装置产生的酸性气体中回收硫黄。硫黄回收装置的总体回收率一般为95%,纯度为重量的99.8%,主要取决于原料气的 H_2S 含量以及各种工况[25]。

硫黄回收装置(SRU)是设计用于从胺类再生器产生的酸性气流中回收工业液体硫。原料气中含有硫化氢、二氧化碳和一些以硫醇为主的有机硫化合物,以及少量碳氢化合物和水蒸气。SRU 应从该流程中回收硫,使其符合要求的规格。

硫黄回收装置包括:

(1)空气和酸性气体进料预热器;

(2)热反应炉;

(3)三个系列克劳斯转换器;

(4)硫脱气段。

硫黄回收装置有一个焚烧炉。该焚烧炉的设计目的是在硫黄回收装置排放到大气之前,将其尾气在540℃左右进行焚烧。基本上,硫回收装置是由从气体脱硫装置接收的酸性气体集管供给的。酸性气体应被输送到酸性气体分离罐中。从硫黄回收装置的储罐和脱气池中提取的液体硫(150℃)将被送往液体硫储罐[25]。

克劳斯法回收硫涉及将天然气处理作业的有毒副产品,即酸性气体转化为可销售的硫和相对无害的适合排放到大气的废气。这一过程的净收益是以蒸汽产生的形式产生的有用热量。在化学方面,目标是将酸性气体中的 H_2S 氧化为硫和 H_2O,同时仍然燃烧无硫产品中存在的任何碳氢化合物,而不产生烟灰。

在反应炉的燃烧区,三分之一的酸性气体与空气一起燃烧。之后,剩下的硫化氢和二氧化硫反应(产生燃烧区)开始立即在反应加热炉的燃烧区形成硫黄,但这需要进一步的接触过程的气体与克劳斯催化剂温度控制,在系列转换器后,携带反应完成[25]。

在反应的每一步(反应炉和随后的催化转化器)后,所产生的硫蒸汽被冷凝并回收为液态硫。

含碳氢化合物和二氧化碳的酸性气体可能发生副反应,形成羰基硫化物(COS)和二硫化碳(CS_2)。

控制硫化氢与二氧化硫的比例是至关重要的,以尽可能接近整个装置的最大转换准确的理想配比值2,从而使尾气中的硫损失最小。氧化三分之一硫化氢的空气流量必须设定在鼓风机提供的最佳比例。由于酸性气体成分变化较大,反应炉燃烧器装有燃气喷嘴,可连续燃烧少量燃气。燃气燃烧器作为先导火焰,在发生扰动时维持酸性燃气火焰。燃料气体流量将从酸性气体饲料调整,以达到反应炉温度高达925℃左右[25]。

硫黄气体在经过产生低压蒸汽的反应炉锅炉时冷却。冷凝后的硫通过底部密封排水沟排到硫除气坑。从最后一个冷凝器排出的尾气将直接送到焚烧炉,或先送到尾气处理(TGT)装置,从尾气中回收尽可能多的硫,然后再送到焚烧炉。TGT 装置使克劳斯装置的硫回收率从95%提高到99.7%左右。这个装置由还原部分组成,其中尾气中的所有硫组分通过催化剂加氢生成 H_2S,淬火过程气体冷却部分和胺溶剂吸收部分最大的硫化氢是选择性地除去的过程的一部分气体流。在随后的再生部分, H_2S 被剥离,富溶液被再生。再生段释放出的 H_2S 流也被回流到克劳斯装置的进口,并与酸性气体进料流的进口相结合[25]。

硫黄装置仅在反应蒸汽锅炉和硫冷凝器中产生低压蒸汽。

含硫过量的气体,如气体脱硫副产物所产生的气体,被转移到硫黄回收装置,以去除硫含量。

克劳斯硫回收工艺是目前应用最广泛的硫回收工艺,在石油、天然气等工业中得到了广泛的应用[26]。克劳斯回收过程涉及硫化氢转化为单质硫的过程,在以下连续进行了两次反应[26]:

$$H_2S + \frac{3}{2}O_2 \longrightarrow SO_2 + H_2O \tag{5.2}$$

$$2H_2S + SO_2 \longrightarrow 3S + 2H_2O \tag{5.3}$$

克劳斯硫黄回收装置的简化装置如图 5.12 所示。

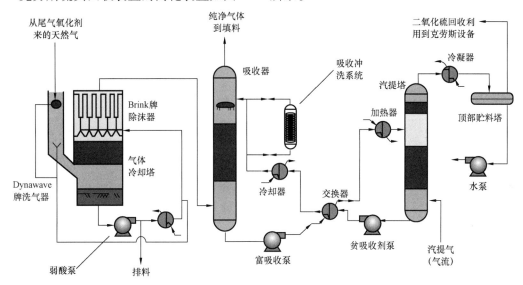

图 5.12　克劳斯硫黄回收装置[26]

硫化氢气体被引入燃烧器,在燃烧器中进行燃烧反应,产生二氧化硫(SO_2)[26]。只有一小部分的 H_2S 气体在燃烧器中转化为 SO_2。然后,混合物被转移到一个反应器中,在那里 H_2S 与 SO_2 反应,生成单质硫[26]。

流出的含有单质硫、硫化氢和二氧化硫的气流将会转移到冷凝器中。在冷凝器中,单质硫从混合物中冷凝出来并被除去[26]。

离开冷凝器的混合气体被重新加热并转移到另一个反应器,在那里同样的反应再次发生,冷凝器分离出单质硫[26]。再加热气体混合物的目的是防止单质硫在含有催化剂的床上冷凝,因为这会大大降低反应在反应器中完成的能力[26]。一个典型的电路通常包含三个反应器,每个反应器负责一定数量的转换。

硫黄回收有几个优点。首先,它将减少向大气中排放的气态硫[26]。此外,硫黄回收装置产生中等压力的蒸汽,可用于为气体处理厂的其他部分提供动力[26]。回收的元素硫可用于其他用途,如生产道路沥青和橡胶聚合物材料[26]。

硫黄回收的缺点是,它对设施的运行人员的健康造成了严重的危害。H_2S 是剧毒的,可导致呼吸道炎症[26]。在储硫罐顶部的空隙中存在硫积聚的可能性,由于气体的易燃性[26],这是非常危险的。

还有一个问题是如何处理产生的过量固体单质硫。硫必须安全地处置在一个不暴露于外部天气条件的地方[26]。如果暴露在大气中,硫将与氧和水发生反应,产生酸性径流,从而浸出重金属并进入地下水系统[26]。

5.6.2.8 酸水气提塔装置

所有单元的酸液流都被输送到低压运行的酸液进料滚筒中。这些滚筒是三相分离器,设计用于从进口水流中去除油。汽相从进料滚筒中排放到低压火炬中。油流经内堰,并收集在滚筒的一端。水收集在进料滚筒的另一端,然后泵送至酸水提塔。

酸水气提塔一般采用内部随机填料。在汽提段,酸水中的 H_2S、CO_2 和轻烃被再沸器中产生的蒸汽剥离。如果需要离解铵化合物,可以在塔内注入烧碱[27]。

汽提器上方的蒸汽在空气冷凝器中部分冷凝。酸气在回流鼓中分离出来,送到低压舱。没有油的冷凝水被水泵循环到汽提塔的顶部。汽提塔底水在空气冷却器中泵送冷却。然后将剥离后的水送至水处理的观察蓄水池[28]。

5.7 气体处理厂工艺设计

5.7.1 气体处理厂设备设置

气体处理厂通常有类似的设备设置,但根据所需的净化水平、可用的预算和环境限制,设备的类型可能略有不同。图 5.13 所示为一个典型的工厂,该工厂具有可用于每个处理阶段的相应设备。

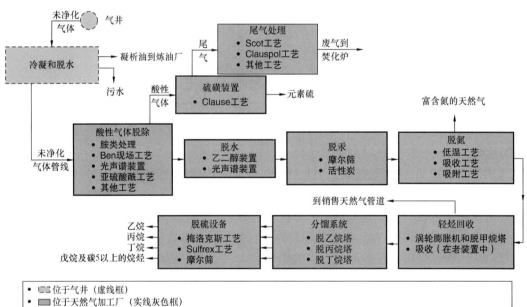

图 5.13 气体处理厂设置及使用的设备[29]

天然气加工涉及广泛的相互联系的业务,以准备天然气运输到天然气市场。从简单的分离和脱水到压缩、脱硫和 NGL 回收,加工过程各不相同。

使用必须调整的流量、成分、井口温度和压力,以及生产气体[组分和(或)杂质]的条件,才能实现精确的工程设计/计算,以满足输送管道的规格要求[22]。

任何气体处理厂都应考虑公用事业、储存和非现场设施的数量。其中一些强制性设备是:

(1)发电和配电。在最恶劣的大气条件下,满足电厂在用电高峰期的用电需求。

(2)蒸汽和冷凝物。该装置向整个设施的所有用户提供蒸汽。为此,通常安装高压锅炉(产生高压和低压蒸汽)。

(3)燃气系统。该系统向处理厂的不同用户提供气体燃料,通常来自出口气总管和其他可能的来源,具体取决于处理厂的位置。

(4)仪表和服务空气系统。将空气压缩机封装、空气干燥封装、仪表空气接收器的数量集成为仪表和服务空气系统的一个单元,提供处理厂所需的空气设备和服务。

(5)氮气生成系统,包括一个用于生成气态和(或)液氮的包装设备。

(6)设施内需有供水和处理系统,包括原水、冷却水、饮用水、消防用水、工厂用水等。

(7)污水处理系统,包括生活污水处理、中和处理、含油污水处理等。

(8)火炬和排污系统。火炬系统的功能是收集和燃烧由于连续和紧急操作而从工厂其他单元排放的所有气体。还必须考虑到紧急情况下设备减压的可能性。

(9)排液系统。该装置的设计目的是在维护期间为设备所有区域的碳氢化合物排放提供一个滞留体积。在正常运行过程中,不向系统输送液体。

(10)燃烧坑系统。燃烧坑的主要废液库存是在工艺和实用区域的集液废油滚筒(或排液滚筒)中收集的不可回收液体,以及从闪蒸分离罐中收集的液体。

(11)产品储存和出口(凝析油、丙烷、丁烷)。应考虑处理厂的储存设施和相关装载泵的数量。

(12)硫黄储存和固化装置(如果有)。从硫黄回收装置接收到的液体硫输送到装有加热盘管的储硫液罐中。硫颗粒的形成可通过旋转式造粒机工艺实现。

(13)化学品储存。化学品储存区由独立的储存系统组成,以确保过程和公用事业单位的补给要求。

5.7.2 气体处理厂设备或(和)单元的建模和优化

原料气按不同的比例进行分馏,主要包括乙烷、丁烷、丙烷、天然汽油产品、渣油等。在分离过程中,部分组分不受工艺条件正常变化的影响。

在脱甲烷塔中,甲烷和乙烷之间主要发生分离。二氧化碳和丙烷也可能大量出现在蒸汽或液体产品流中。由于丁烷和较重组分的真沸点较低,这些组分中 99.5% 始终处于脱甲烷液体产品流中。同样的现象/操作机制适用于脱甲烷器、脱丙烷器和脱丁烷塔。此外,与其他组分相比,某些组分的沸点更高,因此它们不能存在于系统的分离操作中。表5.1列出了基于这种基本方法的假设。

表 5.1 燃气装置分馏简化假设

列	只在蒸汽产品中的组分	只在液体产品中的组分	不存在于液体中的成分
脱甲烷塔	N_2	C_4, C_5, C_{6+}	无
脱乙烷塔	C_1	C_5, C_{6+}	N_2, CO_2
脱丙烷塔	C_2	C_{6+}	N_2, CO_2, C_1
脱丁烷塔	C_3	无	N_2, CO_2, C_1, C_2

同样值得注意的是,该产品的纯度可以作为一种约束条件来近似于轻组分在蒸汽产品中的组成。工厂的工作方式是使产品流中的杂质达到最大水平。利用这些假设,可以大大简化整个工厂各部分的物质平衡方程,并将其组合成线性形式。这组线性方程非常强大,因为它把每一个产品蒸汽组成和流量与残渣组成联系起来。因此,利用该方法可得到残留气体中 C_3、C_2 和 CO_2 等少数组分的含量。

根据以下步骤,将在选定的关键工厂控制变量与脱甲烷化剂的间接产品之间建立一个简单的关系。

这些变量一般称为进料参数,它们的波动是由上游过程变量的变化引起的。入口压力、制冷负荷和工厂入口波动是影响脱甲烷装置的常见过程变量。将脱甲烷器性能与重要的上游变量联系起来是有益的,同时也试图消除或降低与复杂建模方法相关的困难。

重要的是开发一种方法,可以应用于提供一个复杂的模拟的准确性但没有无视其复杂性采用严格的模拟天然气厂引入相关性,显示了残留流组成之间的关系和最主要的控制变量。采用统计响应面模型设计,选择给定顺序的最小仿真次数。对于每一个未知成分,残差流中都建立了一个相关关系,作为所有关键过程变量的函数。利用线性方程作为工厂控制变量的函数,可以计算出工厂产品流的组成和流量。

5.7.3 气体加工中的输运现象

通常,井口出口装有节流阀,以降低来自井口流动压力的储层流体压力。然后将储层流体收集到生产管汇中。凝结水和游离水可以在三相分离器中分离出来,然后在再利用前将水输送到水处理单元。为了测试单井的性能,可以将每口井路由到测试管汇。

应研究采油树下游直接注入甲醇的要求,以避免水合物的生成。为了避免水合物形成和管道的腐蚀,应考虑多种化学因素。由于流体是天然气、烃类凝析油和水的混合物,在输送过程中在管道内冷凝而成,因此管道可能处于多相模式。在管道设计和操作中,对水合物的预防、最小输送流量等都有一定的要求。

对于正常运行范围内的流量,主要考虑的是管道内的流态。在流体输送到气体处理厂的过程中,流体要经受压力和温度条件,一旦饱和水被冷凝,就可能形成水合物。正在运输的流体含有大量的二氧化碳、硫化氢和冷凝水。因此,它具有腐蚀性,需要防止内部腐蚀。一个段塞捕集器应在工厂入口投入使用,以便分离气体、凝析油和水。气流被送到气体处理段进行进一步处理。液体、碳氢化合物和水被分开抽离,以防止在控制阀中形成乳化液,在膨胀的下游混合,并流向凝析油稳定装置[30]。

5.7.4 气体处理厂的腐蚀与防护

腐蚀是指由于材料与环境的反应而使材料的性质和特性发生破坏、腐败或改变。腐蚀过程是由下列参数之一引起的:温度、湿度百分比和氧气、氧化还原电位、土壤 pH 值、压力、时间、矿物组成。

石油和天然气行业的腐蚀问题一直是最大的问题之一,它不仅会导致高昂的维护和维修成本,还可能导致生产中断。任何可能发生的泄漏的安全问题和环境影响也可能产生重大的有形和无形的负面影响。

操作中的设备的腐蚀可能是由水、氧和(或)环境中的细菌共同造成的。腐蚀可分为两大类:

(1)内部腐蚀,是指设备表面的内侧面的腐蚀。油气工业中使用的内表面防腐系统主要是抑制剂(即环氧树脂)。

(2)外部腐蚀,是指设备的外部表面的腐蚀。设备的外部腐蚀取决于设备周围的自然因素和环境条件。这些因素不能完全消除,但应尽量减少。工业上常用的一些方法是使用涂层和(或)阴极保护系统来保护设备的外部。

天然气处理厂的腐蚀大大降低了页岩气处理的效率。由于腐蚀问题,工厂被迫在没有计划的时间间隔内关闭。腐蚀会导致所使用设备或机组的使用寿命缩短,从长远来看会增加气体处理装置的投资成本[31]。

工厂中最有可能发生腐蚀的特定区域是胺装置。如上文所述,烷醇胺溶剂用于脱除 H_2S 和 CO_2。由于其酸性,它们会导致设备内部表面的腐蚀[31]。腐蚀速率与酸性气体的种类以及各酸性气体在混合物中的相对比例有直接关系。这个关系表示在图5.14中。

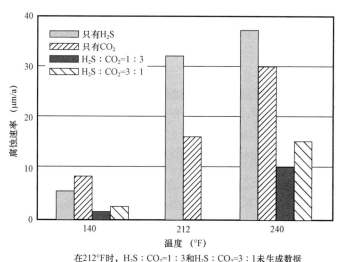

在212°F时,$H_2S:CO_2=1:3$ 和 $H_2S:CO_2=3:1$ 未生成数据

图5.14 以单乙醇胺(MEA)为吸附剂,碳钢为周围壁材的腐蚀速率[31]

当只有一种类型的酸性气体存在而混合物中存在不止一种类型时,腐蚀速率更高[31]。H_2S 的存在使碳钢的腐蚀速率最高[31]。当 H_2S 和 CO_2 的比例为 1:3 时,腐蚀速率最低[31]。从这些数据中可以明显看出,H_2S 是加速天然气处理厂腐蚀速率的罪魁祸首[31]。在工厂中含有大量酸性气体的部分,腐蚀率很高。

初始酸性气体的量以及加载温度也会影响腐蚀速率。腐蚀速率与CO_2装料的关系如图5.15所示。

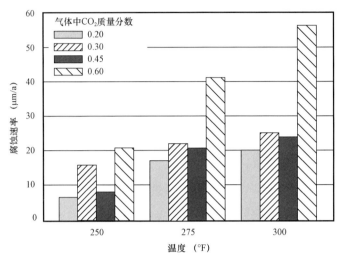

图5.15　不同CO_2装料下碳钢的腐蚀速率

加载温度越高,以上数据显示的材料腐蚀速率越大[31]。

气体处理厂可能发生不同类型的腐蚀,这些腐蚀可能与酸性气体没有直接联系。其中包括均匀腐蚀、电化学腐蚀和冲蚀腐蚀[31]。

均匀腐蚀简单地说就是设备随着时间的推移而发生的一般退化,这种退化是在设备连续运行的情况下才会发生的。均匀腐蚀影响与腐蚀性化学物质或介质直接接触的材料的整个内部表面积[31]。

可能发生的第二种腐蚀是电化学腐蚀。它涉及两种不同类型的金属,它们通过导电盐溶液相互电连接。在连接不同金属的导电电解质介质中存在电位差。电阻较低的金属(作为阳极)将开始溶解在溶液中,并沉积在作为阴极的其他金属上[31]。

冲蚀腐蚀是由于具有腐蚀性的流体在处理容器中高速运动而引起的。由于液体中化学物质的腐蚀性以及相对运动产生的摩擦力,金属表面会发生退化[31]。

5.8　页岩气加工成本

页岩气加工成本将取决于几个因素,这些因素在不同的项目中会有所不同。这些变量包括[32]:

(1)油藏的总采收率;

(2)垂直钻井和水平钻井费用;

(3)在陆地上建立生产设施的成本;

(4)建设设施、管道和向市场运输的成本;

(5)气体处理设施的营运成本;

(6)税收和版税;

(7)间接费用。

这些因素因州而异。图 5.16 展示了美国各地不同页岩气的典型生产成本。

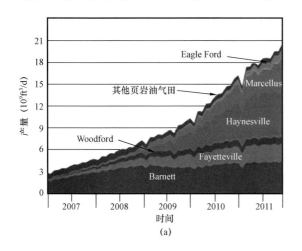

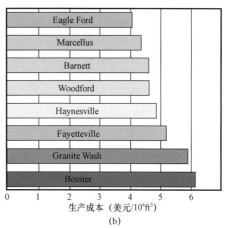

(a)　(b)

图 5.16　美国各年不同页岩储层产量水平(a)和各页岩储层的生产成本(b)

页岩气日产量平均典型的生产成本为 4~6 美元/$10^3 ft^3$ 不等[32]。然而,也有一些页岩气层超过 8 美元/$10^3 ft^3$,使得生产不经济[32]。钻一口垂直深度为 10500ft、水平长度为 4000ft 的井,成本约为 800 万美元[32]。

在分析天然气加工厂的经济性时必须考虑待处理天然气的量,工厂的能源消耗,不同的产品流的流速,天然气的市场价格,以及与当地政府和其他公司签订的合同中列出的条款和条件[32]。

天然气开发成本和技术挑战也随着我们从伴生气、非伴生气、致密气和煤层气页岩气中分离出来的增加而增加。非伴生气的成本进一步取决于气的质量,即,富气与贫气的对比,以及这种气体是清洁的,还是含有大量杂质,如硫化氢(H_2S)、二氧化碳(CO_2)、氮气(N_2)(表 5.2)[33]。

表 5.2　页岩气项目成本概算

钻井成本(百万美元/井)		4.0
油井连接和阀组(百万美元/井)		0.15
管线(百万美元)		250
气体处理设备(百万美元)		600
作业费用	井超额成本	资本开支的1%
	生产设备	资本开支的1%
	管线	资本开支的1%
	天然气处理厂	资本开支的2.5%

注:所有花费每年通货膨胀 2.5%。

100% 工作和净收益利息。

2013 年凝析油价格为 90 美元/bbl,年通胀率 2.5%。

参 考 文 献

［1］ Linley D. Fracking under pressure：the environmental and social impacts and risks of shale gas development. Toronto：Sustainalytics；August 2011.

［2］ Scott Institute & Carnegie Mellon University. Shale gas and the environment. Pittsburgh（PA）：Wilson E. Scott Institute for Energy Innovation；March 2013. ［2a］ US Energy. 2011. http：//www. eia. gov/todayinenergy/detail. php？ id = 110.

［3］ Allan D. Understanding shale gas. Mount Royal University；2013. http：//www. csur. com/images/CSUG_presentations/2013/Understanding_Shale_Gas_in_Canada_MRU_presentation. pdf.

［4］ Energy Information Administration. Natural gas processing：the crucial link between natural gas production and its transportation to market. Natural Gas Processing：The Crucial Link Between Natural Gas Production and Its Transportation to Market. 2006. http：//www. eia. gov/pub/oil_gas/natural_gas/feature_articles/2006/ngprocess/ngprocess. pdf.

［5］ Avestar. Avestar – shale gas processing（SGP）. 2013. http：//www. alrc. doe. gov/avestar/simulators_shale_gas. html.

［6］ Shah K. Transformation of energy, technologies and purification and end use of shale gas. Journal of Combustion Society of Japan 2013；55（171）：13 – 20.

［7］ Bland R. Glycol derivatives and blends thereof as gas hydrate inhibitors in water base drilling, drill – in, and completion fluids. Google Books；1998. http：//www. google. com/patents/WO1998040446A1？ cl = en.

［8］ Nemati Rouzbahani A, Bahmani M. Simulation, optimization, and sensitivity analysis of a natural gas dehydration unit. Journal of Natural Gas Science and Engineering 2014；21：159 – 69.

［9］ EPA. Natural gas dehydration. Environmental Protection Agency；2007. http：//epa. gov/gasstar/documents/workshops/college – station – 2007/8 – dehydrations. pdf.

［10］ Pall. Glycol dehydration. Membrane Technology 1991；12：14. http：//www. pall. com/pdfs/Fuels – and – Chemicals/HCP – 10. pdf.

［11］ EPA. Zero emissions dehydrators. Natural Gas EPA Pollution Prevention；2006. http：//www. epa. gov/gasstar/documents/zeroemissionsdehy. pdf.

［12］ huffmaster M. Gas dehydration fundamentals introduction. In：Laurancereid gas conditioning Conference. Hell Global Solutions；2004.

［13］ Elodie Chabanon, Bouchra Belaissaoui. Gas – liquid separation processes based on physical solvents：opportunities for membranes. Journal of Membrane Science 2014；459：52 – 61.

［14］ Scholes CA, Anderson CJ. Membrane gas separation – physical solvent absorption combined plant simulations for pre combustion capture. Energy Procedia 2013；37：1039 – 49.

［15］ Beychok M. Amine gas treating. NuTec；2012. http：//www. eoearth. org/view/article/51cbf2257896bb431f6a805c ［Molecular Sieve］.

［16］ Qiu K, Shang J. Studies of methyldiethanolamine process simulation and parameters optimization for high – sulfur gas sweetening. Natural Gas Science and Engineering 2014；21：379 – 85.

［17］ Fouad WA, Berrouk AS. Using mixed tertiary amines for gas sweetening energy requirement reduction. Natural Gas Science and Engineering 2014；21：26 – 39.

［18］ Azman Shafawi LE. Preliminary evaluation of adsorbent – based mercury removal systems for gas condensate. Analytica Chimica Acta 2000；415（1 – 2）：21 – 32.

［19］ Johnson K. Natural gas processesors respond to rapid growth in shale gas production. August 10, 2014. Retrieved from：The American Oil & Gas Reporter：http：//www. aogr. com/magazine/cover – story/natural – gas – processors – respond – to – rapid – growth – in – shale – gas – production.

［20］ Dart Energy. The shale extraction process. August 10, 2014. Retrieved from: Dart Energy: http://www. dart-gas. com/page/Community/The_Shale_Process/.

［21］ Chevron Energy. How we operate. August 10, 2014. Retrieved from: Developing Shale Gas Wells, From Leasing to production: http://www. chevron. com/deliveringenergy/naturalgas/shalegas/howweoperate/.

［22］ Nematollahi M, Esmaeilzadeh F. Trace back of depleted – saturated lean gas condensate reservoir original fluid: condensate stabilization technique. Journal of Petroleum Science and Engineering 2012;98 – 99;164 – 73.

［23］ Masoumeh Mirzaeian AM. Mercaptan removal from natural gas using carbon nanotube supported cobalt phthalocyanine nanocatalyst. Natural Gas Science and Engineering 2014;18;439 – 45.

［24］ Stephen Santo, Mahin Rameshni. The challenges of designing grass root sulphur recovery units with a wide range of H_2S concentration from natural gas. Natural Gas Science and Engineering 2014;18;137 – 48.

［25］ Street R, Rameshni M. Sulfur recovery unit expansion case studies. Worley Parsons Resources and Energy; 2007. http://www. worleyparsons. com/CSG/Hydrocarbons/SpecialtyCapabilities/Documents/Sulfur_Recovery_Unit_Expansion_Case_Studies. pdf.

［26］ Torres CM, Mamdouth Gadalla, Mateo – Sanz JM. An automated environmental and economic evaluation methodology for the optimization of a sour water stripping plant. Journal of Cleaner Production 2013;44;56 – 68.

［27］ Daniel Sujo – Nava LA. Retrofit of sour water networks in oil refineries: a case study. Chemical Engineering and Processing: Process Intensification 2009;48(4):892 – 901.

［28］ Wikipediaorg. Shale oil extraction. August 15, 2014. Retrieved from: Wikipedia. org: http://en. wikipedia. org/wiki/Shale_oil_extraction.

［29］ Wang H, Duncan I. Understanding the nature of risks associated with onshore natural gas gathering pipelines. Journal of Loss Prevention in the Process Industries May 2014; 29;49 – 55.

［30］ Dupart, Bacon, Edwards. Understanding corrosion in alkanolamine gas treatment plants. 1993. http://www. ineosllc. com/pdf/Hc% 20Processing% 20Apr – May% 201993. pdf.

［31］ Mearns E. What is the real cost of shale gas?. Energy Matters; 2013. http://euanmearns. com/what – is – the – real – cost – of – shale – gas/.

［32］ U. S. Energy information (EIA). World shale gas resources: an initial assessment of 14 regions outside the united estate. U. S. Energy information (EIA); April 2011.

第6章　页岩油:基础知识与应用

6.1　概述

人类使用油页岩是因为它的可燃性,不需要复杂的加工。它的使用开始于古代,用于装饰和建设用途。页岩油也被用于医疗和军事领域[1-4]。直到 17 世纪,不同的国家都在开采油页岩。其中一个有趣的油页岩是寒武纪和奥陶纪瑞典明矾页岩,因为它的明矾含量高以及包括铀和钒的金属浓度高。早在 1637 年,人们就将明矾页岩在木火上烘烤以提取硫酸铝钾,硫酸铝钾是一种用于制革和固定织物颜色的盐。19 世纪晚期,明矾页岩被小规模地还原为油气。生产在第二次世界大战期间一直在继续,但由于石油原油供应较便宜,于 1966 年停止。从明矾页岩中也提取了部分铀和钒。到 19 世纪中叶,由于汽车的大批量生产,油页岩的现代应用开始兴起,并在第一次世界大战前开始增长,由于这种运输方式的巨大需求,汽油的消耗增加,供应紧张。因此,在第一次世界大战期间,许多国家都开发了油页岩项目。由于常规原油的易用性、方便性和经济性,在第二次世界大战之后,油页岩的产量出现了下降。截至 2010 年,油页岩已在爱沙尼亚、中国和巴西投入商业使用,而一些国家正在考虑启动和重新启动油页岩的商业用途[1-4]。

天然页岩油储存在页岩中。页岩与其他自然形成的有机沉积物相似。根据矿床的位置和地层类型,其组成多样,性质多变。页岩是由大量的干酪根组成的复合体,干酪根是一种有机化合物的配方。这种有机化合物的主要成分包括干酪根、石英、黏土、碳酸盐和黄铁矿,铀、铁、钒、镍和钼是次要成分。从这些页岩中提取液体石油和页岩气。合成原油被页岩油替代,但与常规原油相比,其开采成本较高。与原油相比,页岩油样品中硫和氮的浓度也更高。因此,为了通过加氢处理、加氢裂化和延迟焦化得到有利的原油,这些组分必须被去除,世界各地原油的组成不尽相同,主要取决于地理分布和温度、深度等因素,其可行性与常规原油成本密切相关[1-5]。

这种天然存在的固体不溶性有机物存在于烃源岩中,加热后可产油。干酪根是自然产生的有机物的一部分,但不能用有机溶剂提取[5,6]。由于其组分分子量高(超过 1000Da;1Da = 1原子质量单位)[5,6]。

每一种干酪根颗粒都是独特的,因为它由许多较小的分子组成的不规则混合物构成了不规则的结构。干酪根的物理和化学特性受到多种生物颗粒的强烈影响,这些生物颗粒通过这些组成分子的转化而形成干酪根[1-4]。

干酪根的组分受改变原始干酪根的主要成熟过程(如深成作用阶段和变质作用阶段)的影响。在地表以下将干酪根加热会导致化学反应,这些化学反应会将干酪根碎片迅速分解成气体或石油分子。剩余的干酪根还经历了极其重要的变化,这反映在它们的化学和物理特性上[7,8]。

在 21 世纪头 10 年中期,法国石油学会(French Petroleum Institute)制订了一项描绘干酪根的重要计划,至今仍被视为一项标准。他们区分了三种主要的干酪根类型(称为Ⅰ型、Ⅱ型和Ⅲ型),并研究了其化合物特征[2,3,6]。Ⅳ型干酪根也在随后的实验中被发现。第一类干酪根(Ⅰ型)主要由藻类和无晶质干酪根(但可能是藻类)组成,因此极有可能产生石油。第二类干酪根(Ⅱ型)包括能生产蜡质油的陆源和海源混合材料。第三类干酪根(Ⅲ型)是木质陆源物质,通常导致天然气生产。最后一类干酪根(Ⅳ型)没有油气潜力,因为氢碳比非常低,而干酪根具有很高的氧碳比。因此,即使是成熟过程也只产生干气,大多数页岩中的Ⅰ型和Ⅱ型干酪根尚未成熟到产生油气的程度。随着这些干酪根的成熟(也不完全是通过地质埋藏和与之相关的热量增加),它们转化为石油,然后随着更多的热量转化为天然气。加速成熟过程的方法试图控制输入热量,最终生成所需类型的油气[6-9]。

本章通过系统的方式描述了页岩油形成的基本原理、定义和应用。

6.2 原油和油藏类型

原油不是单一的化合物。它是碳氢化合物分子的混合物。原油的颜色、成分和稠度因碳氢化合物分子的混合物而异。不同的产油区生产的原油品种差异较大。"轻"和"重"两个词描述了原油的密度及其对流动的抵抗力(黏度)[10,11]。轻质油的金属含量和硫含量低、颜色浅和稠度低,容易流动。低成本、低品位的原油被称为重质原油,其金属含量和硫含量较高,必须加热才能变成流体。用术语"sweet"来描述硫化氢和硫醇等恶臭硫化合物含量较低的原油,术语"sour"来描述含恶臭硫化合物较高的原油。石油主要有4类[11-13]。

(1)第1类:轻质油、挥发油。

这些油具有很高的流动性,通常是易燃、清洁的,在固体或水面上可迅速扩散。此外,它们有强烈的气味和高蒸发率。大多数精炼产品和一些高质量的轻质原油可以归入这一类[11-13]。

(2)第2类:非黏性油。

这些油有蜡状或油性的感觉。这类产品的毒性较低,尽管可以通过大力冲洗将它们从物体表面去除,但与第一类产品相比,它们具有更强的附着性。中—重质石蜡基油属于这一类[11-13]。

(3)第3类:重质、黏性油。

这类油的特征是棕色或黑色、黏稠性或焦油性以及黏性。这类原油包括残馀燃料油和中—重质原油。这类油的密度可能接近水的密度。因此,它们在水中经常下沉[11-13]。

(4)第4类:非流体油。

这些油不渗透到多孔基质中。它们相对无毒,通常呈黑色或深褐色。高石蜡油、渣油、风化油和重质原油属于这一类[11-13]。

需要指出的是,页岩油是一种由轻质原油组成的石油,这些轻质原油包含在低渗透率的页岩含油地层中[2,3]。因此,页岩油可以归为第1类。

储集岩被定义为可储存石油的具有渗透性的地下岩石。这些岩石应该是多孔的、可渗透的。储集岩主要为沉积岩(砂岩和碳酸盐岩);然而,人们已经知道,高度破碎的火成岩和变质岩也会产生油气,尽管规模要小得多。油田中最常见的三种沉积岩类型是页岩、砂岩和碳酸盐岩[12,13]。

6.3 页岩油基础知识

泥沙和有机物的聚集速度有时会超过碗状洼地底部的下沉速度,填满湖泊,使水位上升到较浅的深度,并周期性地从湖中干涸[1-4]。新的下沉会使湖发生变化。经过一段时间后,这种充填与沉降的循环作用,形成了富含藻类的湖粉砂厚群,即现在所说的油页岩的聚集与保护。这个油页岩含有干酪根,它是一种可以从中产生石油的有机化合物[6,9]。

页岩油是在 20 世纪初发现的。虽然开发了几家试点工厂,但直到 1921 年,页岩油的实际产量和运输量都没有明显增加,当时页岩油产量为 223bbl[1-3,6]。从 1921 年到 1944 年,由于在其他地方发现了更有利可图的传统石油资源,人们对页岩油生产的兴趣极低[1-3,6]。然而,由于第二次世界大战造成的燃料短缺,人们对油页岩重新产生了兴趣。从 1944 年到 1969 年,研究活动是稳定的,对页岩油的开采提出了许多不同的建议,包括使用一种核装置来破碎页岩油。在这段时间里,第一次大规模的页岩油开采和干馏作业被开发出来。1969 年至 1973 年间,有关干馏和页岩油技术的研究相对较少[1-4]。1973 年的石油禁运再次激起了人们对页岩油的兴趣,科罗拉多州设立了研究项目[1-4]。然而,由于项目成本高昂,加之全球油价较低,美国在 20 世纪 80 年代停止了所有的研究[1,14]。与美国相反,加拿大在 20 世纪 80 年代继续开发油砂,日产量超过 100×10^4 bbl,大部分出口到美国[14,15]。

页岩油是一种非常规石油,它是由油页岩热解、加氢或热溶生成的[1,9,16]。通常,术语油页岩适用于任何类型的沉积岩,这些沉积岩含有固体沥青材料(称为干酪根),在热解化学过程中,当岩石被加热时,这些固体沥青材料就像液体一样从石油中释放出来[9,16]。

油页岩的形成过程与数百万年前原油形成的过程相同,主要是由海洋、湖泊和海床上的有机碎屑沉积而成。页岩油是在高温高压条件下长期形成的,这也是原油和天然气形成的原因,然而,温度和压力并不像油页岩那么高。油页岩有时被称为"燃烧的岩石",因为它含有足够燃烧自己的石油[1-3,9]。

图 6.1 油页岩样品[1,3]

页岩油是通过开采和加工而获得的,但是从油页岩中提取石油并不像从地下油层中获取石油那么简单,因为页岩油是天然的固体颗粒,不能直接泵出地面。开采页岩油比传统的获取原油的方法昂贵得多,因为页岩油必须先开采,然后加热到高温(这一过程称为回馏)。加热油页岩将其熔化,并分离和收集由此产生的流体。目前,人们正在进行各种实验,以开发一种就地干馏的工艺,其中包括加热油页岩(当它还在地下时),然后将产生的流体泵至地面[1,9,16]。图 6.1 为油页岩样品。

6.3.1 页岩油成分及特性

从富含干酪根的油页岩加工过程中取得的石油称为页岩油。在某些前景下,页岩油与常规石油相似;然而,有一些不同之处。例如,页岩油的质量往往较低,因为与常规石油相比,页岩油含有更高浓度的杂质(如硫和氮)(表6.1)。同时,热解制得的页岩油存在不饱和烃、氢缺乏等问题[15,17]。采用加氢处理等标准炼制工艺可以去除杂质,消除氢缺乏,该工艺和其他提高非常规石油资源质量的处理方法被称为升级。升级后的油品可以作为合成原油或(和)成品油销售,包括汽油和柴油[1,9,17]。

与其他类型的油一样,页岩油具有多种物理性质。表6.1给出了粗页岩油基本特征的典型值。

表6.1 页岩油的一般性质

参数	典型范围
100℉下黏性(mm^2/s)	120 ~ 256
API重度(°API)	19 ~ 28
流动点(℉)	80 ~ 90
氮含量(%)	1.7 ~ 2.2
硫含量(%)	0.7 ~ 0.8

表6.2列出了一些重要的页岩油矿床的物理性质。表6.3还给出了爱沙尼亚页岩油的物理性质。表6.4给出了就地干馏页岩油的性质。

表6.5也给出了原油和页岩油元素组成方面的基本比较。

页岩油的组成因地区而异,对页岩油的加工和生产工艺有着重要的影响。

值得注意的是,硫和氮必须通过加氢处理、加氢裂化和延迟焦化来去除。

与传统油样相比,页岩油含有更高的氮、硫、灰分和一些有毒无机物。这些生物活性化合物在高浓度页岩油中的存在可能限制页岩油替代石油衍生产品的使用。它可能会对健康造成危害。因此,页岩油需要比原油更广泛的提炼。

在一项研究中,页岩油被用作水冷蒸汽发生器的燃料,以研究热转移和环境排放的影响[15a]。研究发现,页岩油替代柴油可提高传热速率。另外,在另一项研究中,页岩油替代柴油用于单缸直喷柴油发动机中,对尾气排放也有积极的影响[15b]。研究发现,与柴油燃料相比,页岩油提高了发动机的热效率[16]。

本实验工作所用的页岩油样品均采自约旦的Ellujjun矿床。页岩油的元素分析和近似分析见表6.6[16]。由表6.6可以清楚地看出,试样的硫含量较高,为3% ~ 4%,而H/C比为8.9。

图6.2为页岩油和原油各馏分体积分布的柱状图。

表6.7对页岩油、原油和煤的元素组成进行了比较。为了进一步说明,表6.8中描述了页岩油样品的特征与对应的人工合成原油之间的显著差异。表6.9还列出了不同地区不同油页岩的元素组成。

油页岩、泥炭和油砂具有显著的普通特性。页岩油的可燃性不如天然气。因此,其重量基础能量含量低于天然气、石油和煤炭。按样品质量计算,其有机质含量为50%;而无机含量,富页岩为30%,贫页岩为95%。其物理性质表明,页岩具有足够的脆性和刚性,足以维持裂缝张开。主要由平均摩尔质量为3000g/mol的固体有机材料组成[1-3,6,9]。

表 6.2 一些重要油页岩床的性质[4]

国家	地点	年代	油页岩有机碳含量(%)	干酪根(原子比) H/C	干酪根(原子比) O/C	干馏 出油率(%)	干馏 转换比率①(%)	干馏 密度(g/cm³)	干馏 H/C(原子)	页岩油 氮含量(%)	页岩油 硫含量(%)
澳大利亚	格伦戴维斯	二叠纪	40	1.6	0.03	31	66	0.89	1.7	0.5	0.6
澳大利亚	塔斯马尼亚	二叠纪	81	1.5	0.09	75.0	78				
巴西	伊拉蒂	二叠纪		1.2	0.05	7.4		0.94	1.6	0.8	1.0~1.7
巴西	Trememblé–Taubaté	二叠纪	13~16.5	1.6		6.8~11.5	45~59	0.92	1.7	1.1	0.7
加拿大	新斯科舍	二叠纪	8~26	1.2		3.6~19.0	40~60	0.88			
中国	抚顺	第三纪	7.9			3	33	0.92	1.5		
爱沙尼亚	爱沙尼亚沉积	奥陶纪	77	1.4~1.5	0.16~0.20	22	66	0.97	1.4	0.1	1.1
法国	圣希里·奥图	二叠纪	8~22	1.4~1.5	0.03	5~10	45~55	0.89~0.93	1.6	0.6~0.9	0.5~0.6
法国	克里维奈,塞韦拉克	侏罗纪早期	5~10	1.3	0.08~0.10	4~5	60	0.91~0.95	1.4~1.5	0.5~1.0	3.0~3.5
南非	埃尔默洛	二叠纪	44~52	1.35		18~35	34~60	0.93	1.6		0.6
西班牙	普埃塔利亚诺	二叠纪	26	1.4		18	57	0.90		0.7	0.4
瑞典	克旺托普	古生代早期	19			6	26	0.98	1.3	0.7	1.7
英国	苏格兰		12	1.5	0.05	8	56	0.88		0.8	0.4
美国	阿伯斯加	侏罗纪	25~55	1.6	0.10	0.4~0.5	28~57	0.80			
美国	科罗拉多	始新世	11~16	1.55	0.05~0.10	9~13	70	0.90~0.94	1.65	1.8~2.1	0.6~0.8

① 根据有机碳转化为石油。

表 6.3 爱沙尼亚油页岩的一般性质

参数	GGS	SHC
20℃下的密度(g/cm^3)	0.9998	0.9685
75℃下的黏度(mm^2/s)	18.7	3.5
闪点(℃)	104	2.8
初馏点(℃)	170	80
热值(MJ/kg)	39.4	40.4
酚类化合物(%)	28.1	11.5
沸腾至200℃的馏分(%)	3.9	15.7
沸腾200~350℃的馏分(%)	28.3	33.7
分子量	287	275

表 6.4 就地干馏页岩油性能

参数	典型范围
100℉下黏度(mm^2/s)	40~100
API 重度(°API)	30.6~54.2
流动点(℉)	-15~+35
氮含量(%)	0.35~1.35
硫含量(%)	0.6~1.2

表 6.5 原油到合成原油的化学成分

参数	页岩原油	原油
碳氢比(C/H)	1.2~1.7	约1.25
氮含量(%)	1.1~2.2	<0.5
硫含量(%)	0.4~3.5	1~3

表 6.6 约旦油页岩近似分析

工业分析	
挥发物(%)	43.96
固定碳(%)	0.42
碳酸盐(%)	40.60
灰(%)	54.51
湿度(%)	1.11
元素分析	
有机碳(%)	17.93
总碳(%)	22.80
硫(%)	4.54
氢(%)	2.57
氮(%)	0.40
氧(%)	—
高热值(MJ/kg)	6.0

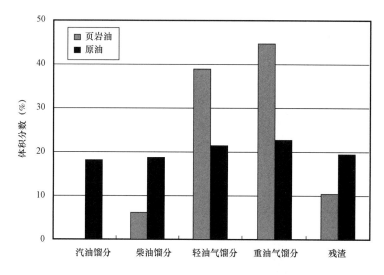

图 6.2 页岩油和原油不同馏分的体积分数

表 6.7 油页岩、原油和煤的元素组成[17]

类型/地点	有机碳含量(%)	硫含量(%)	氮含量(%)	灰分含量(%)
油页岩,皮申思,美国科罗拉多州	12.4	0.63	0.41	65.7
油页岩,邓尼特,苏格兰	12.3	0.73	0.46	77.8
油页岩,美国阿拉斯加州	53.9	1.50	0.30	34.1
煤,次烟煤,美国科罗拉多州	61.7	3.40	1.30	14.9
煤,烟煤,美国怀俄明州	73.1	0.60	1.50	7.2
煤,无烟煤,美国宾夕法尼亚州	76.8	0.80	1.80	16.7
原油,美国得克萨斯州	85.0	0.40	0.10	0.5
页岩油,美国科罗拉多州	84.0	0.70	1.80	0.7

表 6.8 页岩油样品的化学成分及相应的人工合成原油[17]

参数		页岩油	人工合成原油
碳氢比		1.6	约 1.25
化学成分含量 (%)	氮	2	<0.5
	硫	10	1~3

表 6.9 各种油页岩的元素组成[17]

采样地点	有机碳含量(%)	含硫量(%)	含氮量(%)	灰分含量(%)	费歇尔含量
皮申思,克里克,美国科罗拉多州	12.4	0.63	0.41	65.7	28
埃尔科,美国内华达州	8.6	1.10	0.48	81.6	8.4
隆恩,美国加利福尼亚州	62.9	2.10	0.42	23.0	52

续表

采样地点	有机碳含量(%)	含硫量(%)	含氮量(%)	灰份含量(%)	费歇尔含量
士兵山,美国犹他州	13.5	0.28	0.39	66.1	17
步枪镇,美国科罗拉多州	11.3	0.54	0.35	66.8	26.2
克利夫兰,美国俄亥俄州	11.3	0.84	0.40	72.3	7.9
康多尔,澳大利亚	15.9	0.22	0.39	64.1	32

很明显,油页岩的组成因地而异。因此,页岩油的成分取决于它的原始原料(页岩)。在对比分析中,页岩油与天然或常规石油相比,密度更大,更黏稠,氮和氧的组分含量更高。

页岩由低分子质量氧化合物组成,主要为羧酸、非酸性氧化合物(如酮)和酚类化合物[1-3,9]。页岩还含有强碱性氮化合物,如胺、吖啶、喹诺酮、吡啶及其烷基取代衍生物。咔唑、吲哚、吡咯及其衍生物被认为是弱碱性氮化合物。非碱性组分为腈类和酰胺类同系物。硫醇、硫化物和硫苯组成了页岩油中的硫化物。单质硫存在于一些原油页岩油中,但在另一些原油中不存在[1-3,15]。

表6.10给出了页岩油中锰酸盐的典型浓度范围。

表6.10 页岩油有机质组成[1,9,17]

元素	范围(%)	平均值(%)
碳(C)	77.11~77.80	77.45
氢(H)	9.49~9.82	9.70
氧(O)	9.68~10.22	10.01
氮(N)	0.30~0.44	0.33
硫(S)	1.68~1.95	1.76
氯(Cl)	0.60~0.96	0.75

数百万年前,沉积在湖底和海底的泥沙和有机碎屑导致了油页岩的形成。就像形成传统石油的过程一样,这些物质在很长一段时间内在热和压力作用下转化为油页岩。虽然这一过程与常规油层的形成相似,但由于压力和热强度较低,这一过程并不完整,从而形成一种可燃岩石(页岩)而不是液体。由于煤中有机质的原子氢碳比较低,煤的有机质(OM)与矿物质(MM)之比通常大于4.75:5.0[1-3,15-17]。表6.11还提供了页岩油、煤和原油性质的进一步比较。

表6.11 页岩油、煤和原油性质[1,9,17]

参数	页岩原油	煤化油		阿拉伯轻质原油
		碳油能量发展	氢煤	
相对密度	0.92	1.13	0.92	0.85
API重度(°API)	22.2	-4	23.0	34.7
沸腾范围(℃)	60~540	—	30~525	5~575+

参数		页岩原油	煤化油		阿拉伯轻质原油
			碳油能量发展	氢煤	
成分质量分数(%)	氮	1.8	1.1	0.1	0.08
	硫	0.9	2.8	0.2	1.7
	氧	0.8	8.5	0.6	—
碳氢比 C/H		7.3	11.2	8.1	6.2
凝固点(℃)		15.55	37.78	< −15	−26.11
在37.8℃下的黏度(cP)		18.34	31.64	—	5.3
加氢	体积(ft³/bbl)	0	0	6000	0
	产物质量分数(%)	0	0	10	—
产量(gal/t)		25~35	30~48	60~90	—

在自然过程中,页岩要在100~150℃的温度下埋藏数百万年才能产油。然而,在更高的温度下对富含干酪根的岩石进行快速加热可以将这一过程缩短到几年甚至几分钟。因此,由于这种加速操作,液态烃类的再生时间要短得多[1-5]。

以格林河(Green River)油页岩为例,其典型组成见表6.12。

表6.12 格林河页岩油性质(典型组成)[1,9,17]

参数		页岩油
干酪根含量(质量分数)(%)		15
简单化学式(硫和氮被氧取代)		$C_{20}H_{32}O_2$
矿物含量(质量分数)(%)		60~540
干酪根组分质量分数(%)	氮	2.4
	硫	1.0
	氧	5.8
	碳	80.5
	氢	10.3
矿物组分质量分数(%)	碳酸盐	48.0
	长石	21.0
	石英	15.0
	黏土	13.0
	方沸石和黄铁矿	3.0

6.3.2 干酪根及其组成

干酪根是一种复杂的含蜡烃类化合物混合物,是油页岩的主要有机成分。干酪根是一种天然存在的固体不溶性有机物,存在于烃源岩中,通过加热可以产油[1-3,6]。干酪根不溶于水,也不溶于有机溶剂,如苯或(和)酒精。因此。干酪根不能用有机溶剂提取。然而,在压力下加热时,大的石蜡分子分解成可回收的类似石油的气态和液态物质。这种特性使油页岩成为一种潜在的重要的合成石油资源。该名称最初用于苏格兰含油页岩中发现的碳质材料[1-3,6,9]。

一般来说,干酪根有 4 种类型,这意味着它们的质量和生产石油的可能性(见图 6.3,称为 Van Kerevelen 图)。

Ⅰ型(腐生型):这种干酪根非常罕见,主要来源于湖沼藻类生长。最著名的例子是始新世格林河页岩,分布在美国怀俄明州、犹他州和科罗拉多州。这些油页岩储量引起了人们的极大兴趣,并促使人们对格林河页岩干酪根进行了大量的调查,从而大大提高了Ⅰ型干酪根的声誉。Ⅰ型干酪根的发生仅限于缺氧湖泊和一些异常的海洋环境[1-3,6,9]。Ⅰ型干酪根对液态烃具有高生成限制。

Ⅱ型(浮游生物):这种干酪根有不同的来源,包括叶子蜡、海洋藻类、灰尘和孢子以及化石树脂。它们同样吸收了细菌种类的细胞脂质。不同种类的Ⅱ型干酪根被归为一类,尽管它们的起源极为不同,但却具有令人难以置信的生产液态碳氢化合物的能力。大多数Ⅱ型干酪根存在于厌氧条件下的海洋沉积物中[1-3,6,9]。

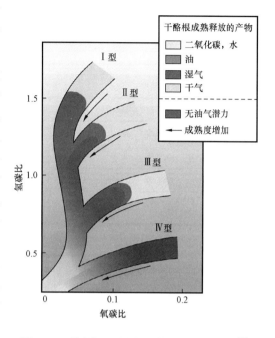

图 6.3　不同类型干酪根的氢碳比和氧碳比[6]

Ⅲ型(腐殖质):这类干酪根由缺乏脂肪或蜡质部分的陆基有机质组成。纤维素和木质素是主要成分。Ⅲ型干酪根比Ⅱ型干酪根产生碳氢化合物的能力低得多。如果它们含有少量Ⅱ型材料,通常有可能生成气体[1-3,6,9]。

Ⅳ型(残渣):这些干酪根主要由重组的有机碎屑构成,含有多种来源的氧化物质。一般来说,它们没有任何生成碳氢化合物的能力。这种干酪根类型主要与干酪根中氢含量(氢碳比 H/C)有关。Ⅰ型干酪根含有更少的环状或(和)芳香结构,所以它们的氢含量最高(H/C > 1.25)。Ⅱ型干酪根的氢碳比也很高(H/C < 1.25)。由于Ⅲ型干酪根中存在重芳香族结构,其氢含量(H/C < 1)要低得多。Ⅳ型干酪根含氢量最低(H/C < 0.5),因为它含有多环芳烃。在氧含量方面,由于干酪根高度氧化,Ⅳ型的氧含量最高,其次是Ⅲ型、Ⅱ型和Ⅰ型[8,18]。

对从事油页岩研究的科学家和工程师来说,通过正确和准确的方法来表征油页岩的富油饱和度及其主要成分似乎很重要。页岩油的主要特征之一是干酪根成分。

干酪根的组成因地而异;虽然一些研究人员尝试用简单而有效的方法来描述各种类型的干酪根,但是目前还没有精确的技术来发现干酪根的详细成分。例如,在 Menzela 等进行的一项名为“上新世地中海腐泥岩及其伴生均质钙质软泥中干酪根的分子组成”的研究中[7,19],研究人员采用了基于质谱和保留时间数据的化合物识别方法。利用可应用的特征质谱片段(m/z)值,从总质量质谱中对单个峰带进行积分,得到各组分的相对含量[7,19]。由于这些 m/z 值比实际离子数少得多,测量的峰带进一步乘以各自的校正因子。校正因子是从 Hartgers 等的研究中选取的。部分结果见表6.13[7,19-21]。

表 6.13 计算热解物相对丰度和内部分布的特征 *m/z* 值和校正因子[7,19-21]

化合物种类	特征质量碎片(m/z)	校正因子
正烷烃	55 + 57	2.9[①]
正构烯烃	55 + 57	4.9[①]
非饱和类异戊二烯	55 + 57	4.9
饱和类异戊二烯	55 + 57	2.9
甲基酮	58	3.6[②]
烷基苯	78 + 91 + 92 + 105 + 106 + 1119 + 120 + 130 + 133 + 134	1.6[②]
烷基噻吩	84 + 97 + 98 + 111 + 112 + 125 + 126 + 139 + 140	2.5[②]
烷基酚	94 + 107 + 108 + 121 + 122	2.2[②]
烷基吡咯	80 + 81 + 94 + 95 + 108 + 109 + 122 + 123 + 136 + 137	1.5
含氧芳烃	78 + 91 + 92 + 105 + 106 + 119 + 120 + 133 + 134	2.6
烷基茚	115 + 116 + 129 + 130 + 143 + 144	1.8[①]
吲哚	117 + 132	7.0
植烯/植二烯	55 + 57 + 68 + 70 + 82 + 95 + 97 + 123	2.4
姥鲛烯 – 1/姥鲛烯 – 2	55 + 57	4.9
3 – 乙基 – 4 – 甲基 – 吡咯 – 2,5 – 二酮	53 + 67 + 96 + 110 + 124 + 139	2.9
6,10,14 – 三甲基 – 2 – 十五烷酮 2	58	7.5
碳 20 类异戊二烯噻吩	98 + 111 + 125	2.6

注:用 m/z 值和校正因子来计算热液中相对丰度和总体分布。
① 来自 Hartgers 等[7a]和 Hartgers 等[9b]。
② 来自 Hoefs 等(1996)。

另一项研究是 J. Schmidt Collerus 和 C. H. Prien 合著的《格林河组油页岩中干酪根烃结构研究》[8]。根据他们的调查,格林河的形成约占不溶性有机质的 16%,被称为干酪根[8,19]。这大约占目前有机物质总量的 80%;其余 20% 的有机物为可溶性沥青[8,19]。该研究基本上采用了微热层析和质谱联用技术。所使用的仪器如图 6.4 所示[8]。

表 6.14 报告了干酪根的主要破碎产物。图 6.5 和图 6.6 还分别说明了干酪根的广义结构和干酪根矩阵的示意图结构。

一般来说,干酪根分子非常大且复杂。干酪根主要由石蜡碳氢化合物组成,不过固体混合物也包括氮和硫。藻类和木本植物材料是干酪根的典型有机成分。与沥青或可溶性有机物相比,干酪根具有较高的分子量。在石油生产过程中,沥青是由干酪根形成的。当干酪根在厌氧环境中加热到 425~500℃(800~930℉)的温度时,大干酪根分子通常被分解成更小的碎片,在性质和含量上类似于传统的石油和天然气。这个加热和分解过程称为热解[1,6,19]。

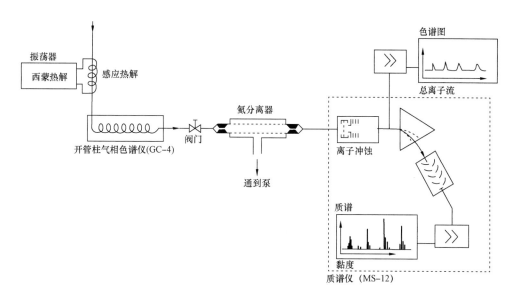

图 6.4　气相色谱—质谱联用技术测定有机物浓度[8]

表 6.14　干酪根精矿主要破碎产物[8,19]

序号	名称		分子式
1	脂肪烃		$nC_{10} \sim nC_{34}$ $bC_{10} \sim bC_{36}$
2	脂环烃	环己烷	$C_{10-13}H_{21-27}$
		萘烷	$C_{5-8}H_{11-17}$
3	氢化芳烃	二烷基四氢化萘	$C_{2-5}H_{5-11}$
			$C_{8-12}H_{17-25}$
		六氢菲	$C_{1-3}H_{3-7}$ +6H
4	二烷基苯		$C_{8-13}H_{17-27}$

续表

序号	名称	分子式
5	二烷基萘	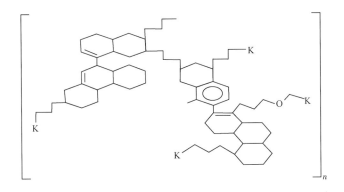$C_{3-4}H_{7-9}$
6	烷基菲	$C_{1-3}H_{3-7}$

图 6.5 格林河页岩组干酪根的一般构造[8,19]

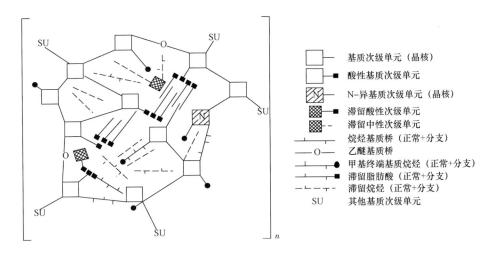

图 6.6 干酪根基质的示意图结构[8,19]

6.3.3 页岩油的种类和来源

页岩油也有不同的名称，如烛煤（cannel coal）、藻煤（boghead coal）、明矾页岩（alum Shale）、土沥青（stellarite）、黑沥青（albertite）、煤油页岩（kerosene shale）、烟煤（bituminite）、气煤（gas coal）、藻煤（algal coal）、片岩沥青（schistes bitumineux）、藻烛煤（torbanite）和含藻岩（kukersite）。页岩油的分类主要依据环境沉积物、有机质和有机质来源的前驱生物[1-3,9]。

1987年,赫顿(Hutton)将油页岩分为陆相、湖相和海相三大类。陆相油页岩由富含油脂的有机质组成;湖相油页岩包括藻类的有机质;而海洋页岩油是由来自海洋动物的有机物组成[1-4,9,19]。

1987年,赫顿还指定了6种特殊的页岩油,如烛煤(cannel coal)、湖成油页岩(lamosite)、海泥岩(marinite)、藻烛岩(torbanite)、塔斯马尼亚油页岩(tasmanite)和库克油页岩(kukersite)[22]。然而,目前有关油页岩储量的资料很少,由于采用了多种分析技术和仪器,准确评价油页岩储量十分困难。主要用于矿床的测量单位是美国或英制加仑页岩油每短吨岩石,每升页岩油和千卡每公斤页岩油、千兆焦耳每单位重量的油页岩。

6.3.4　页岩油的赋存与历史

油页岩被认为是一种尚未完全开发的非常规或烃类替代燃料来源[1-4]。由于油页岩燃烧不需要任何分配或处理,自史前时代以来就被人类使用。它还被用于装饰、保健、军事和建筑等目的[1-4]。

干酪根的热分解产油。干酪根不能自由提取,因为它与页岩矿物基质紧密结合[1,9]。油页岩一般存在于较浅的地质带(小于3000ft),而常规油层的形成需要较温暖和较深的地层[1,4,9]。据信,全球页岩油资源可生产4.8×10^{12}bbl。因此,合理的假设中间值是沙特阿拉伯已探明石油储量的3倍以上[1,4,9]。考虑到目前的石油产品需求(仅美国每天约2000×10^4bbl,油页岩的开采可以轻松持续400多年[1,4,9]。

到17世纪,油页岩已被不同的国家开发利用,其中最具吸引力的油页岩之一是瑞典明矾页岩,因为它含有大量的金属、铀和钒[1-3,6]。早在1637年,明矾页岩用在木火上加热,得到硫酸铝钾,硫酸铝钾是一种盐,用于制革和固定衣服的颜色。19世纪,明矾页岩被小规模地用作油气的替代品。明矾页岩的生产在第二次世界大战期间保持在流水线上;然而,由于石油原油的供应更便宜,明矾页岩在1966年被禁止使用[1-4,6]。此外,还从页岩(明矾)中获得了少量的铀和钒。到19世纪中叶,由于汽车的大量生产,油页岩的现代用途开始启动,并在第一次世界大战前开始扩大。由于运输应用的大量增加,汽油的消耗增加,而供应减少,因此在第一次世界大战期间,油页岩项目在不同的国家启动[1-4]。

大约一个世纪以前,油页岩加工起源于欧洲,1850年至1930年间由苏格兰的一个工厂生产[9,23]。到了20世纪中叶,由于当时的石油价格证明投资是合理的,其他国家也开始生产页岩气[23]。应该指出的是,常规石油的供应也很有限[1,23]。图6.7描述了不同国家的生产历史[23]。美国大型油田的供应不足,再加上油价飙升,使得页岩油在第一次世界大战后繁荣起来。勘探者们在西部建立了自己的领地,现在他们拥有科罗拉多州大部分私人拥有的油页岩,犹他州和怀俄明州占总资源的30%[1,3-6,23]。整个20世纪20年代,大型油田的开采导致油价下跌[6,23]。由于页岩油无法在经济上与传统石油竞争,这就阻止了第一次繁荣[9,23]。随着美国石油产量在1970年达到顶峰,石油进口量几乎翻了一番,如图6.8所示[23]。自阿以战争爆发以来,这些石油供应被石油输出国组织(OPEC)切断,导致石油价格上涨(图6.8)。这促使美国政府大力推进非常规石油供应的开发,并在能源方面实现独立[23]。1974年,联邦政府提出了油页岩租赁计划的雏形。这吸引了许多公司将油页岩储量商业化[23]。

到1990年,已经构想和试验了20多种油页岩的现代加工技术。大部分研究集中在技术的实际应用上,对环境影响的研究较少[6,23]。其中一些研究遇到了与规模化相关的设计或技术问题,但另一些已经从实验阶段进入商业化阶段。2005 年前后,美国重新启动了页岩气的研究工作,因为根据美国天然气供应的来源预测,页岩气储层的重要性越来越高,非常规储层的储量急剧上升(图 6.7)[24]。此外,目前的研究重点是各种技术的实际应用和环境前景。

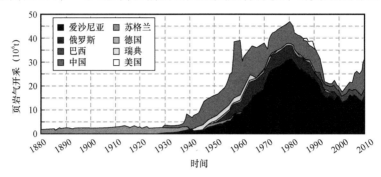

图 6.7　1880 年至 2010 年不同国家的油页岩开采历史[23]

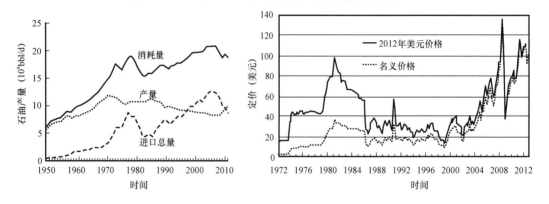

图 6.8　美国石油产量和定价趋势[23]

如今,水平钻井和水力压裂是两项主要技术,这两项技术使得致密气藏在经济上是可行的。另一个重要的研究领域是钻井液,它也有助于降低钻井成本和提高环境友好性[24]。

例如,下面简要介绍两个重要的(众所周知的)油页岩地层。

6.3.4.1 昆士兰中部地区

大约 4000 万年前,昆士兰中部地区经历了湖盆扩张和断层带的发展。当时的海平面比现在低了 150m 左右,格莱斯顿地区升高了很多,在海岸线西南方向大约 200km。在格莱斯顿(Gladstone)以西的地区,大约 500m 的油页岩聚集在一个被称为"窄地堑"(Narrows Graben)的湖盆中[1-4]。这发生在始新世晚期至渐新世早期(约 3000 万~4000 万年前)超过 1000 万年的时间里。图 6.9 描绘了一个典型的湖泊盆地。由于受构造力和气候变化的影响,福尔湖稳定沉降,导致湖面先上升后下降[1-4]。这些变化偶尔会带来藻类的繁盛,旁边还混杂着植物和水生生物(鳄鱼、海龟和鱼类)。枯死的绿色植物倾泻到湖底,堆积着残余物、泥浆和死去的鳄鱼尸体[1,4,24]。图 6.9 还显示了油页岩的层序组合。气候控制层约有 100 层,厚度在 1~7m(一般厚度在 3m 左右)。据估计,每一层在湖底上聚集大约需要 7.5 万年[24,25]。

图 6.9 昆士兰能源示意图[24]

6.3.4.2 格林河岩组

其中一个特殊的地下构造,被称为格林河岩组,含有大量的油页岩。格林河岩组形成于4800万年前始新世时期[1-4]。该地区确实包括了一个山间湖泊的布局,600万年前,这里沉积着细小的沉积物和有机物。经过很长一段时间,有机质转化为今天所见的油页岩储层。形成了不同的地层,以相同的方式沉积,也含有油页岩资源。这些储层也可能含有合理的油页岩储量[6-9]。2009年3月,美国地质调查局(USGS)完成了对该地区现有油页岩储量的重新评估,并将评估范围从 1×10^{12} bbl 左右扩大到 1.525×10^{12} bbl。美国能源部(DOE)预测,科罗拉多州、犹他州和怀俄明州的页岩油储量约为 1.8×10^{12} bbl[24-26]。图 6.10 为美国不同地区油页岩沉积情况[26]。

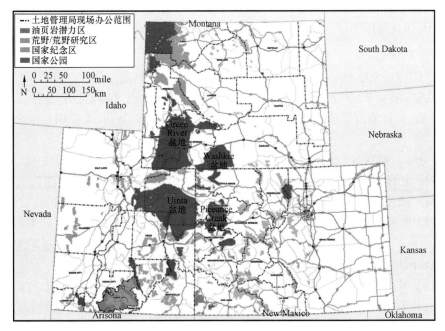

图 6.10 美国不同地区的油页岩储量[26]

6.3.5 页岩油框架中主要因素和参数的定义

(1)美国石油学会重力。

页岩油的轻、重通常用美国石油学会(API)重力(API 重度)来表示,与相对密度(或密度)有关。通过式(6.1)定义 API 重度[27,28]:

$$API = \frac{141.5}{\gamma} - 131.5 \tag{6.1}$$

式中,γ 表示标准条件下相对于水的相对密度。

(2)深度。

地表与页岩储层之间的垂直距离称为深度。页岩岩层的深度因地而异。例如,北达科他州的页岩油地层有 2mile 深[1-4,9]。

(3)介电常数。

油页岩介电常数与温度和频率呈函数关系。低温下油页岩的介电常数异常高,这是由于电极极化效应所致。

(4)油页岩自燃温度。

自燃温度是油页岩样品自燃的温度[1-4,9]。

(5)孔隙度(空隙比)。

这个参数是测量材料中空隙的一个指标,如储层岩石。孔隙度是孔隙空间体积占总体积的比例,可用 0 到 1 之间的分数或 0 到 100 之间的百分数表示。页岩形式的孔隙度为 2% ~ 4%[1,4,6]。

(6)渗透率。

这一特性与岩石中天然裂缝的存在有关,这些裂缝使储层流体能够在孔隙空间之间流动。渗透率控制着天然气或石油进入钻孔及其生产流动。与常规储层相比,油页岩渗透率非常低,在 10^{-6} ~ 10^{-4} μD 范围[2,3,29]。

6.3.6 油页岩储层

与页岩气类似,全球非常规油页岩的开发也开始增长,尤其是在北美。在 20 世纪 70 年代的石油危机中,油页岩开发受到重视,并得到了政府的支持,以降低外国进口石油的风险[1,6,9]。然而,一旦油价暴跌,由于开采、生产和加工作业成本上升,这些项目大多被认为是不经济的[1-4,9]。

油页岩分布在世界各地,然而,美国的格林河组是目前世界上最大的矿床。这个地层覆盖了科罗拉多州、犹他州和怀俄明州的部分地区。格林河组的石油资源估计范围为 1.2×10^{12} ~ 1.8×10^{12} bbl。虽然并不是这里所有的资源都是可开采的,但即使是一个温和的估计,即在格林河形成过程中,从油页岩中可开采石油资源量为 8000×10^{8} bbl,也是沙特阿拉伯已探明石油储量的 3 倍[6-9]。如果油页岩能满足目前美国石油产品需求的 1/4,即每天约 2000×10^{4} bbl,那么估计格林河可开采石油将足以维持 400 多年[1-6,9]。

格林河组 70% 以上的油页岩面积属于联邦政府所有和管理的土地,其中包括储量最丰富、厚度最大的油页岩矿床。因此,联邦政府直接控制对油页岩资源基础中最具商业吸引力部分的开采[6,9]。

世界上页岩油资源最丰富的 12 个国家如图 6.11 所示[29,30]。

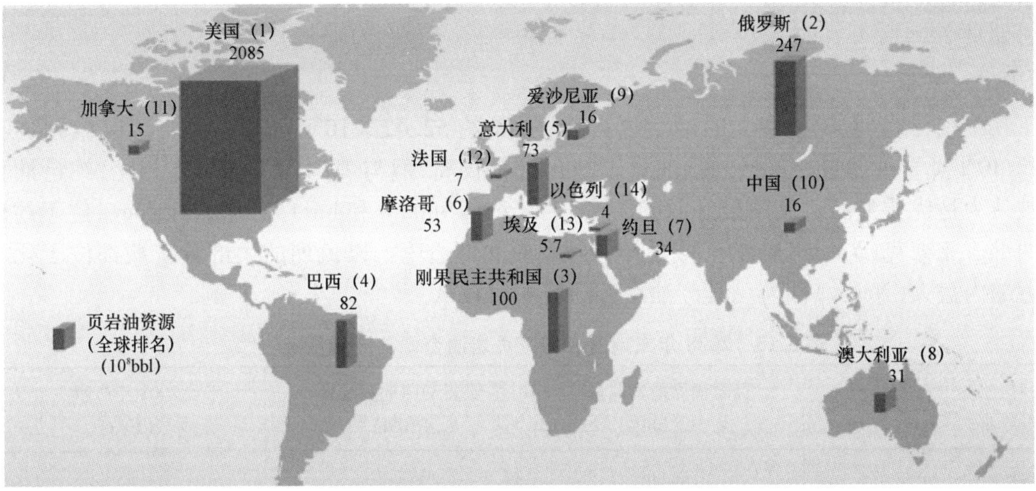

图 6.11　世界主要油页岩储量

数据来源：Knaus E，Killen J，Biglarbigi K，Crawford P. An overview of oil shale resources. In：Ogunsola OI，Hartstein AM，Ogunsola O，editors. Oil shale：a solution to the liquid fuel dilemma. ACS symposium series，vol. 1032. Washington，DC：American Chemical Society；2010. p. 3 –20.

估算油页岩储量并非易事，因为存在多种因素的复杂性，并存在相互依赖性[6 - 9,24]：

(1)油页岩中存在的干酪根数量差异很大[6,9,24]。

(2)一些国家的报告储量为总干酪根含量，而未考虑经济限制。通常，"储量"仅指经济上可行和技术上可开采的资源[6,9,24]。

(3)由于页岩油开采的发展现状，仅对干酪根的可采量进行了估算。油页岩储量的干酪根含量因地理位置的不同而异。近 600 个已知的油页岩矿床分布在世界各地，且分布在除南极洲以外的不同大洲，而南极洲的油页岩储量的勘探尚未得到评估[6,9,24]。

2008 年末世界各地区和国家页岩油资源与产量情况见表 6.9。需要注意的是，页岩油是指将固体有机质(如干酪根)在高温下热解而得到的合成油。加热后得到冷凝蒸汽(页岩油)、非冷凝蒸汽(页岩气)和固体残渣(废页岩)。关于每个大陆/区域的页岩资源的进一步资料，在下面的小节中分别加以总结。

6.3.6.1　亚洲

在亚洲，主要的油页岩矿藏位于中国和巴基斯坦，估计总储量约 520×10^8 t，其中 44×10^8 t 在技术上可开采，在经济上可行。2002 年，中国生产了近 9×10^4 t 页岩油。泰国有 187×10^8 t 的储备；哈萨克斯坦的主要矿藏位于 Kenderlyk 油田，储量为 40×10^8 t，土耳其的储量接近 22×10^8 t。印度、巴基斯坦、亚美尼亚、蒙古、土库曼斯坦和缅甸也有少量的油页岩储量[31,32]。

6.3.6.2　非洲

如表 6.15 所示，位于刚果民主共和国境内的页岩油储量约为 143.1×10^8 t，摩洛哥境内的页岩油储量为 81.6×10^8 t。刚果的矿藏还需要更多的考虑来开采。在摩洛哥，最大的矿床在塔拉法亚(Tarafaya)和提玛代特(Timahdite),尽管在这些矿床中已进行了勘探,但商业规模的探索还没有开始。埃及、南非和尼日利亚的 Safaga – Al – Qusayr 和 Abu Tartour 地区也存在油页岩储量[6,24,31]。

6.3.6.3 中东

在中东,约旦发现了最大的油页岩矿床,有大约 52.42×10^8t 页岩油储量。以色列拥有 5.5×10^8t 页岩油储量。虽然约旦油页岩的含硫量较高,但与美国西部油页岩相比,约旦油页岩被认为是优质油品。其中最好的矿床在 El Lajjun,Sultani 和 luref Ed Darawi share,位于约旦中西部。亚穆克(Yarmouk)的矿藏延伸到叙利亚北部边境。以色列的大部分矿藏都位于死海附近的内盖夫(Negev)沙漠。其产油率和热值相对较低[6,24,31]。

表 6.15 2008 年末地区和国家页岩油资源与产量情况[31,32]

地区	页岩油原地资源量 (10^6bbl)	页岩油原地资源量 (10^6t)	2008 年产量 (10^3t)
非洲	159243	23317	—
刚果	100000	14310	—
摩洛哥	53381	8167	—
亚洲	384430	51872	375
中国	354000	47600	375
巴基斯坦	91000	12236	—
欧洲	358156	52845	355
俄罗斯	247883	35470	—
意大利	73000	10446	—
爱沙尼亚	16286	2494	355
中东	38172	5792	—
约旦	34172	5242	—
北美洲	3722066	539123	—
美国	3706228	536931	—
加拿大	15241	2192	—
大洋洲	31748	4534	—
澳大利亚	31729	4531	—
南美洲	82421	11794	157
巴西	82000	11734	159
总计	4786131	689227	930

6.3.6.4 欧洲

俄罗斯拥有欧洲最大的油页岩储量,约为 528.45×10^8t。其主要矿床位于伏尔加佩切尔斯克省和波罗的海油页岩盆地。意大利和爱沙尼亚分别拥有 104.5×10^8t 和 24.9×10^8t 油页岩储量,法国和白俄罗斯各 10×10^8t。乌克兰有 6×10^8t 页岩油,瑞典有 8.75×10^8t 页岩油,英国有 5×10^8t 页岩油,在德国、保加利亚、波兰、西班牙、罗马尼亚、阿尔巴尼亚、奥地利、塞尔维亚、卢森堡和匈牙利也发现了一些储量[6,24,31]。

6.3.6.5 大洋洲

据估计,澳大利亚的油页岩储量约为 580×10^8 t,或 45.31×10^8 t 页岩油,其中约 240×10^8 bbl(38×10^8 m³)可开采。大多数矿床位于东部和南部各州,东部地区的土地储量潜力最大。新西兰也发现了一些油页岩矿床[6,24,32]。

6.3.6.6 南美

巴西拥有世界第二大页岩油资源,目前是世界第二大页岩油生产国,仅次于爱沙尼亚。油页岩资源主要分布在南澳马特乌斯、巴拉那和巴莱巴河谷。巴西开发了世界上最大的地表油页岩热解干馏工艺,它有一个直径 11m(36ft)的直井。1999 年巴西的产量接近 20×10^4 t。阿根廷、智利、巴拉圭、秘鲁、乌拉圭和委内瑞拉也发现了少量的油页岩矿床[6,24,31]。

6.3.6.7 北美

美国拥有近 5360×10^8 t 的油页岩储量,不仅是北美地区最大的,也是世界上最大的。主要有两个沉积带:美国东部沉积,位于泥盆系—密西西比系页岩,它占地 25×10^4 mile²(65×10^4 km²);以及美国西部的科罗拉多州、怀俄明州和犹他州格林河岩组,是世界上最丰富的油页岩矿床之一(表 6.16)。在加拿大,在已确认的 19 个矿床中,检测结果最好的是新斯科舍省和新布伦瑞克[6,24,31]。

表 6.16 美国主要页岩矿床丰度[32]

沉积带地点	丰度(gal/t)		
	5～10①	10～25①	25～100①
科罗拉多州、怀俄明州和犹他州(格林河)	4000	2800	1200
中部和东部州	2000	1000	不限(N/A)
阿拉斯加	巨大	200	250
总计	6000+	4000	2000+

① 指地化指标中的总烃(百万分比浓度)。——译者注

6.3.7 页岩油藏开采历史

提供足够生产历史的致密油油田只有埃尔姆古力(Elm Coulee)油田。该油田于 2000 年在蒙大拿州的东部地区被发现,产自巴肯地区。2006 年达到顶峰,350 口井的日产量达到 5.3×10^4 bbl,单井产量约为 150bbl/d。今天,这个产量已经下降到 2.4×10^4 bbl/d,累计生产 1.13×10^8 bbl 轻质低硫原油[31,32]。

对巴肯地区的简要回顾和分析显示,已钻了 600 多口井,其中进行了超过 1000 次的侧钻,有些长达 10000ft。该地区页岩的厚度范围为 10～45ft,孔隙度为 3%～9%,平均渗透率为 40μD。油田某些地区为异常高压,压力梯度为 0.52psi/ft。与直井相比,多底井表现出更高的原油产量范围(200～1900bbl/d),而直井只有 100bbl/d 的较低产量。

Elm Coulee 的初始井流量和第一年的递减率(以及 6 个主要的页岩区块)见表 6.17。请注意,垂直井的下降率通常大于 80%。

表 6.17　致密油油藏油井初产量[31,32]

页岩名称	井初始产量(bbl/d)	井早期下降比率(%)
巴内特(Barnett)	2.0	70
巴肯(Bakken)	2000	65 ~ 80
鹰滩(Eagle Ford)	1340 ~ 2000	70 ~ 80
蒙特利(Monterey)	623	80
尼奥布拉拉(Niobrara)	400 ~ 700	80 ~ 90
阿瓦隆 – 骨泉(Avalon and Bone Spring)	534	60
埃尔姆古力(Bakken)	425(多底井)	65

除了巴肯是在 2000 年就已经开始开采外,所有的成藏区都是在 2008 年以后开始开采的。这一信息是不完整的,因为:(1)关于钻井数量和仍在积极生产的油井数量的数据在不同的运营商之间是不均匀的;(2)由于与这些企业相关的强烈经济活动,获取公众信息的速度较慢[1-4,6]。因此,相对于平均值,在可能的最佳范围内给出了不同参数的数据。由于页岩储层位置敏感,获取准确可靠的数据并不容易,因此需要钻很多井才能获得一致的信息。

总体趋势表明,致密油成藏区的油井产量递减率高,为 65% ~ 90%,而巴肯和鹰滩的初始油井递减率为 400 ~ 2000bbl/d[1-4,9]。

从尼奥布拉拉(Niobrara)和蒙特利(Monterey)地区的油井密度来看,某些地区的油井仍在进行评估。例如,每平方英里有 8 口井和 12 口井,而巴肯地区只有 2 口井。粗略估计,常规油田油井的初始油井递减率为 5% ~ 10%[1-4,32]。

如前所述,页岩油和致密油是广泛地区的连续聚集,而传统的不同油田在地质上是不连续的。因此,像 Elm Coulee 这样的油田可以被更好地描述为具有较好基质储层性质(如渗透率大于 0.15mD 和额外的天然裂缝)的甜点区,而不是成藏区中的相邻区域[1-4,9]。Elm Coulee 甜点的采收因子为 5.6%,这是很明显的,指的是原油的原地体积。然而,当参照最优点附近的完整区域(包括生产区域和非生产区域)确定该采收率时,采收率显著下降[1-4,9]。

在一个成藏区中,甜点的位置是非常随机的。例如,某一特定区域可能具有良好的油气潜力,但最终的决定因素是在确定最佳勘探点方面取得了广泛的成就[1,6-9]。

6.3.8　可采页岩油资源预测

全球 5 个可预测油田的潜在产量与可采石油的相关关系如图 6.12 所示[33]。

将 Elm Coulee 油田的值计算在内,其值完全符合趋势。所得方程如下[33]:

$$q_{peak} = 0.26K^{0.7088} \qquad (6.2)$$

式中:q_{peak} 为页岩成藏区开发潜力,10^6bbl/d;K 为以十亿桶为单位的产量。

需要注意的是,该式的相关系数(R^2)为 0.993。

这种相关性是有前途的,因为它证实致密油油藏确实遵循达西流动体系的动力学,就像传统油藏一样。

致密气砂的物理性质与常规气藏相同。另外,它们的采收率很低,差不多在6% ~ 10%[32,33]。

利用上述算法可以很容易地估算出主要油田的生产潜力,而这种潜力是基于目前对可采石油的估计。巴肯油田的估计产量为 81.5×10^4 bbl/d;鹰滩油田 56.5×10^4 bbl/d;阿瓦隆泉(Avalon Spring) 36×10^4 bbl/d;尼奥布拉拉(Niobrara)的这个值高达 103×10^4 bbl/d,蒙特利(Monterey)的这个值为 168×10^4 bbl/d。这两个成藏区所面临的巨大挑战可以通过这些巨大的潜力来解决[33]。

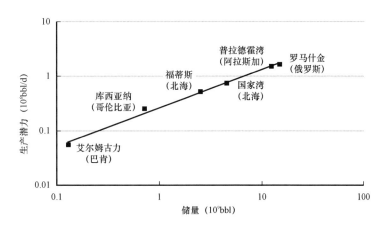

图 6.12　大型油田生产潜力和储量[33]

6.3.9　油页岩的重要性

对许多国家来说,油页岩可能是一种重要的能源。油页岩的重要性概括如下[1-6,31-33]:

(1)油页岩是一些国家(比如中国、美国和加拿大)尚未开发的巨大资源,这可以帮助他们减少对外国油气来源的依赖,并在长期内降低他们的成本[32,33]。

(2)大量进口石油会导致石油短缺隐现,汽油价格上涨以及政治不稳定[1-4,6,31-33]。

(3)军事和公众都会从汽油价格的稳定、贸易逆差的减少、创造就业、当地社区的税收和版税收入以及一个子孙有更安全的未来中获益[6,31-33]。

经过必要的加工(如加工/精炼和升级)后,页岩油可以用作运输燃料、中间体化学原料、纯化学品和工业树脂,甚至煤油、喷气燃料、柴油和汽油[1-4]。

6.4　页岩油的应用

简而言之,页岩油的用途包括:

(1)在第二次世界大战之前,大多数页岩油被升级为交通燃料。

(2)后来,它被用作化工中间体、纯化学品和工业树脂的原料。

(3)可作为铁路木材防腐剂。

(4)具有高沸点化合物的页岩油适用于生产煤油、喷气燃料和柴油等中间馏分油。

(5)额外的裂化会产生汽油中使用的轻烃。

6.5　参与油页岩开发的主要公司简介

表6.18列出了美国油页岩公司的名单。专注于项目和技术开发。主要的技术特性通常包括就地、地面和改质过程。

表6.18 美国一些从事油页岩不同生产阶段和加工作业的公司[34,35]

公司	技术类型	公司	技术类型
阿纳达科石油公司 (Anadarko PetroleumCorporation)	不限(N/A)	大西部能源公司 (Great Western energy Corporation)	不限(N/A)
查特努加公司 (ChattanoogaCorporation)	地面	西部能源合作伙伴 (Western Energy Partners)	地面
雪佛龙美国公司 (Chevron USA Inc.)	就地	台湾新代公司 (Syntec, Inc.)	地面
E.G.L 资源公司 (E.G.L Resources)	就地	壳牌前沿油气公司 (Shell Frontier Oil and Gas, Inc.)	就地
电气—石油公司 (Electro – Petroleum)	就地	雷神公司 (Raytheon Corporation)	就地
布伦特福瑞尔,科学博士 (Brent Freyer, Sc. D)	地面/就地	红叶资源公司 (Red Leaf Resources)	地面
埃克森美孚公司 (Exxon Mobile Corporation)	就地	怀俄明菲尼克斯股份有限公司 (Phoenix – Wyoming,Inc.)	就地
地球—搜索科学/Petro – Prob 股份有限公司 (Earth – Search Sciences/Petro – Prob, Inc.)	就地	油页岩勘探公司 [Oil Shale ExplorationCorporation (OSEC)]	地面
J.W. 邦杰联合股份有限公司 (J.W. Bunger andAssociates, Inc.)	地面	天然苏打公司 (Natural Soda, Inc.)	不限(N/A)
独立能源合作伙伴 (Independent Energy Partners)	就地	西部山区能源公司 (Mountain West EnergyCompany)	就地
帝国石油开采公司 (Imperial PetroleumRecovery Corp.)	改质	千年合成燃料公司 (Millennium Synthetic Fuels, Inc.)	地面
全球资源公司 (Global Resource Corporation)	就地	詹姆斯 A. 马奎尔公司 (James A. Maquire, Inc.)	就地

全球有34多家公司积极从事页岩气研究和技术开发。公司列表见表6.19[34,35]。此外,还对这些公司的高级别总结信息进行了列表[34,35]。本综述涵盖了公司在开发中的角色、所涉及的工艺技术的范围和特点、资源位置、技术现状等[34,35]。

以下是对几家知名公司的描述:

埃克森美孚公司(ExxonMobil)——总部位于美国得克萨斯州。埃克森美孚公司的业务遍及全球[34,35]。这是一家活跃在油气开发各个领域的杰出能源公司[34,35]。自20世纪60年代以来,该公司一直涉足页岩气行业。作为资源所有者、技术开发者和项目开发者[34,35],他们正在进行的研究包括现场测试和就地技术的发展,以及先进的采矿和地面干馏工艺[34,35]。他们的主要目标是实现降低成本和环境影响,从而提高商业可行性[34,35]。

表 6.19 参与非常规油气研发企业概况 [34,35]

公司	资源类型	项目开发商	技术开发商	技术类型	资源持有者		
					美国内政部土地管理局(BLM)	州	私人
昂布尔能源公司(Ambre Energy)	S/C	★	★	地面			★
美国页岩油公司(American Shale Oil)	S	★	★	就地	★		
阿纳达科石油公司(Anadarko Petroleum Corp)	S			地面			★
查特努加公司(Chattanooga Corp)	S/T		★	地面			
雪佛龙公司(Chevron)	S	★	★	就地	★		
燃烧资源公司(Combustion Resources)	S		★	地面			
复合技术开发有限公司(Composite Technology Development, Inc.)	S/H		★	就地			★
电气—石油公司(Electro–Petroleum)	S/H		★	就地			
爱耐飞特公司(Enefit)	S	★	★	地面	★	★	
Enshale公司(Enshale)	S	★	★	地面		★	
埃克森美孚公司(ExxonMobile)	S	★	★	就地	★★		
布伦特福瑞尔公司(Brent Fryer)	S		★	地面/就地			
通用合成燃料国际公司(General Synfuels International)	S	★	★	就地			
太阳神公司(Heliosat, Inc.)	S		★	就地			
帝国石油开采公司(Imperial Petroleum Recovery Corp)	H		★	改质			
独立能源合作伙伴(Independent Energy Partners)	S	★	★	就地			★
詹姆斯Q.马奎尔公司(James Q. Maquire, Inc.)	S		★	就地			
J. W. 邦杰联合股份有限公司(J. W. Bunger and Associates, Inc.)	S/T	★	★	地面			
MCW 能源公司(MCW Energy)	T	★	★	地面		★	
西部山区能源公司(Mountain West Energy)	S	★	★	就地		★	
天然苏打公司(Natural Soda Inc.)	S	★	★	就地	★★	★	
怀俄明菲尼克斯公司(Phoenix – Wyoming, Inc.)	S/T/H	★	★	就地			

续表

公司	资源类型	项目开发商	技术开发商	技术类型	资源持有者		
					美国内政部土地管理局（BLM）	州	私人
PyroPhase 公司（PyroPhase）	S/T	★	★	就地			
Quasar 公司（Quasar）	T		★	就地			★
红叶公司（RedLeaf）	S	★	★	地面		★	
Sasor 公司（Sasor）	S/T		★	就地			
斯伦贝谢公司（Schlumberger）	S		★	就地			
页岩技术国际公司（Shale Tech International）	S	★	★	地面			★
壳牌前沿油气公司（Shell Frontier Oil & Gas）	S	★	★	就地	★		★
标准美国石油公司（Standard American Oil Co.）	S/T		★	地面			
坦普尔山能源公司（Temple Mountain Energy Inc.）	T	★	★	地面		★	
美国油砂公司（U.S. Oil Sands）	T	★	★	地面		★	
西部能源合作伙伴（Western Energy Partners）	S	★	★	地面			
大西部能源公司（Great Western Energy）	S			地面		★	

注：* 指油页岩；** 指第二轮美国内政部土地管理局（BLM）研发租赁申请待定。S 表示页岩油；T 表示焦油砂；H 表示重油；C 代表煤。

雪佛龙美国公司(Chevron U. S. A. Inc.)——总部设在美国加利福尼亚州圣拉蒙,雪佛龙美国公司在全球 180 个国家有业务[34,35]。它是世界上最大的能源公司之一,一直积极参与石油和天然气开发的各个方面[34,35]。它也是页岩开发领域的领导者,在业界被称为资源所有者、技术开发者和项目开发者[34,35]。他们正在进行的研究包括开发一个就地过程[34,35]。根据技术和经济可行性,该项目有望扩大到商业规模生产[34,35]。

斯伦贝谢公司(Schlumberger Inc)——斯伦贝谢公司被认为是世界领先的油田服务公司,业务遍及全球 80 个国家[34,35]。他们拥有庞大的产品和服务组合,包括地震采集和处理、钻井、地层评估和测试、模拟、固井、完井等[34,35]。在页岩相关服务方面,斯伦贝谢公司提供储层特征描述和监测服务,使资源持有者能够规划和优化其生产流程[34,35]。公司还提供钻井、仿真和完井服务[34,35]。

壳牌石油公司(Shell Oil Company)——壳牌石油公司被认为是在美国领先的能源公司之一,在石油和天然气生产、天然气营销、汽油营销、石化制造、风能和生物燃料等领域拥有业务[34,35]。在页岩开发方面,在过去的几十年里,壳牌石油公司参与了大量与创新的就地(in-ground)转化过程相关的研究,以便能够更经济地回收页岩油或天然气,同时对环境的影响最小[34,35]。

6.6 页岩油对全球能源格局的影响

页岩油革命讨论了许多文件;然而,根据经济学家克里斯多夫·鲁尔(Christof Ruhl)的说法,页岩油的真正含义还有待深入研究。页岩油及其宏观经济影响的评估需要做大量的工作。他还提到,如果开发页岩气,全球能源格局将发生变化。人们还提出了这样一个问题:是开发更多的页岩气,还是仅仅通过开发可再生能源,哪个能更有利于气候的改善[1-4]?

此外,尽管世界上其他国家拥有同样充足的资源,但为什么只有加拿大和美国的页岩油革命更为重要,这一点也得到了讨论。答案很简单,那就是竞争就是一切[36-40]。

要获得这些资源,需要进行大量的创新,把它们带到不允许国内竞争的国家的市场需要时间。大规模生产对他们来说可能是新的,但其原理与该行业的历史相同。

与此同时,北美的产量不断上升,页岩气正在改变更广泛的格局。因此,没有人再怀疑,在不远的将来,美国将成为天然气出口国。到目前为止,美国石油进口量已经下降了一半[36-41]。

页岩气革命,或者说北美非常规石油和天然气革命,在很大程度上,正在慢慢被证明远远领先于该地区,超越了能源市场,而且在未来几年也将如此,这并不令人感到意外。然而,对全球战略意义的评估——对能源安全、地缘政治、全球经济或大气的影响——仍在不断扩大;考虑到未来生产扩张的不安全性,这一点或许显而易见。

要考虑这些可能的战略和全球影响,我们需要一个合理的参照点。

页岩资源与传统石油有两个不同之处。首先,它们广泛分布在各个地区。评估仍处于不成熟阶段,但所有的可用性都准确地显示出分布在亚洲、澳大利亚、非洲、南美、欧洲和欧亚大陆的可开采油气页岩资源。关于这些资源的经济开发知识有限[41-44]。

页岩油(和天然气)产量的增长对市场和价格的影响是页岩革命的第一个担忧。在一个基本的市场趋势中,价格应该下跌,对经济学家来说,唯一的问题就是计算下跌的速度和幅度。然而,石油市场并非完全正常,因为它受到产油国联盟的监控,其主要目标是管理价格和产量。

在石油市场,页岩油供应增加的后果问题,可以无缝地转化为石油输出国组织(简称欧佩克)可能做出何种反应的问题[41-44]。假设欧佩克成员国能够决定削减产量,以满足非欧佩克成员国不断增加的供应,似乎完全符合逻辑[36-39]。很明显,闲置产能通常来自减产。欧佩克国家为抵消额外供应(如油砂生产和生物燃料)而建立的闲置产能相当可观。以保守的生产概况为基础,在最近的十年中,容纳新供应的额外能力将超过 6×10^6 bbl/d,达到 20 世纪 80 年代后期以来的最高水平,如图 6.13 右侧所示[43-46]。

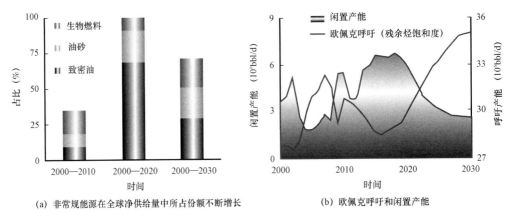

(a) 非常规能源在全球净供给量中所占份额不断增长   (b) 欧佩克呼吁和闲置产能

图 6.13   呼吁石油输出国组织在全球能源供应中提供非常规
石油的份额[46](英国石油公司(BP)2013 年版权)
资料来源:2030 年能源展望

这对欧佩克来说并非易事。该组织的凝聚力带来了一个重要的不确定性,尤其是在 21 世纪最初十年。很明显,沙特阿拉伯、俄罗斯和美国很快将占全球石油产量的 1/3。三个国家之一的沙特阿拉伯就是欧佩克成员,与它们的计划产能相比,沙特阿拉伯很可能要支付维持大量额外生产的成本。以上政治因素强烈影响到页岩气资源开发相关的重要决策。例如,是否开采,在哪里开采,何时页岩油气资源将得到充分利用[39-41]。

致密油生产成本非常昂贵。它的规模也非常大,不同于北海或(和)阿拉斯加在 20 世纪 80 年代增加的常规供应。随着一个基本的市场趋势,上升趋势将与价格变化成反比[41-46]。页岩油气革命预计将通过强调市场配置对价格施加压力。就天然气而言,天然气价格的石油指数化控制着市场,而石油输出国组织则是这些市场的关键所在[39-41]。可以得出的结论是,欧佩克的政策和预测的致密气和石油产量趋势明显地暗示了页岩气在满足我们未来燃料需求方面的重要性。

这两点在图 6.13 和图 6.14 中得到了最好的说明。图 6.14 所示为 2013 年出版的 BP 能源公司的生产概况。从地质学、通信需求、钻井运动以及页岩资源在不同地区开采的速度来看,这清楚地表明,到 2030 年,页岩油在全球石油产量中的占比将上升约 9%。2020 年以后,石油产量增速将继续放缓[46]。

值得注意的三个特点有:(1)生产增长继续受到北美的推动;(2)经济增长将保持正值,但在 2020 年后将从目前非常高的增长率放缓;(3)其他国家将进入到致密油生产中——尤其是俄罗斯、中国、阿根廷和哥伦比亚,但它们的贡献增长速度将不足以扭转 2020 年后增长放缓的总体格局[41-46]。

接下来,将新预测结果与其他预测结果进行比较,如图6.14右侧阴影区域所示。事实证明,英国石油的预测确实是保守的。它位于所有其他预测区间的极低端[46]。

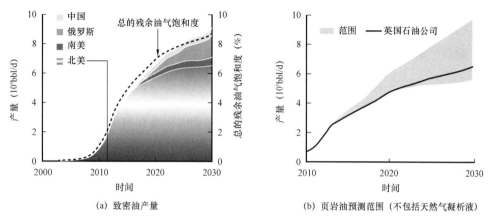

(a) 致密油产量 (b) 页岩油预测范围(不包括天然气凝析液)

图6.14　2000—2030年全球致密油产量[46](英国石油公司(BP)2013年版权)

资料来源:2030年能源展望

参 考 文 献

[1] Russell PL. History of western oil shale. East Brunswick, New Jersey：The Center for Professional Advancement；1980.

[2] http://en. wikipedia. org/wiki/History_of_the_oil_shale_industry.

[3] Laherrère J. Review on oil shale data (PDF) Oil Shale A Scientific – Technical Journal (Hubbert Peak) 2005.

[4] Russell PL. Oil shales of the world, their origin, occurrence and exploitation. 1st ed. Pergamon Press；1990, ISBN 0 – 08 – 037240 – 6. p. 162 – 224.

[5] Oil shale & tar sands programmatic. EIS；2012.

[6] http://www. slb. com/ ~/media/Files/resources/oilfield_review/ors10/win10/coaxing. pdf [Schlumberger].

[7] Menzela D, van Bergena PF, Veldb H, Brinkhuisc H, Sinninghe Damsté JS. The molecular composition of kerogen in Pliocene Mediterranean sapropels and associated homogeneous calcareous ooze. 2005.

[8] Schmidt Collerus JJ, Prien CH. Investigations of the hydrocarbon structure of kerogen from oil shale of the green river formation. 1974.

[9] Speight JG. Shale gas production processes. Gulf Professional Publishing 2013. http://dx. doi. org/10. 1016/B978 – 0 – 12 – 401721 – 4.00001 – 1.

[10] Alberta Geological Survey, www. ags. gov. ab. ca.

[11] Barnes P. Oil and gas industry activity, trends and challenges, Canadian association of petroleum producers. 2007. Presentation to CAMPUT, 10 – Sep – 07.

[12] Canadian Association of Petroleum Producers, CAPP, www. capp. ca.

[13] Calhoun JC. Fundamentals of reservoir engineering. Norman：University of Oklahoma Press；1960.

[14] Killen PM. New challenges and directions in oil shale development technologies. In：Olayinka AM, Ogunsola I, editors. Oil shale：a solution to the liquid fuel dilemma. Washington, DC：Oxford University Press；2010. 21 – 60.

[15] Andrews A. Developments in oil shale. In：Oil shale developments. Washington, DC：Oxford University

Press; 2009. p. 40 – 70.

[16] SHAH K. Transformation of energy, technologies in purification and end use of shale gas. Journal of the Combustion Society of Japan 2013;55(171):13 – 20.

[17] Branch MC. Progress in Energy and Combustion Science 1979;5:193. Pergamon Press. Great Britain with permission.

[18] Altun NE, Hiçyilmaz C, Hwang J – Y, Suat Bağci A, Kök MV. Oil shales in the world and Turkey: reserves, current situation and future prospects: a review. 2006.

[19] Lee S. Oil shale technology. CRC Press; 1990, ISBN 978 – 0 – 8493 – 4615 – 6.

[20] Hartgers WA, Sinninghe Damsté JS, Requejo AG, Allan J, Hayes JM, Ling Y, Xie T – M, Primack J, e Leeuw JW. A molecular and carbon isotopic study toward the origin and diagenetic fate of diaromatic carotenoids. In: Telnæs N, van Graas G, Øygard K, editors. Advances in organic Geochemistry 1993. Org. Geochem., vol. 22. GB: Elsevier Science Ltd; 1994. p. 703 – 25.

[21] Hoefs MJL, Versteegh GJM, Rijpstra WIC, de Leeuw JW, Sinninghe Damsté JS. Post – depositional oxic degradation of alkenones: implications for the measurement of palaeo sea surface temperatures. Paleoceanography 1998;13:42 – 9.

[22] Hutton AC. Petrographic classification of oil shales. International Journal of Coal Geology 1987;8(3):203 – 31. http://dx. doi. org/10. 1016/0166 – 5162(87)90032 – 2. Amsterdam: Elsevier, ISSN: 0166 – 5162.

[23] Mackley AL, Boe DL, Burnham AK, Day RL, Vawter RG, Oil Shale History Revisited, American Shale Oil LLC, National Oil Shale Association, http://oilshaleassoc. org/wp – content/uploads/2013/06/OIL – SHALE – HISTORY – REVISITED – Rev1. pdf.

[24] Department of Energy. Annual energy outlook. 2009.

[25] http://www. qer. com. au/understanding/oil – shale – z/oil – shale – formation.

[26] http://www. eccos. us/oil – shale – in – co – ut – wy.

[27] Craig Jr FF. The reservoir engineering aspects of waterflooding. New York: American Institute of Mining, Matallurgical, and Petroleum Engineers; 1971.

[28] Dullien FAL. Porous media: fluid transport and pore structure. 2nd ed. San Diego: Academic Press; 1992.

[29] Rick Lewis DI. New evaluation techniques for gas shale reservoirs. Reservoir Symposium 2004;2004:1 – 11.

[30] Knaus E, Killen J, Biglarbigi K, Crawford P. An overview of oil shale resources. In: Ogunsola OI, Hartstein AM, Ogunsola O, editors. Oil shale: a solution to the liquid fuel dilemma. ACS symposium series, vol. 1032. Washington, DC: American Chemical Society; 2010. p. 3 – 20.

[31] Dyni JR. Oil shale. In: Clarke AW, Trinnaman JA, editors. 2010 survey of energy resources (PDF). 22 ed. World Energy Council; 2010, ISBN 978 – 0 – 946121 – 02 – 1. Archived (PDF) from the original on 2014 – 11 – 08.

[32] IEA. World energy outlook 2010. Paris: OECD; 2010, ISBN 978 – 92 – 64 – 08624 – 1.

[33] Sandrea R. Evaluating production potential of mature US oil, gas shale plays. Journal of Oil and Gas 2012.

[34] Biglarbigi K. Secure fuels from domestic resources, INTEK Inc. for the US Department of Energy, Office of Petroleum Reserves, Naval Petroleum and Oil Shale Reserves. September 2011. http://energy. gov/sites/ prod/files/2013/04/f0/SecureFuelsReport2011. pdf, http://energy. gov.

[35] Oil Shale and Tar Sands Programmatic Environmental Impact Statement (PEIS) Information Center, http:// ostseis. anl. gov/guide/oilshale/.

[36] Rice University, News and Media Relations. Shale Gas and US National Security July 21, 2011.

[37] The economic and employment contributions of shale gas in the United States. IHS Global Insight December 2011.

[38] Canada's energy future: energy supply and demand projections to 2035. The National Energy Board November 2011.

［39］IEA. Golden rules for a golden age of gas: world energy outlook – special reports on unconventional gas. 2012.

［40］Canada S. Report on energy supply and demand in Canada – 2008. Ottawa (ON): Statistics Canada; 2010. p. 29.

［41］Geochemistry W. Review of data from the Elm worth Energy Corp. Kennetcook #1 and #2 Wells Windsor Basin 2008. Canada. p. 19.

［42］US Office of Technology Assessment. An assessment of oil shale technologies. 1980.

［43］Dawson FM. Cross Canada check up unconventional gas emerging opportunities and status of activity. Paper presented at the CSUG Technical Luncheon, Calgary, AB. 2010.

［44］Gillan C, Boone S, LeBlanc M, Picard R, Fox T. Applying computer based precision drill pipe rotation and oscillation to automate slide drilling steering control. In: Canadian unconventional resources conference. Alberta, Canada: Society of Petroleum Engineers; 2011.

［45］Understanding Shale gas in Canada, Canadian society for unconventional gas (CSUG) Brochure.

［46］IEA. World energy outlook 2013. 2013.

第7章 页岩油性质分析方法

7.1 概述

页岩是一种坚硬而致密的沉积岩,形成于非常漫长的地质时期,具有各种各样的沉积物。页岩的颜色从浅棕色到黑色,基于这些颜色通常被称为黑色页岩或棕色页岩。不同地区的页岩可以使用其他名称。例如,尤特印第安人把它称为"燃烧的岩石",他们观察到油页岩露头的特性,当被闪电击中时,油页岩就会突然起火。因此,对油页岩类型有不同的定义似乎是合乎逻辑的。但是,每一个特定的泥质沉积的来源和每一个特定的泥质沉积所定义的泥质沉积的确切类型应该是有条件的。例如,在一个定义中,根据油页岩的矿物含量将油页岩分类为:(1)富含碳酸盐岩的油页岩,富含碳酸盐矿物,如方解石和白云石,富含有机物的油页岩被压成碳酸盐岩层之间的薄层。这些页岩是高强度的地层,具有明显的抗风化能力,由于其硬度高,不容易通过采掘(原位)进行加工。(2)硅质油页岩,含碳酸盐矿物不多,但富含石英、长石、黏土、燧石、蛋白石等硅质矿物。这些页岩呈现深棕色或黑色,通常不像碳酸盐岩那么坚硬。它们也没有表现出这样的抗风化能力。因此,可以考虑对这一类进行非就地采矿。(3)沟道油页岩,富含有机质,完全包裹着岩石中的其他矿物。这些页岩也是深褐色或黑色的,由于它们不是很坚硬,因此被认为适合用非就地开采方法开采。根据页岩的起源和形成,以及岩石中所含有机质的类型和性质,通常还将页岩分类为:(1)陆地起源;(2)海相成因;(3)湖泊成因(Hutton,1987,1991)。有机质的类型及其组成构成了这种分类的基础,页岩的分类是根据页岩沉积的环境和形成岩石有机质含量的生物体来进行的。它还考虑了页岩所能生产的可干馏产品。图7.1所示为油页岩样品。

图7.1 油页岩样品[1,2]

沉积岩是页岩油的主要来源,具有孔隙度和渗透率特征。页岩成型体中孔隙率和可燃性高的部分是页岩油气井高产出的主要原因。孔隙度是由于岩石中含有油气的微小空间而形成的一种性质,而渗透率是油气在岩石中流动的一种特征。从数学上讲,孔隙度是岩石的开敞空间除以岩石的总体积(固体加上空隙或洞),而岩石的渗透性则是测量流体通过岩石的阻力。

页岩岩层的深度因地而异,例如,北达科他州的页岩油地层深度为 2mile[3]。

7.2　页岩油性质描述与测定方法

对页岩油性质的描述方法有感应耦合氩等离子体(ICAP)、X 射线衍射(XRD)、气相色谱(GC)、红外光谱(IR)、核磁共振(NMR)、高分辨率质谱(HRMS)等。

页岩油性质的测定一般采用三种主要的分析方法,即干馏法、分光光度法以及气相色谱和(或)质谱分析法。

表 7.1 给出了表征页岩油的一些实验测试和设备。

表 7.1　页岩油实验测试和实验室设备(据 B. A. Akashj 和 O. Jaber)

测试	标准测试方法	使用设备名称
干馏	ASTM D – 110/IP – 24	真空干馏
初馏点		Gecil process
密度	ASTM D – 1298	液体比重计
含水量	ASTM D – 1796	干馏
沉淀	ASTM D – 1796	离心机
闪点	ASTM D – 93	PMC 测试仪
总含硫量	ASTM D – 4294	X 射线荧光 MiniPal
运动黏度	ASTM D – 2170	黏度计
流动点	ASTM D – 2170	黏度计
含盐量	IP – 77	分离瓶
重金属		
铁	CMM – 82	ASS/vario – 6
钠、钾、钒和镍	ASTM D – 5863	ASS/vario – 6
钙和镁	ASTM D – 4628	ASS/vario – 6
硅	ASTM D – 5184	ASS/vario – 6
热值	ASTM D – 240	IKA C – 5003

7.2.1　X 射线 CT(计算机断层扫描)

Hounsfield[9a]开发了 X 射线计算机断层成像(X – ray computed tomography),这是一种无损的放射成像方法,它使用计算机处理的多个样本横断面 X 射线图像的组合来创建一个三维数据集。该方法自 20 世纪 80 年代以来已成功应用于地球科学[9c,d]。CT 扫描图像涉及二维或三维线性 X 射线衰减像素矩阵。这种衰减取决于样品的原子数、密度和厚度。在与页岩有关的研究中,可通过 CT 法观察岩心样品的全直径切片来确定是否存在结节和(或)裂缝,以及岩心相对于层理的方向。CT 扫描还用于选择未损坏的岩心全直径截面,以便对具有高度互层性的岩心间隔进行进一步取样和详细的密度研究。

7.2.2 高分辨微型 CT 成像

高分辨率微 CT 的成像原理与传统 CT 相同,但是,通过使用更小的样本和减少源到检测器的距离,可以获得更高的分辨率。样品由微聚焦 X 射线源照射,平面 X 射线探测器采集放大投影图像。旋转样本并获得许多角度视图。基于这些视图,生成了一个示例的虚拟横截面切片堆栈。

7.2.3 扫描电镜(SEM)

测定孔隙度最直接的方法是扫描电子显微镜(SEM)。但是,这种方法有以下主要限制:

(1)表面是机械加工的,因此质量很差。

(2)在传统的长丝仪上可以实现的分辨率非常低。

(3)岩石表面的可视化仅限于二维。

这些问题最近通过与离子铣刀(聚焦离子束,FIB)相结合的场发射显微镜的发展得到了解决,用于生产高质量的就地抛光截面。这一进展使得在纳米尺度下生成孔隙的 SEM 图像成为可能,并通过挖掘样品表面,在三维体积上可视化样品。

7.2.4 压汞孔隙度测定法

从微米级孔隙度到纳米级孔隙度的孔隙分布评价标准技术之一是压汞毛细管压力(MICP)。汞可以穿透页岩的刚性颗粒和黏土颗粒与次生矿物之间的区域。

7.2.5 超声波

对于常规储层,地球物理研究通常利用超声波方法,通常通过基于波速的方法,来生成应力场以及孔隙富油饱和度和压力的信息。

7.2.6 压汞毛细管压力(MICP)和核磁共振(NMR)

MICP 和 NMR 工具能够在施加应力条件下直接测量页岩对含水流体的渗透性。这种测量是通过模拟孔隙流体对受围压和孔隙压力影响的盘状页岩样品的影响来完成的[10]。

7.2.7 拉曼光谱分析

拉曼光谱主要用于页岩油的光谱分析。用光谱法表征了页岩油的干酪根结构。该测量工具用于了解从沉积页岩生产石油化工产品的化学过程的机理和性质。由于页岩油中含有碳,其拉曼光谱与非晶态元素碳的拉曼光谱很相似。图 7.2 显示了特定页岩油样品的光谱。如图 7.2 所示,样品主要由干酪根和碳酸钙组成。1354cm^{-1}处的宽峰通常用"D"带表示,表示失序区域。1603cm^{-1}的峰值称为"G"波段,代表石墨[11]。

图 7.3 表明在具有不同峰值的页岩油样品中存在 $CaCO_3$。图 7.4 给出了来自不同页岩区的不同碳酸钙含量的黑色页岩的拉曼光谱。

7.2.8 蒸馏

该方法用于页岩油的干馏。干馏液的第一馏分通常是在较高的压力和较低(到中等)的温度下得到的。例如,在大约 760mmHg 的压力下,可以得到头 7 种干馏物,其余的干馏物在较低的压力下进行。可以观察到,页岩油在蒸汽温度(原油法常压干馏的截止点)之前的热分解是在页岩油干馏时实现的。

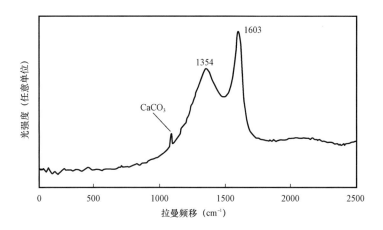

图 7.2 含有方解石和干酪根的黑色页岩的拉曼光谱

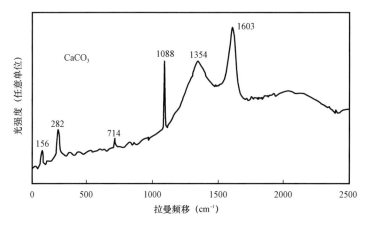

图 7.3 识别页岩油样品中碳酸钙（$CaCO_3$）和干酪根的强度与拉曼位移的关系
（1354cm^{-1}和 1603cm^{-1}处的拉曼谱带显示干酪根的存在）

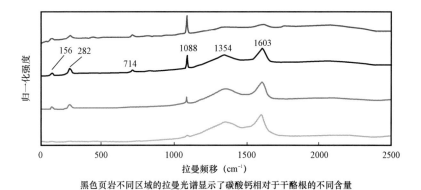

黑色页岩不同区域的拉曼光谱显示了碳酸钙相对于干酪根的不同含量

图 7.4 归一化强度与拉曼位移的关系,表明碳酸钙与干酪根的关系

7.2.9 气相色谱分析

该方法用于测定页岩油的组成。为了进一步理解,这里给出了一个案例研究。

采用 60m DB1 熔融石英毛细管柱,在 5700A 惠普气相色谱仪上对帕拉霍(Paraho)页岩油石脑油在 260℃(500℉)下进行了分析。该管柱直接耦合到 VG 7070H 双聚焦质谱仪的源,该质谱仪的分辨率为 1000。

该柱的程序设置为 30~200℃,温度为 1℃/min。试样在 300℃ 的注入口无裂注入。氦气作为载气,压力为 1.4kgf/cm。在 20cm 近似线性流动速度下获得了最佳分辨率。使用 INCOS 仪器控制和数据采集计算机系统,采用质量为 12~300 的 1.5s 磁铁扫描周期采集数据。多重离子检测(MID)数据是在质谱(MS)分辨率为 MAM = 9600 的条件下获得的,重复频率为 1.5s。

使用 1μL 注射器注射 0.05μL 样品。注射口设计为一个 0.76mm(0.03in)的套管用针接在熔融石英毛细管柱上[12]。

Paraho 页岩油石脑油 260℃(500℉)馏分油样品从拉勒米(Laramie)能源研究中心获得,专门用于美国材料试验学会(ASTM)E−14 质谱分析方法的开发和使用。

图 7.5 为采用 60m DB1 熔融石英毛细管柱对 Paraho 页岩油石脑油进行的氢火焰离子化检测器(FID)气相色谱图。这与在气相色谱—质谱联用(GCMS)系统上使用第二根 60m DB1 管柱得到的结果进行了比较。我们注意到这些痕迹的分辨率是相当的。图 7.6 是图 7.5 中圈出的峰的近景。峰值位置有一些变化,然而,分辨率是相同的[12]。

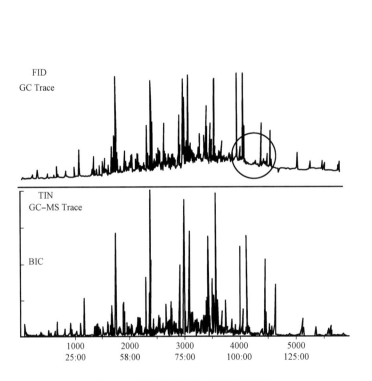

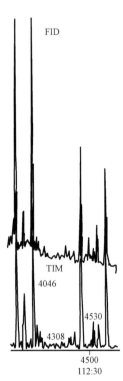

图 7.5　页岩油样品气相色谱示踪图　　　　图 7.6　图 7.5 中圈出的峰值近景

7.2.10   气相色谱—质谱(GC – MS)

气相色谱—质谱(GC – MS)技术是一种综合技术,它能提供样品的来源、环境沉积、待分析样品的热成熟度等具体情况。它是一种真实的技术,使我们能够洞察分析的定性和定量信息。为了得到储集油的组分组成,将储集油试样在室温下分为气相和液相。记录了闪蒸气体的体积、质量、摩尔质量和混合液体的密度。然后,用气相色谱仪对气相和液相的组成进行了分析。

这里存在几种分析误差,包括由于污染、测量误差、机械/仪器误差、分馏误差和气相色谱上的加载误差。为了使误差最小化,分析应该采取预防措施。例如,如果一个微弱信号从接收到一小部分的 GC – MS 分析,样品应该准备在更高浓度和使用选择离子监测(SIM)模式以提高信噪比。对 GC – MS 结果进行处理时,应使用具有生物标志物定义的 GC – MS 软件,以获得更可靠、更有力的解释。

正常情况下,储层原油包括:

(1)碳氢化合物,完全由碳和氢构成;

(2)非碳氢化合物,除碳和氢外,还含有硫、氮和氧等杂原子组成,但仍然是有机化合物;

(3)金属有机化合物,为有机化合物,通常为卟啉类分子,有一个金属原子(镍、钒或铁)附着于其上。

烃类主要由以下组分组成:

(1)直链烷烃(或正链烷烃);

(2)支链烷烃(石蜡);

(3)环烷烃或环烷烃(环烷);

(4)芳香烷烃(芳香族化合物)。

从气相色谱的角度出发,采用非极性柱对烷烃进行分析,沸点是分离的基础。正链烷烃的沸点高于它们各自的支链烷烃。图 7.7 给出了碳氢化合物的色谱结果。

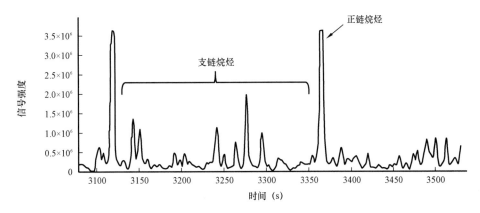

图 7.7   气相色谱—质谱峰区分支链烷烃和直链烷烃

在另一项实验中,采用 GC – MS 色谱法对 7 种理化性质已知的油脂(A – G)进行了分析,结果如图 7.8 所示[13]。

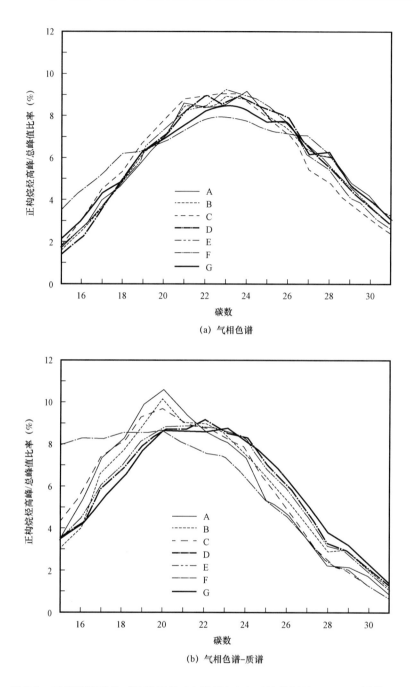

图7.8　重质页岩油的正构烷烃的 GC 测线(a)和正构烷烃的 GC – MC 测线(b)

7.3　页岩油萃取工艺

页岩油有两种常见的萃取工艺,包括超声波萃取法和超临界萃取法。

7.3.1　超声波萃取法

一种已知的超声方法是二氯甲烷/甲醇(DCM/MeOH)超声萃取法,DCM/MeOH 超声萃取法的主要反应物为二氯甲烷(CH_2Cl_2)和甲醇(CH_3OH)。其他正在使用的试剂有内部标准和外部标准。常用的内部标准有金刚烷、角鲨烷、六甲基苯和对三苯基。本节对该方法作了简要说明。

7.3.1.1　样品制备

二氯甲烷(CH_2Cl_2)和甲醇(CH_3OH)超声提取法是将野外采集的岩石样品经清洗或表面刮除污垢,去除污垢部分或材料。然后将样品用锡纸包起来,放入110℃的烘箱中烘干。通过力学机械,如杵和臼,样品被分解/粉碎和均质。然后将 2~3g 样品放入离心分离机中,离心机的工作原理是沉降,向心加速度用于根据斯托克斯定律引入的密度差沉砂速度分离物质。因此,由于重力作用,密度较大的固体颗粒沉降在试管底部,而溶液中含有有机物的上清液仍停留在试管顶部。然后,将上清液以橡胶滴管的形式从试管中过滤出来,不受干扰。第二次将溶剂混合物加入试管内的颗粒(残渣)中,并像之前一样加到半途标记处。程序应重复一遍,然后按照相同的顺序第三次对每个样品重复。它要么通过旋转蒸发器蒸发,要么在氮气流下浓缩。在这个阶段,浓缩的馏分被转移到干净的、空的、预先称重的小瓶中,以便蒸发。该馏分体积小于1mL,经过一夜的完全蒸发,得到干提有机物(石粉)的质量。对于默认值,萃取有机物(EOM)的质量单位为岩石萃取物 mg/g 或其百分位值计算如下:

$$萃取物重量 = 小瓶重量 + 萃取物重量 - 清洁小瓶重量 \qquad (7.1)$$

$$有机质可萃取率(\% \ EOM) = (萃取物重量 / 萃取前样品质量) \times 100 \qquad (7.2)$$

从海洋中获得的岩石含有Ⅱ型干酪根。在这种情况下,从萃取物中去除硫是非常必要的。在分析之前,硫的基本状态是非常重要的。实验室分析仪器,如气相色谱分馏(柱层析分离)和气相色谱 – 质谱(GC – MS)需要不含硫,以避免干扰其他感兴趣的化合物。

7.3.1.2　除硫

根据帝国实验室手册(2009),必须采取以下步骤来消除样品中的硫:

(1)第一步,对于铜的活化,需要在 10% 的 HCl 中放置铜屑几个小时。

(2)第二步,去除活化的铜与反渗透水清洗和醒酒。然后,活性铜被储存在溶剂(通常是正己烷)下。当闪亮的表面变得暗淡时,它会重新激活。

(3)第三步,样品处理。

样本处理包括以下步骤:

(1)用溶剂(DCM 与 MeOH 体积比为 93∶7)在小瓶中稀释提取物。

(2)将活性铜屑放入小瓶中过夜。

(3)如果铜变黑,用新的活性铜代替。

(4)如果铜仍然有光泽,反应就完成了。

(5)因此,铜颗粒的光泽表明样品没有刻蚀。

图 7.9 给出了上述步骤的简单示意图。

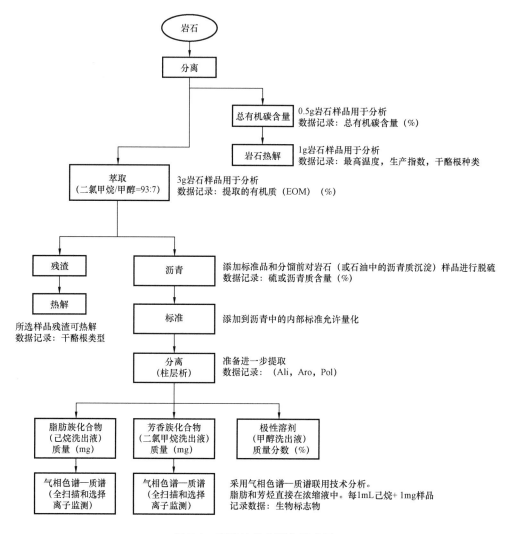

图7.9 页岩油组分测定示意图

7.3.1.3 柱层析分离(分馏)与气相色谱－质谱(GC－MS)

在 DCM/MeOH 超声提取后,通过色谱的压裂柱,如图7.10所示。将硅胶/氧化铝作为固定相或固相,在110℃的温度下活化1h,碳氢流动相由三种不同溶剂组成:己烷(C_6H_{14})、二氯甲烷(DCM)、甲醇(MeOH)。该柱是用非极性溶剂混合物冲洗,并用少量玻璃棉堵塞柱的下部制备的。然后,下一步,将活化的硅胶(或氧化铝)放入所需体积的柱中。最后,将样品中可提取的有机物放置在柱顶进行分馏。

分馏塔洗脱液由三种不同的组分组成:3mL 正己烷(C_6H_{14})、3mL 二氯甲烷(CH_2Cl_2)、甲醇(CH_3OH),分馏液分别收集在三个独立的干净的预称重试管中。第一个馏分按脂肪族馏分、芳香族馏分和极性馏分的顺序出现。在接下来的步骤中,所有这三种作用都集中在氮气下,并留下获得干物质。三组分的归一化百分数组成可以用脂肪—芳香族极性组分三元图表示。

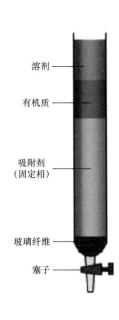

溶剂

有机质

吸附剂
（固定相）

玻璃纤维

塞子

图 7.10　脂肪族、芳香族和极性组分的柱层析分离

7.3.1.4　气相色谱（GC）和质谱（MS）定性分析

所分析化合物的定量分析包括在分类的基础上对化合物进行命名和鉴定。这是根据它们的质谱来完成的，质谱基本上是每个分子的唯一指纹。该指纹图谱可用于识别未知化合物。例如，质量色谱图如图 7.11 所示，显示了保留时间为 4.97min 的第一个十二烷峰。

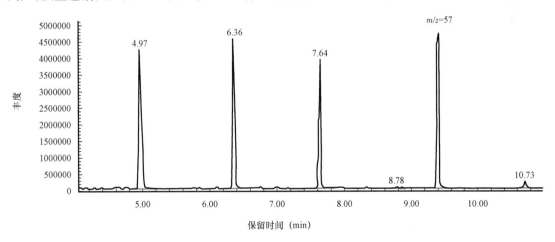

图 7.11　气相色谱仪生成的色谱图

由质谱仪产生的质谱图如图 7.12 所示。

通过将样品光谱与参考光谱进行比较，识别出 GC – MS 样品。

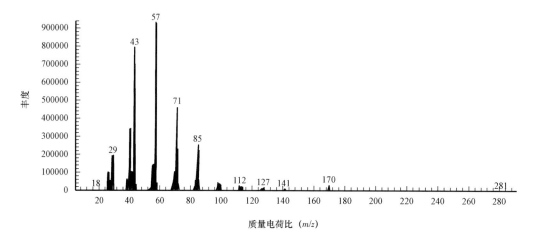

图 7.12　质谱仪生成的质谱图

7.3.2　超临界萃取法

　　超临界气体(SCG)具有较高的溶剂萃取能力,超临界气萃取可能使油页岩中的生物活性以更集中的形式获得。超临界气体(SCG)一直是各种研究论文和调查的主题。人们对它在煤中的用途做了广泛的研究。超临界气体萃取能力是由于通过气相质量交换作用拥有接近流体密度溶解能力的结果。萃取物的一个显著特征是它们的高分子量,这一性质对于从煤中挥发出来的物质来说是不正常的。这些结果表明,SCG 萃取可以有效地与油页岩相连接。尽管传统的油页岩干馏方法存在诸多弊端,SCG 采煤效率高,但目前对 SCG 油页岩开采的研究还没有见文献报道。

　　由表 7.2 和图 7.13 可知,超临界气体可萃取 80% 左右的有机物[14]。

表7.2　超临界萃取结果

溶剂	温度(℃)	萃取条件和结果①		
		压力 (MPa)②	超临界气体密度 (g/mL)	去掉的总有机质 TOM③ (质量分数)(%)
甲苯④	330	6.9	0.53	33.8
	340	7.2	0.53	40.5
	357	8.3	0.53	54.7
	385	13.8	0.53	80.1
	393	15.2	0.53	87.5
	450	22.4	0.53	92.5
吡啶④	363	7.6	0.55	63.3
氮	385	0.21	0.0013	16.9

　　① 材料提取:12.9% 的有机质原料油页岩(21gal/t)生产的砧点,科罗拉多州。有机碳和氢的含量分别为 10.3% 和 1.53%。凯氏定氮含量:0.27%。

　　② 0.101MPa/atm。

　　③ 有机质总量。

　　④ 工艺参数:甲苯,319℃,4.11MPa;吡啶,347℃,5.63MPa。

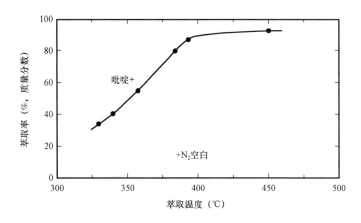

图 7.13 萃取性能随温度的变化

7.4 页岩油性质表征方法

7.4.1 热解法测定组分

页岩油在不同的温度下(如 300℃、400℃、500℃ 和 550℃)以恒定的加热速率(如 10℃/min)加热。页岩油也在一定的温度下加热,但加热速率不同(如 2.5℃/min、5℃/min、10℃/min、20℃/min),以研究加热速率的影响。以胡甸油页岩为例,表 7.3 给出了虎甸油页岩的工业分析和元素分析结果。表 7.4 分别给出了半焦炭在不同条件下的干馏产物和近似结果。

表 7.3　虎甸油页岩的工业分析%和元素分析%[8]

工业分析					元素分析				
M_{ad} (%)	V_{ad} (%)	A_{ad} (%)	FC_{ad} (%)	$Q_{ar,net}$ (J/g)	C_{ad} (%)	H_{ad} (%)	N_{ad} (%)	O_{ad} (%)	S_{ad} (%)
4.46	37.88	52.60	5.06	13145.21	30.01	3.69	1.02	8.04	0.18

注:M_{ad} 为水分;V_{ad} 为挥发分;A_{ad} 为灰分;FC_{ad} 为固定碳;$Q_{ar,net}$ 为收到基低位发热量。下角 ad 表示空气干燥基。

表 7.4　各产品干馏条件的影响

干馏条件	干馏产物(%)			
	油	水	半焦炭	天然气
350℃	1.29	7.00	91.23	0.48
400℃	3.73	7.20	87.09	1.98
450℃	13.32	7.57	73.90	5.22
500℃	18.09	8.63	67.43	5.85
550℃	17.50	9.00	66.19	7.32
2.5℃/min	17.99	8.89	66.59	6.53
5℃/min	18.10	8.77	66.61	6.53
10℃/min	18.07	8.80	67.13	6.00
20℃/min	17.90	8.79	67.18	6.12

7.4.2 油页岩沸腾范围

页岩油的初始沸点在200℃左右,与石油原油相比过高。但是,它接近原油残渣的沸点。约90%的页岩油可回收至530℃。图7.14为重质油气、轻质油气和页岩油沸腾温度范围对比图。

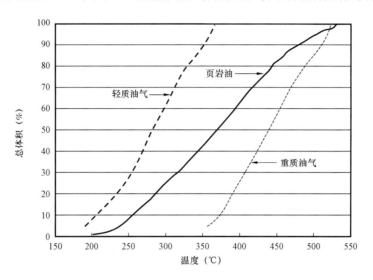

图7.14 重质油气、轻质油气和页岩油的沸腾温度范围对比图

7.4.3 油页岩的自燃温度

自燃温度是油页岩样品自发燃烧的温度。没有特别的方法来测量。然而,对该温度的一致测量可以帮助获得关于油页岩燃料特性的宝贵信息。研究了不同条件下油页岩自燃温度的测量方法。与油页岩自燃温度有关的信息之所以具有重要意义,是因为该温度通过前进氧化带控制着干馏过程的开始以及油页岩的干馏动力学特征。指出了逆流燃烧中还原过程的重要性;燃烧前缘向注入的氧化剂移动,而在共流过程中,燃烧前缘与氧化剂的位置相同。因此,在逆流过程中,对于原油页岩,自燃温度应小于页岩油的还原温度。在共流燃烧过程中,还原后的残炭燃烧,以保证还原过程的正常进行。对科罗拉多油页岩进行了大总压和氧气分压范围的自燃温度测试。结果表明,氮气作为稀释剂存在时,点火温度是氧气分压的函数,但不受总压的显著影响。此外,点火温度与从油页岩中提取甲烷等轻烃的温度也有密切的关系。对于较低的氧气分压,需要较高的点火温度,最低点火温度(450K)远小于产油温度(640K)。图7.15和图7.16表明,在$0.3 \times 10^5 \sim 14 \times 10^5 Pa$的压力范围内,科罗拉多油页岩在空气中的着火行为与轻烃的冷态 Hame 氧化行为相似。通过这样的实验观察,可以得出油页岩着火可能与油页岩演化而来的气态烃氧化有关[17]。图7.16显示了自点火温度随菲舍尔试验的变化曲线。

需要注意的是,油页岩费歇尔含量的经验相关性由库克方程给出:

$$F = 2.216w_p - 0.7714gal/t \tag{7.3}$$

式中:F为费歇尔试验中每吨页岩可采收多少加仑油;w_p为页岩中干酪根的质量分数,%。利用该方程可以看出,页岩中干酪根的质量分数与测量技术有关。对于某些页岩,通过超临界加量或 CO 进行干馏,其最大可采油量显著高于费歇尔法测定值。

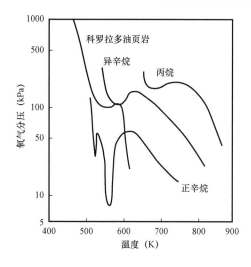 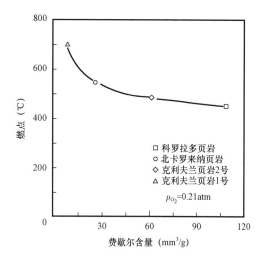

图 7.15　包括油页岩在内的各种物质的自燃温度　　　图 7.16　自燃温度与 Fisther 法比较

也可以想象,这种相关性可能对被还原的油页岩类型敏感,也依赖于所采用的开采工艺。毫无疑问,任何油页岩的费歇尔含量都与页岩的干酪根含量密切相关[17]。

在大气压力范围为 1000psi(表)的情况下,测定了不同浓度含氧气流中科罗拉多油页岩的自燃温度。这些自点火瞬变电磁法的性质主要是氧分压的函数,在很大程度上与总压无关。在流型系统中确定点火温度,以便模拟与燃烧过程类似的条件。点火具有快速升温的特点;因此,差动热电堆可以用来检测燃烧发生时的温度。点火还可以利用同时释放大量二氧化碳这一事实。在这种情况下,可以用差热导管电容作为温度函数对气流进行连续监测。这两种方法都已在实验中得到应用,并被证明同样有效。在一些研究和工程工作中,在空气和氧气和氮气混合物中进行了测定,测定范围从大气压到 1000psi(表)。按体积计算,混合气体含氧量分别为 6%、13%、21% 和 55%。图 7.17 所示为气体流中几种氧浓度数据的点火温度随氧气分压的函数[18]。

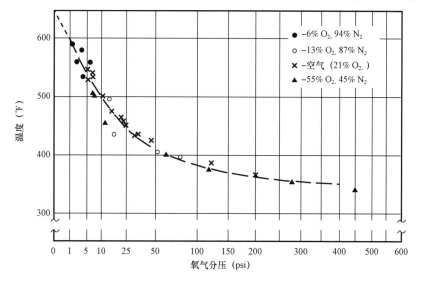

图 7.17　科罗拉多页岩油自燃温度与氧气分压关系

7.4.4　油页岩的扩散参数

了解和正确表征页岩油等具有技术和工业意义的材料的热物理行为是有效利用页岩油的重要一步。为了设计目前设想的从油页岩中提取石油的就地和表面干馏设备,必须对热扩散率和导热系数等热输运参数的坚实知识至关重要。热扩散率是在不同热激发作用下确定热扩散的一个重要性质,它规定了考虑一定边界条件的材料的温度随时间变化的历史。此外,导热系数是另一个至关重要的热物性参数,可由热扩散系数计算得到,关系式为:

$$\alpha = \frac{k}{\rho c} \tag{7.4}$$

式中:α 为热扩散率;k 为导热系数;ρ 为密度;c 为材料比热容。

激光脉冲技术是测量热扩散率的一种新的、成功的方法。该方法用于测定格林河油页岩在 6 ~ 100gal/t 不同页岩等级、25 ~ 350℃范围内的热扩散率。结果表明,热扩散系数随温度的升高而降低,特别是在有机质含量较低的页岩中。相反,对于有机质含量较高的页岩,热扩散率对品位和(或)温度不是很敏感。格林河页岩油的热扩散率为 $0.1 \times 10^{-2} \sim 0.9 \times 10^{-2} \mathrm{m^2/s}$,表现出各向异性效应,轴线平行于地层平面的岩心比垂直于层理的岩心热扩散率 α 值高 30%。此外,页岩孔隙水含量严重影响热扩散率[19]。

导热系数的测量主要采用的技术是瞬态线热源,将带有长电加热器和热电偶的探头插入试样中,测量试样中心附近的温升。加热器被打开,从而以轴向均匀恒定的速率产生热量。然后用热电偶测量温度随时间的上升并记录下来。加热器打开后(时间零点),根据探头直径、结构和热接触电阻,温度随时间呈对数线性上升,通常在 10 ~ 40s 后开始上升。对于导热系数约为 1.5 Btu/(ft · ℉)的样品,这种温度随时间的对数线性增长通常会持续约 1min,而对于导热系数较低的样品,这种增长会持续更长时间。这样的时间间隔足以确定所有油页岩样品的导热系数。这种测量方法类似于通过压降试验观测到的压降随时间的对数变化,来测量渗透率和厚度的乘积(kh)[20]。文献表明,大多数页岩在环境条件下的导热系数在 0.5 ~ 2.2W/(m · K)范围内。许多研究人员已经得出结论,影响导热系数的参数依赖于页岩样品的类型。目前还没有对影响几种页岩热特性的变量进行系统的研究。这些影响参数可以是组分、温度、孔隙度、压力和各向异性[21]。

戴米特(Diment)和罗伯逊(Robertson)报道了导热系数与康纳索加(Conasauga)组页岩组成之间的关系:

$$X = 2761 - 15R \tag{7.5}$$

式中:X 为导热系数,W/(m · K);R 为不溶于稀盐酸的页岩质量分数。

在另一项研究中,Tihen、Carpenter 和 Sohn 通过测定格林河组中费歇尔含量在 0.04 ~ 0.24L/kg 范围内,得到的导热系数与油页岩组成的关系[21]:

$$X = C_1 + C_2F + C_3T + C_4F^2 + C_5T^2 + C_6FT \tag{7.6}$$

式中:X 为导热系数,W/(m · K);$C_1 \sim C_6$ 为常数;F 为页岩费歇尔含量,L/kg;T 为温度,K。

由式(7.6)可以看出,对于某些页岩油,组分与温度的影响是相互关联的。导热系数随温度的变化如图7.18所示。

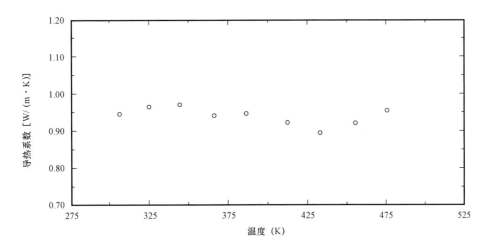

图7.18　页岩油导热系数与温度的关系

同样,比热容也没有足够的文献可利用。图7.19给出了比热容随温度的变化关系。

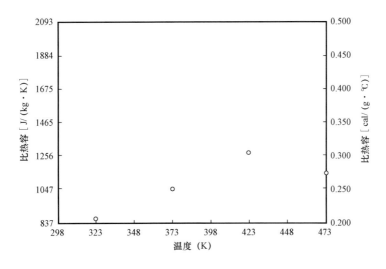

图7.19　页岩油的比热容与温度的关系

7.4.5　成熟度的时间—温度指数(TTI)

TTI是一种很好的技术,通过它我们可以从理论上确定成熟度和产油量。通过对该区域地质埋藏史(深度与时间)的建模,可以确定地热历史(图7.20)。此外,还应估计隆起和侵蚀。

热接触的计算方法是在每隔一段时间乘以一个温度因子,这个温度因子是基于一个古老的化学规则,即每升高10℃,反应速度就会加倍。这是等温线间隔为10℃的唯一原因。

事实上,TTI是一个图解,很好地测定了有机物的热成熟度水平和样品的生物降解程度随时间的变化。利用气相色谱 – 质谱联用技术(GC – MS)对直链化合物和环状化合物的样品进行了进一步的研究,通过光谱中的浓度峰来获得它们各自的化学成分。

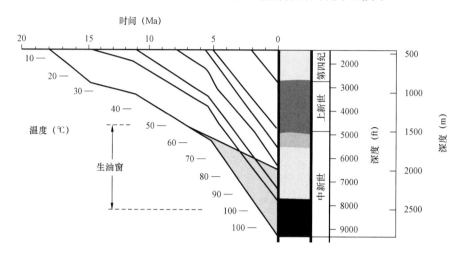

图 7.20　基于模型调查的成熟度时间—温度指数

7.4.6　油页岩的电性能

通过对不同油页岩的测试,发现直流电场(DC)下电阻率值随时间呈指数衰减;离子固体的一种典型特征趋势,在这种趋势中,电导是通过热激活的输运机制产生的。然而,要准确识别油页岩中携带电流的离子并不容易,因为这些岩石要经过不同的矿物。然而,由于油页岩中含有不同的矿物,要准确地确定携带电流的离子并不容易。然而,根据通常与碳酸盐岩矿物和油页岩样品相关联的高温(如380℃)活化能的比较,我们可能会认为大部分电流是由碳酸盐岩离子携带的。不过,这样的估计只是基于猜测,应该谨慎考虑。加热还会改变油页岩的化学性质,从而导致油页岩的传导行为发生变化。例如,俄罗斯页岩电阻率值的变化(从室温下的10Ω·cm 到900℃时的相同值)可能是由于油页岩的干酪根热分解造成的。图 7.21 显示了117L/t 原始格林河油页岩样品电阻率随温度倒数的频率依赖性行为。在电阻率曲线中,最小电阻率值在40~210℃的温度范围内。这种最小值出现在页岩基质中自由水分和粘结水分子逐渐失去黏土颗粒时。图 7.22 展示了再加热材料的相同行为,尽管曲线显示了与原始页岩完全不同的趋势。在这些实验中,页岩的温度被冷却到室温。然后将它们重新加热,并将温度提高到500℃左右。图 7.22 描述了离子固体的典型行为。电阻率没有出现最小峰值,其结果与热激活传导相对应[17]。

油页岩介电常数受温度和频率的控制。在低温下,油页岩表现出高介电常数异常,据一些研究人员说,这可能是由于电极上的极化效应。这可以解释为,页岩沉积中水分的存在和电荷的积累导致了这些材料的强度极化。从图 7.22 中可以看出,不同等级的格林河油页岩的介电常数随加热循环次数的变化,可以看出,随着干燥循环次数的增加,介电常数明显降低。需要注意的是,样品在110℃下加热24h,然后冷却到室温后再进行测试。

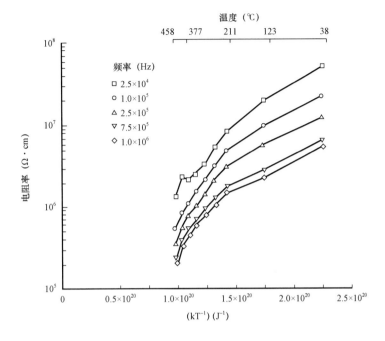

图 7.21　电阻率与 $1/kT$ 的关系

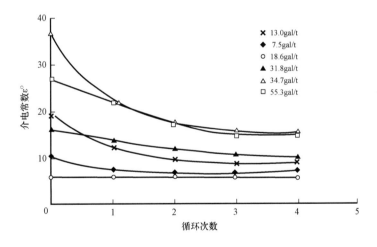

图 7.22　介电常数随循环次数的变化

7.5　油页岩储层物性分析

　　岩石物理分析是一个起点,结合了实验室测量、岩心数据和测井资料。然后,岩石物理学建立了模型的岩石物理特性和地层弹性特性之间的关系,并为钻井和侵入造成的缺失和不良测井数据创建了合成材料。为了表征岩石的岩石物理性质,确定储层孔隙度和渗透率这两个关键参数的取值是十分必要的。

7.5.1　油页岩孔隙度

孔隙度通常定义为材料中空隙率与总体积的比值。孔隙度通常表示为分数(0~1)或百分率(0~100%)。基于孔隙空间体积的测量方法和毛孔的具体调查,材料的孔隙度可以通过不同的估计方法:粒内孔隙度、填料孔隙度、颗粒间的孔隙度、床层表面孔隙度、总开孔孔隙度、液体吸收孔隙度、内部孔隙度、饱和度孔隙度、液体渗透孔隙度。由于有机质在油页岩中是固体和不可溶的部分,用测定储层岩石孔隙度的相同技术来估计油页岩矿物基质的孔隙度是不可能的。而无机颗粒的微孔结构体积分数为 2.36~2.66% 。油页岩孔隙度的测量可能局限于外部表面特征,而不是内部孔隙结构本身,尽管矿物的显著表面积(4.24~4.73m^2/g)使油页岩在费歇尔试验中产生 29~75g/t。一般来说,原油页岩中自然形成的孔隙度非常低。然而,一些结构现象,如褶皱或断裂,可能导致新的孔隙产生和(或)一些原先断开的孔隙被连接起来。否则,相当一部分油页岩孔隙度是由封闭的或盲孔组成的。通常情况下,在使用汞注射液进行孔隙度测定时,即使在高压下,断开的裂缝或盲孔也不会充满汞;这使得这样的孔隙度无法计算。目前,使用压力汞注射液进行孔隙度测定已不再进行,因为汞有剧毒。为了从油页岩中有效地开采石油,需要同时考虑这些岩石的物理和化学性质。原油开采的效率矩阵的页岩油可能会减少,因为低孔隙度和低渗透率这些岩石的性质以及它们的高机械强度,这些因素都使反应物和生成物的质量传输更加困难。

一般说来,孔隙度主要有两种类型:

(1)总孔隙度——计算为总孔隙体积除以岩石体积;

(2)有效孔隙度——计算为连通(可渗透的)孔隙的体积除以岩石的体积。

页岩是由不同含水饱和度的微孔和纳米孔组成,并含有部分残余有机质。岩石颗粒之间也有空隙(无机孔隙和微孔),但它们的体积很小。压裂后出现有效孔隙度[23]。

在常规油气藏(砂岩、碳酸盐岩)中,孔隙度定义为岩石颗粒(无机孔隙和微孔隙)之间的空隙空间。在该空间和富含二氧化硅的板层内部,以及天然裂缝和微裂缝体系中,天然气以游离气体的形式聚集。

在页岩中,天然气以以下形式存在:

(1)岩石颗粒中的游离气体;

(2)分散有机质内的游离气体;

(3)被分散的有机物吸附的气体;

(4)某些黏土矿物吸附的气体。

除了上述各种聚集空间外,黏土泥页岩复合体和富含有机质的层叠体中也存在游离气体。然而,大量的天然气存在于不溶性有机质(干酪根)内的有机孔隙中[19]。

7.5.2　页岩的渗透性和脆性

渗透率与岩石中天然裂缝/裂隙的存在有关,这些裂缝/裂隙使得孔隙空间之间形成储层流体。渗透率使天然气或石油的流动进入井眼和生产。渗透率系数取决于:

(1)与孔隙大小有关;

(2)造岩粒的相对构型;

(3)晶粒分级与胶结;

（4）岩石破碎模式。

在页岩中,渗透率和孔隙度高度依赖于:

（1）矿物组成;

（2）有机质分布;

（3）有机质含量(%);

（4）有机质热成熟度。

以低渗透性为特征的页岩通常阻止碳氢化合物的自由流动。因此,应该进行增产作业(如压裂作业),以便将孔隙与井眼连接起来,并允许不受限制地喷出气体和储层流体[19]。

表7.5 为不同沉积物的渗透率。

常规储层和非常规储层对所有页岩地层(如伽马射线、电阻率、孔隙度、声波以及中子俘获光谱数据)具有相同的石油物理数据分析技术。页岩油的石油物理分析始于伽马射线测井。这表明富含有机质的页岩的存在。与普通的矿物储层相比,有机质含有更高的天然放射性物质。石油物理学家使用伽马射线计数来识别富含有机物的页岩岩层。一个三重组合工具提供了电阻率和孔隙度的测量。含气页岩的电阻率测量值高于不含瓦斯页岩的电阻率测量值。含气页岩孔隙度测量也具有明显的特点。富有机质页岩表现出更大的变异性、更高的密度孔隙度和更低的中子孔隙度,这表明页岩中存在天然气。由于这些页岩中黏土矿物含量较低,可能会出现较低的中子孔隙度。

表7.5　不同沉积物的渗透率

渗透率		可渗透			半渗透			非渗透				
松散的砂粒和砾石		排列好的砾石	排列好的砂粒或砾石		很细的沙子,淤泥,黄土,壤土							
松散的黏土和有机物					泥炭		分层黏土		未风化的黏土			
固结岩石		高度破碎岩石			油藏岩石			新鲜砂岩	新鲜石灰石、白云石		新鲜花岗岩	
渗透率	(cm²)	0.001	0.0001	10^{-5}	10^{-6}	10^{-7}	10^{-8}	10^{-9}	10^{-10}	10^{-11}	10^{-12}	10^{-13}	10^{-14}	10^{-15}
	(mD)	10^{+8}	10^{+7}	10^{+6}	10^{+5}	10000	1000	100	10	1	0.1	0.01	0.001	0.0001

由于页岩的组成物质在页岩的形成过程中起着重要作用,页岩具有比砂岩、石灰岩等常规储层更高的体积密度。干酪根具有较低的容重,这导致较高的计算孔隙度。为了计算页岩的密度孔隙度,必须知道由元素捕获光谱(ECS)得到的颗粒密度。硅、钙、铁、硫、钛、钆和钾是光谱学的主要输出。

光谱数据还提供了有关黏土类型的信息,以便工程师们能够预测压裂液的敏感性,并利用这些数据了解压裂成型的压裂特性。当黏土与水接触时,它会膨胀,从而抑制气体的产生,因此会产生很多操作问题。蒙脱石是膨胀黏土中最常见的一种。它也表明岩石是韧性的。

对于页岩气井的长期产能来说,声学测量是提供各向异性页岩介质力学性能的重要手段。为了提高力学地球模型和优化钻井,使用声波扫描仪声学扫描数据。力学性能表现为体积模量、泊松比、杨氏模量、屈服强度。剪切模量和压缩强度是通过压缩剪切和斯通利波测量得到的。

当垂直和水平测量的杨氏模量相差较大时,闭合应力将高于各向同性岩石。这些各向异性与黏土体积分数较大的岩石有关。由于支撑剂更容易嵌入韧性裂缝,因此在生产过程中难以保持裂缝的导电性。

另一个对页岩分析有益的声学测量方法是声波孔隙度。页岩中声波孔隙度远低于中子孔隙度。这是页岩中常见的高束缚水的作用。高孔隙度表明了孔隙空间内的气体势。当声波孔隙度和中子孔隙度值相近时,说明页岩可能具有产油倾向。为了确定井眼的方位和浓度,测井分析人员使用钢丝绳井眼图像。从这些数据可以看出这个洞是开着的还是闭合的。

从这些不同的图的测量可以结合在一个综合显示像页岩蒙太奇测井。地质学家可以通过使用单一平台所呈现的地层特性来直接比较岩石的质量。游离气和吸收气体的单位为 ft^3/t。

地震资料分析将井控分析的范围扩展到整个油田。工作内容如下:

(1)利用岩石物理和岩石性质分析,确定 TOC 和矿物学,包括孔隙度和含水饱和度。要做到这一点,需确定每种矿物的总体积,计算 TOC 质量分数,并将此度量转换为干酪根总体积。

(2)通过结合测井和地震数据,将分析扩展到井控之外,使整个目标区域可视化。描述结构和地层的复杂性,以识别高值区间和潜在的危险,如水道。

(3)从测井和地震反演中评估相对脆性和延性,以确定易破裂的区域。

(4)通过检查成像测井、定向钻孔声学和方位地震反演数据,分析岩石应力、天然裂缝网络和裂缝方向性,确定最佳水平井方向和压裂策略。

(5)计划井眼轨迹。

(6)在工作结束时,应充分了解储层特征,选择最佳的钻井位置,以及水平井的定位和布置,以便制订最有效的生产方案。

页岩性质可以用不同的观测尺度来描述:

(1)矿物颗粒(纳米和微米尺度);

(2)成组的岩性统一层序(毫米级或厘米级);

(3)显示内部岩性变化和沉积结构的高阶模式的高阶沉积复合体(米级)。

7.5.3 油页岩孔隙结构、孔隙大小分布及比表面积

在油页岩热解过程中,发现温度和加热速率对油页岩的表面积和孔隙结构有明显的影响。具体来说,这些参数可以影响比表面积、比孔隙体积和间隙孔的发育。比表面积的计算是基于 Brunauer、Emmett 和 Teller(BET))方程,其中比表面积和孔径分布是由 Barrett - Joyner - Halenda (BJH)方法计算的。

在实验过程中,采用低温氮气吸附法能够测定生料和半焦炭试样的孔隙结构,从而产生吸附脱附等深孔。由等温线可以看出,随着最终温度的升高,大比例尺的比表面和总孔隙体积开始减小,然后增大[3]。

图 7.23 为不同油页岩样品的孔隙大小变化情况[24]。

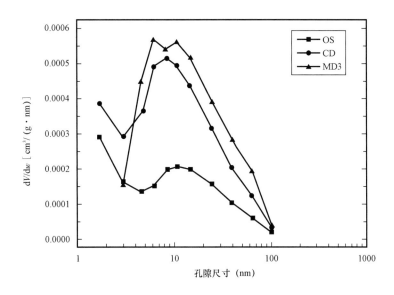

图 7.23　油页岩样品的孔径分布

不同油页岩样品的比表面积变化见表 7.6[24]。

表 7.6　油页岩样品的比表面积和孔隙特性

试样	BET 比表面积 （m²/g）	BET 方程相关性系数	$p/p_0 = 0.9846$ 时比孔隙 体积（cm³/g）	孔隙平均尺寸 （nm）
OS	3.2478	0.9989	0.0112	14.3630
CD	5.5659	0.9996	0.0233	14.6622
MD3	5.3853	0.9997	0.0303	19.2616

7.5.4　吸附/孔结构测量解吸方法

低温氮气吸附/解吸法是在 Gemini 2380 全自动表面积和孔径分析仪上，在氮气环境中，温度为 150℃，压力为 0.334MPa，持续 2h，对样品进行脱气。当温度为 77.3K，相对压力 p/p_0 为 0.05~0.986 时，脱氮样品吸附氮气。

将吸附枝的 $0.05 < p/p_0 < 0.25$ 应用于 BET 方程，可以测定比表面积。利用等温线的解吸支可以用 BJH 方法计算孔径分布[3]。

图 7.24 和图 7.25 为不同最终干馏温度（SC1—SC5）和不同加热速率（SC6—SC9）条件下，由半焦炭所形成的吸附/脱附同位素。

可以清楚地观察到，原料油页岩及其半焦炭（SC1—SC9）形成了相同的倒"S"型吸附/解吸同位素。采用 BET 法进行Ⅱ型分类，结果表明，样品中微孔和中孔比较突出。在低压条件下，等温线分支生长缓慢，当 p/p_0 大于 0.9 时，由于中孔和微孔中的毛细凝结，吸附质量急剧提高。

由等温线可以看出，随着温度由室温升高到 400℃，孔隙含量降低，但随着温度由 400℃升高到 550℃，孔隙含量逐渐增加。同时还观察到 SC6—SC9 在相同尺度下的脱开迟滞回线，即加热速率对孔隙含量影响不大。表 7.7 通过 BET 给出了 OS 和 SC1—SC5 的比表面积。

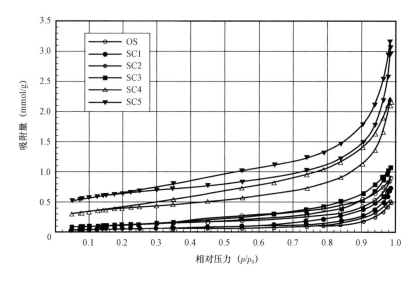

图 7. 24　最终干馏温度 SC1—SC5 的吸附/解吸等温线

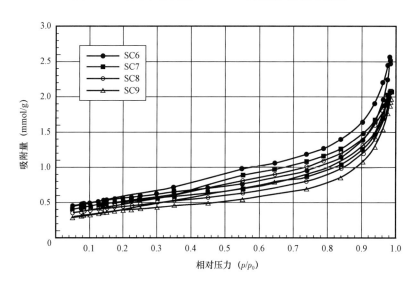

图 7. 25　不同加热速率 SC6—SC9 的吸附/解吸等温线

表 7.7　BET 比表面积

样本	$S_{RRT}(m^2/g)$	r	误差(m^2/g)
OS	9. 5819	0. 9999626	0. 0276
SC1	5. 3258	0. 9997253	0. 0407
SC2	4. 2373	0. 9993466	0. 0500
SC3	10. 7359	0. 9999450	0. 0371
SC4	30. 6397	0. 9998917	0. 1512
SC5	48. 1426	0. 9994839	0. 5226

图 7.26 为 OS 与 SC1—SC5 的比表面积分布。

从图 7.27 可以看出,随着室温温度的升高到 400℃,表面面积减小的主要原因是无球的形成。多孔的热质体,由于变形的干酪根低于 400℃。

图 7.27 为总孔隙体积与最终温度的关系,其中给出了 OS 与 SC1—SC5 的孔隙大小分布。当室温至 400℃时,总孔隙体积逐渐减小,这就是为什么大部分中孔和微孔被掺加,尺寸分布变得均匀的原因。在大于 400℃温度下,孔隙体积逐渐增大,产生 3nm 的孔径[3]。

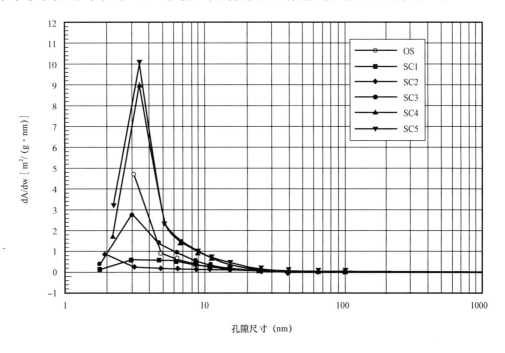

图 7.26　OS 与 SC1—SC5 的比表面积分布

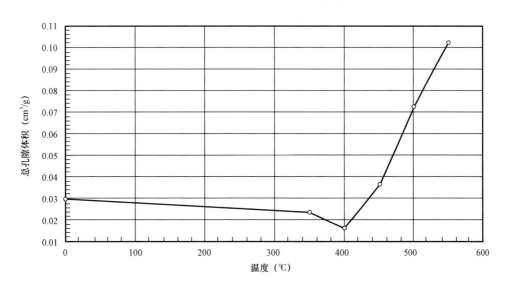

图 7.27　油页岩热解过程中总孔隙体积的变化

参 考 文 献

[1] Oil shale & tar sands programmatic. EIS; 2012.

[2] www. slb. com [Schlumberger].

[3] www. spectroscopyonline. com.

[4] http://www. eccos. us/oil – shale – in – co – ut – wy.

[5] Akashj BA, Jaber O. Characterization of shale oil as compared to crude oil and some refined petroleum products. 2003.

[6] Menzela D, van Bergena PF, Veldb H, Brinkhuisc H, Sinninghe Damstéa JS. The molecular composition of kerogen in Pliocene Mediterranean sapropels and associated homogeneous calcareous ooze. 2005.

[7] http://www. qer. com. au/understanding/oil – shale – z/oil – shale – formation. [7a] Hartgers WA, Sinninghe Damste JS, de Leeuw JW. Identification of C2 – C4 alky – lated benzenes infiash pyrolyzates of kerogens, coals and asphaltenes. Journal of Chromatography 1992;606:211 – 20.

[8] Schmidt Collerus JJ, Prien CH. Investigations of the hydrocarbon structure of kerogen from oil shale of the green river formation. 1974.

[9] Altun NE, Hiçyilmaz C, Hwang J – Y, Suat Bağci A, Kök MV. Oil shales in the world and Turkey: reserves, current situation and future prospects: a review. 2006.

[9a] Hounsfield GN. Computerized transverse axial scanning (tomography): Part I. Description of system. The British Journal of Radiology 1973;46:1016 – 22.

[9b] Hartgers WA, Sinninghe Damste JS, Requejo AG, Allan J, Hayes JM, Ling Y, Xie T – M, Primack J, de Leeuw JW. A molecular and carbon isotopic study towards the origin and diagenetic fate of diaromatic carotenoids. In: Telnaes N, van Graas G, Oygard K, editors. Advances in organic geochemistry 1993. Pergmon: Oxford. Organic Geochemistry 1994;22:703 – 25.

[9c] Colletta B, Letouzey J, Pinedo R, Ballard JF, Balé P. Computerized X – ray tomography analysis of sandbox models: examples of thin – skinned thrust systems. Geology 1991;19:1063 – 7.

[9d] Wellington SL, Vinegar HJ. X – ray computerized tomography. Journal of Petroleum Technology 1987;39: 885 – 98.

[10] Dean Allred V. Some characteristic properties of Colorado oil shale which may influence in situ processing.

[11] Aczel T, editor. Mass spectrometric characterization of shale oils: a symposium; 1986. Issue 902.

[12] Zeng H, Zou F, Lehne E, Zuo JY, Zhang D. Gas chromatograph applications in petroleum hydrocarbon fluids.

[13] Compton LE, Supercritical gas extraction of oil shale.

[14] Oil shales in the world and Turkey: reserves, current situation and future prospects: a review.

[15] Gilliam TM, Morgan IL. Shale: measurement and thermal properties.

[15a] Abu – Qudais M. Performance and emissions characteristics of a cylindrical water cooled furnace using non – petroleum fuel. Energy Conversion and Management 2002; 43(5):683 – 91.

[15b] Abu – Qudais M, Al – Widyan MI. Performance and emissions characteristics of a diesel engine operating on shale oil. Energy Conversion and Management 2002;43(5): 673 – 82.

[16] www. popularmechanics. com.

[17] Geology and resources of some world oil – shale deposits – Scientific investigations report 2005 – 5294.

[18] Prats SM, O'Brien SM. The thermal conductivity and diffusivity of Green River oil. SPE – AIME, Shell Development Co; 1975.

[19] Qing W, Liang Z, Jingru B, Hongpeng L, Shaohua L. The influence of microwave drying on physicochemical properties of Liushuhe oil shale.

[20] Speight J. G. Shale oil production processes.

［21］ Lee S. Oil shale technology.

［22］ Wang Y, Dubow J. Thermal diffusivity of green river oil shale by the laser – flash technique. Thermochimica Acta 1979;28(1):23 – 35.

［23］ Wang Y, Dubow J, Rajeshwar K, Nottenburg R. Thermal diffusivity of Green River oil shale by laser – flash technique.

［24］ Josh M, Esteban L, Delle Piane C, Sarout J, Dewhurst DN, Clennell MB. Laboratory characterisation of shale properties.

进一步阅读

［1］ http://infolupki. pgi. gov. pl/en/gas/petrophysical – properties – shale – rocks.

［2］［Online］http://www. geomore. com/porosity – and – permeability – 2/.

［3］ Bai J, Wang Q, Jiao G. Study on the pore structure of oil shale during low – temperature pyrolysis. International Conference on Future Electrical Power and Energy Systems. Energy Procedia 2012;17:1689—96.

［4］ Sandrea R. Evaluating production potential of mature US oil, gas shale plays［Online］Oil and Gas Journal March 12, 2012. http://www. ogj. com/articles/print/vol – 110/issue – 12/exploration – development/evaluating – production – potential – of – mature – us – oil. html.

［5］ Ruhi C. The five important implication of Shale oil and gas［Online］EP Energy Post January 10, 2014. http://www. energypost. eu/five – global – implications – shale – revolution/.

［6］ A primer for understanding Canadian shale gas; energy briefing note. National Energy Board Canada November 2009.

［7］ Natural Resources Canada, http://www. nrcan. gc. ca/energy/sources/crude/2114.

［8］ Understanding shale gas in Canada; Canadian Society for unconventional gas (CSUG) brochure.

［9］ Understanding hydraulic fracturing; Canadian Society for unconventional gas (CSUG) Brochure.

［10］ http://en. wikipedia. org/wiki/History_of_the_oil_shale_industry.

［11］ http://en. wikipedia. org/wiki/Oil_shale_reserves#cite_note – wec – 4.

［12］ Rice University, news and media relations. Shale Gas and US National Security July 21, 2011.

［13］ The economic and employment contributions of shale gas in the United States. IHS Global Insight December 2011.

［14］ Canada's energy future: energy supply and demand projections to 2035. The National Energy Board November 2011.

［15］ IEA. Golden rules for a golden age of gas: world energy outlook – special reports on unconventional gas. 2012.

［16］ Statics Canada. Report on energy supply and demand in Canada – 2008. Ottawa, ON: Statistics Canada; 2010. p. 29.

［17］ Worldwide Geochemistry. Review of data from the Elm worth energy Corp. Kennetcook #1 #2 Wells Windsor Basin 2008. Canada. 19p.

［18］ US Office of Technology Assessment. An assessment of oil shale technologies. 1980.

［19］ Dawson FM. Cross Canada check up unconventional gas emerging opportunities and status of activity. Paper presented at the CSUG Technical Luncheon, Calgary, AB. 2010.

［20］ Gillan C, Boone S, LeBlanc M, Picard R, Fox T. Applying computer based precision drill pipe rotation and oscillation to automate slide drilling steering control. In: Canadian unconventional resources conference. Alberta, Canada: Society of Petroleum Engineers; 2011.

第8章 页岩油油藏的生产方法

8.1 概述

页岩油生产是一种非常规的采油方法,将致密页岩中提取的烃类带至地表。与传统的可渗透多孔储层采油不同,页岩油在正常情况下不会自由流动,这是由于储油页岩的渗透率非常低。这往往需要生产技术,如水力压裂,以打开岩石,并允许流体流入。这种生产方式通常利用采矿来获得油页岩,并利用一系列的工艺(如加热或添加化学物质)将岩石中的干酪根转化为页岩油,这是合成原油的一种形式[1]。油页岩图如图8.1所示。

页岩油既可以通过采矿方式开采出来,也可以通过就地开采直接从储层中提取流体,而不需要将任何页岩带出储层进行加工。

图8.1 油页岩图片[2]

自21世纪初以来,随着钻井技术的进步,特别是水平钻井和水平压裂技术的进步,使致密油和页岩油的大量开采成为可能。再加上从2010年到2015年的高油价,导致了美国石油产量大幅增加(称为页岩革命),如图8.2所示[3]。

加拿大东部页岩气和致密油储备:魁北克省安提科斯提岛(Anticosti Island)和纽芬兰岛(Newfoundland)西海岸的岩石中含有大量含碳氢化合物的页岩,在港中港地区被称为牛头群(Cow Head Group)的格林角地层中。由于环保团体和公众施加的政治压力,禁止在岛上进行水力压裂使该地区对页岩的开发陷入停顿,但也许在未来随着技术证明自己,如果当前的经济气候允许,该地区将看到它的第一个商业发展。

本章将探讨包括页岩油生产历史在内的话题,并以加拿大东部和纽芬兰为例。此外,还对与常规原油相比,页岩油的生产方法、储层和岩石支柱的影响、使用的生产设施以及一些操作问题进行了关键分析。讨论了涉及页岩油生产和建模的理论,以及一些与页岩油和致密油生产有关的经济、实用和环境问题的信息。

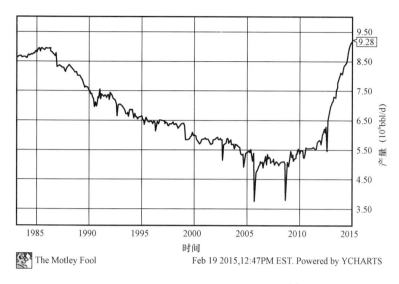

图 8.2　美国石油产量与时间的关系[4]

8.2　页岩油生产发展历史

在非常早期的历史中,油页岩被用作燃料,因为它们通常不需要任何加工就能燃烧,比如木炭或木材[5]。它也被用作装饰和岩石雕刻,以及建筑目的[6]。在 1684 年的英国,一个小组获得了一项专利,他们的方法是"从一种石头中提取并制造大量的沥青、焦油和石油"[7]。

19 世纪 30 年代,法国首次以页岩油为原料生产页岩油。大量的页岩被开采出来,并在专门的炉子里进行加热处理。到 19 世纪末,页岩油的生产已经扩散到世界其他地区。

在北美,早期的拓荒者们是在他们的油页岩砖制成的烟囱和里面的原木一起着火的时候,才艰难地了解到油页岩的易燃特性的。美洲土著人也不理解这种岩石的易燃性,称它为"燃烧的岩石"。第一批页岩油开采始于犹他州[7]。

在 20 世纪,页岩油的产量实际上下降了,因为传统的原油更容易生产,成本更低,而且更容易获得,所以从经济上讲,用页岩油生产石油并不可行。2016 年,油页岩的产量有限,但近年来,通过水平钻井和水力压裂从页岩岩层中生产致密油的应用大幅增加,尤其是在北达科他州巴肯页岩岩层等地区。在过去的一两年中,低油价使得许多新项目在经济上不可行,因为它们的高盈亏平衡的油价。如果经济环境对美国和加拿大的页岩油和致密油项目的发展更为有利,那么它们未来的页岩油和致密油项目就有很大的潜力。

在纽芬兰,在过去的两个世纪里,沿着海岸线和水道的该省西部一半地区都观察到了自然发生的碳氢化合物渗漏。整个岛屿的西部,北部半岛上,都有迹象表明地表有石油以气体排放的形式存在,岩石中有含气石油和脱气石油,以及刚被打开的岩石发出的油味。主要区域如图8.3 所示。

纽芬兰西部的第一口井是于 1867 年在帕森湖(Parson's Pond)钻成的,从这段时间到1991 年,总共钻了 64 口井,没有一口井使用地震数据。这些井中有许多井没有成功地达到总深度,但大多数井都钻遇了油气。据估计,在此期间,该地区可能总共生产了 5000 ~ 10000bbl

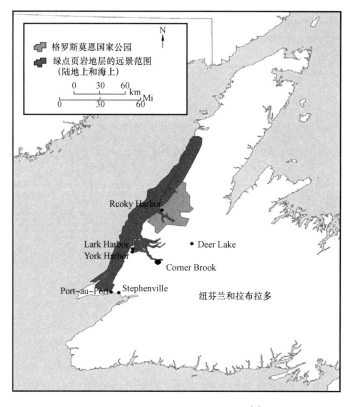

图 8.3　纽芬兰西部页岩油储量[8]

石油。自 1994 年以来,利用地震资料钻了 40 口陆上井、9 口陆上至海上井和 1 口海上井,用于勘探、描述或地层测试。在此期间,石油产量约为 4×10^4 bbl[9]。

目前,了解该地区的石油储量是在其相当早期由于有限的勘探和描述工作完成后,在当前时间,政府下令暂停在该地区开发,以更深入地了解该地区的地质及其对非常规石油产量的影响。此外,来自环保组织的压力,要求该省不允许水力压裂,也促使政府决定暂时停止目前的开发。因此,目前尚不清楚该地区的发展前景,有待省政府进一步审查。

在 1976 财政年度,美国能源研究和发展管理局(ERDA)发起了一项非常规天然气领域的研究计划,随后在 1978 年由美国能源部(DOE)继续进行。本研究计划包括三个要素:

(1)东部天然气页岩项目;

(2)西部含气油砂项目;

(3)煤层气回收计划。

2001 年,美国核管理委员会(NRC)评估了包括上述三个项目在内的许多能源部研发项目的效益和成本。2007 年,美国能源部非常规天然气研发项目的历史被记录在国家能源实验室 cory 的一份报告中。NRC 评估了 20 世纪 80 年代和 90 年代与能源有关的最重要的技术革新,以及能源部在发展这些技术方面的作用。

美国核管理委员会将水平钻井、三维地震成像和压裂技术列为最重要的创新技术。这三项技术被认为是开发页岩气的关键技术。NRC 认为,美国能源部在改进水平钻井和三维地震成像中的作用是"缺失的或最小的","致密气压裂技术"是"有影响的"。然而,NRC 没有包括

页岩油与页岩气手册——理论、技术和挑战　185

在致密气压裂技术影响下发展起来的页岩气压裂技术。这种排除在外的原因可能是,在 NRC 发布报告时,页岩气热潮还没有到来。微震压裂作图是对页岩气开发至关重要的另一项技术,但目前尚未得到充分的开发和应用。

8.3　油藏开采方法

人们用各种生产方法从地下开采石油。石油的开采方法有三种:一次采油、二次采油和三次采油。一般来说,页岩油开采需要更先进的生产技术。

8.3.1　一次采油

几乎所有常规油气藏的生产寿命都处于初级生产阶段,其中油气藏的富油率是由自然因素产生的。在这一生产阶段的储层能量,实际上是压力梯度,导致流体通过生产装置向地表运移。但是,如果不采用二次采油方法来增加储层能量,则随着生产过程中储层孔隙压力的降低,储层能量逐渐降低,并将停止生产。

8.3.2　二次采油

二次采油包括以使用人造能源生产石油为基础的石油生产方法。这意味着注入流体以增加储层压力,并进行人工驱动,包括注水和注气。

8.3.2.1　注水

注水是利用人工系统提高油藏产量,并直接注入生产带的油藏注水开发方法。由于水的密度大于油的密度,注水会使油上升并向生产井流动。注水可以增加从油藏中开采的石油量,但有时并不是最佳的采油方法,因为它可能有复杂的因素。水驱采油是目前最常用的二次采油方法,因为它成本低廉,而且通常水量大。油水运移比和油藏地质条件是决定注水效果的关键因素。

8.3.2.2　注气

注气与注水相似,注气是为了给储层提供一定的压力以生产石油。注气是通过专用注气井注气实现的。天然气通常注入地层气顶,而不是像注水那样直接注入生产层。

8.3.3　三次采油

三次采油包括石油生产方法,这些方法用于提高石油的流动性,以提高采收率。这一过程将通过使用蒸汽和化学制品来完成。这包括蒸汽驱,表面活性剂驱,CO_2驱。

8.3.3.1　蒸汽驱

蒸汽驱是将蒸汽泵入井中,最终蒸汽凝结成热水的过程。在热水区,油会膨胀,在蒸汽区,油会蒸发,导致黏度下降,膨胀,增加储层孔隙的渗透性。这是一个循环过程,是目前常用的提高采收率的方法[10]。

8.3.3.2　二氧化碳驱

注气是当今工业中提高采收率最常用的方法[11]。注气与注水相似,注气是将气体注入储层,以保持储层压力以生产石油。这是因为油和水之间的界面张力降低了。注气是通过特有的注气井注入气体来实现的。二氧化碳是一种常用的气体,因为它能降低石油黏度,而且比液化石油气便宜。

8.3.3.3 聚合物驱

聚合物下渗是将长链聚合物分子与注入水混合,从而提高水黏度的过程。在此过程中,油和水的迁移率增加。为了降低剩余油饱和度(注水后油藏中的剩余油),表面活性剂可以随着聚合物的加入而降低油水之间的表面张力。

8.4 页岩油藏开发过程与生产技术简介

8.4.1 页岩油藏开发过程

页岩油油藏通常有以下开发的过程:

开发进程的第一步是勘探。一个潜在储层必须通过研究它的地质情况、租赁矿业权进行评估。然后申请授权和许可来评估。

接下来,完成现场准备和井的施工阶段。勘探钻井是确定主岩特征,评价资源质量和数量的一种方法。为了准备现场,必须建造好井垫,并钻好井眼,以确定该井是否可能成功。

此外,有时也会用到水平井钻井。这种方法先垂直钻至储层上方一定距离,然后开始转向,直到与储层平行。水平钻井比垂直钻井更有利,因为即使它的成本更高,从较大的岩体中增加的产量足以抵消垂直钻井的较低成本。

定向钻井完成后,必须对油井进行增产,方法是在高压下向井中注水,在储层中形成裂缝,使石油喷向井筒。

一旦石油能够喷入井筒,石油就可在井口被收集起来,并开始运行和生产。生产井通常需要监测和检查是否有泄漏。

这一过程的最后阶段是生产阶段的结束,此时油井不再生产,被废弃。在弃井之前,公司必须确保油井密封良好。

页岩油通常与其他类型的致密油组合在一起,是由低渗透含油气地层(此处为页岩)中含有的轻质原油组成的石油。

当有机碳氢化合物被加热时,它会产生可燃气体、粗页岩油和回弹页岩。这种页岩油是通过各种技术获得的,如现场处理或地下处理。矿床的现场处理、压裂和干馏是进行的,而在地下处理中,页岩是在干馏容器中开采和加热的。在此基础上,将油页岩开采进一步划分为地下开采和地表开采。矿区的地形特征、可采性、覆盖层厚度和地下水的存在。既有表面处理技术的开发,也有现场技术的开发。表面处理主要通过采矿、热加工或干馏三个步骤进行,再经过加工得到炼油厂的原料[12]。图8.4给出了获得页岩油的各个阶段[12]。

8.4.2 油页岩钻井技术简介

如前所述,不同类型的技术用于页岩油的生产,但在当今工业中,最常用的页岩油生产方法是水平钻井和水力压裂。

8.4.2.1 水平钻井

水平钻井是一种常用的钻井技术,因为非垂直角度的钻井可以刺激储层,获得垂直钻井无法获得的信息。水平钻井可以增加储层与井筒之间的接触。如图8.5所示,垂直钻井,直到达到页岩油藏上方的深度。这个深度通常在地表以下 $1000 \sim 3000m$[12]。一旦达到这个计算深度,井开始以一个稳定增加的角度转向,直到井与储层平行。一旦井与储层平行,就会一直钻下去,直到达到预期的井深。

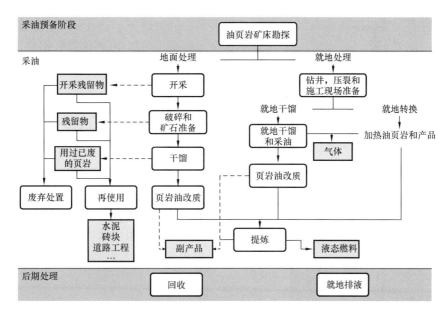

图 8.4　获得页岩油的各个阶段[12]

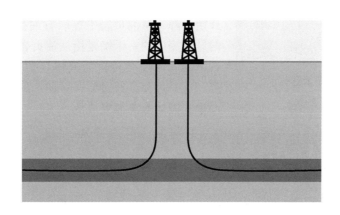

图 8.5　水平钻井[13]

8.4.2.2　多级压裂

多级压裂大多是在水平井中进行的。它包括将水平段分成几段,然后分别实施压裂(图 8.6)。在多级压裂作业中,每个压裂井段都与井筒的其余部分隔离。它是在各种类型的桥塞或封隔器的作用下的独立过程。在所有压裂阶段结束后,将桥塞取下,允许井筒的所有井段重新流回地面[14]。

8.4.2.3　水力压裂

当在致密油油藏中钻井时,需要采取增产措施。目前油气工业中常用的增产措施是水力压裂[14]。在非常规油藏中,储层的渗透率通常较低,必须开发额外的途径来使油气流动起来[14]。如图 8.7 所示,水力压裂通过向井筒内泵入流体施加压力,从而在储层中形成通道,使

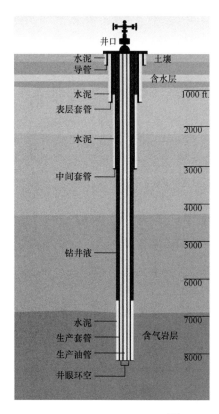

图 8.6　多级压裂示意图[15]

（AJ Granberg 制图）

原油能够流向井筒。水力压裂也通过将这些液体泵入储层来提高储层的渗透率。一旦岩石中出现了裂缝,砂子就会被泵入这些小裂缝中,并保持它们的位置。如图8.7 所示,水力压裂过程通常分为多个阶段。每一阶段都使用封隔器或堵头进行隔离,以确保裂缝在预期的方向和距离上生长。

水力压裂法需要大量的水（数百万加仑）,同时还需要从地下泵入砂子和化学物质。水力压裂已造成环境和健康问题,主要原因是化学物质被注入地下。水质污染已经成为一个问题,因为钻探的油井超出了合格标准,而且几个天然气行业没有披露这些化学物质,这让人们不知道他们可能在喝什么。此外,地震、井喷和废水处理方法也可能增加人们对水力压裂不利影响的担忧。

8.4.3　油页岩生产

现代工业使用油页岩开采石油可以追溯到 19 世纪中期,由于传统原油的可获得性,在第一次世界大战后开始下降。从油页岩中提取石油是通过一种叫作干馏的过程完成的。干馏是指从油页岩中提取石油时,将岩石中的固体烃类转化为液体烃类,以便进行加工的过程。这一过程是通过将岩石加热到非常高的温度,并将产生的液体分离而完成的。

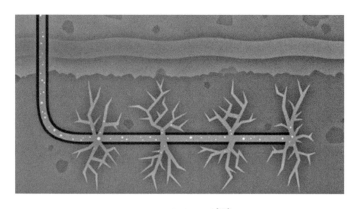

图 8.7　水力压裂[15]

8.4.3.1　地面开采

地面开采是将覆盖在矿石上的土壤和岩石除去的过程。地面开采主要有两种类型,条带开采和露天开采（图 8.8）。条带开采是通过移除一长条带上覆的土壤和岩石来开采一层矿物的过程。条带开采是近地表开采的一种实用采矿方法。露天矿开采是通过从露天矿或露天矿中开采出地球上的岩石或矿物的过程。

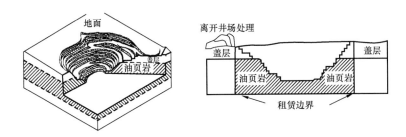

图 8.8   露天矿[16]

地面开采通常是用于开发煤层和存款的许多其他矿物质,但其可行性随身体的自然矿石。大型、低品位矿床通常具有经济上的吸引力,因为它能使资源得到高采收率,并为大型和高效率的采矿设备提供足够的空间。在一个非常厚的矿床中,露天开采可以开采出几乎90%的油页岩[17]。据说露天开采可以提供更高的采收率。图8.8为解释油页岩开采过程的露天矿。在油页岩带上方的一个区域钻取并爆破松散的上覆岩层,然后将其装载到一个处置区。一旦页岩层从爆破中暴露出来,页岩就会被钻孔、爆破,然后从坑中提取出来。

8.4.3.2   地下开采

地下开采是通过各种地下开采技术,从沉积岩中提取油页岩等矿物的过程。地下采矿技术与地面采矿技术有很大的不同。一些地下开采技术包括房柱开采和长壁开采。房柱开采通常是在浸油层状矿石中完成的。柱子被放置在一个特定的模板中,房间被挖空。该方法适用于油页岩等矿床。煤炭。长壁开采是一种自动化程度很高的采矿工艺,利用长壁开采机开采与设备表面一样宽、可能长达数公里的矿床块。然后用刀具从设备表面切割沉积物。房柱开采是开采油页岩常用的一种地下开采方法。

8.4.3.3   地面干馏法

地面干馏通常在油页岩开采标准流程、地面干馏和页岩油加工之后。一旦开采过程完成,油页岩就被带到一个设备中进行干馏,这是前面几节中解释的过程。一旦这个加热过程完成,石油在被送往炼油厂之前会经过进一步的加工来升级。

地面干馏有许多不同的类型,它们在操作特性和技术细节上往往有所不同。一般来说,有4种常用的地面干馏。第一种类型的干馏器是热传导通过干馏器壁传递的过程[17]。由于传导加热的方法往往很慢,这种类型的干馏器不常用。第二种类型的干馏器是通过在干馏器内燃烧碳质干馏页岩和热解气体所产生的流动气体来传递热量的过程[17]。第三种类型的干馏器是通过在干馏器容器外加热的气体来传递热量的过程[17]。第四种干馏器是将热固体颗粒与油页岩混合,从而使热量转化为铁[17]。

8.4.3.4   就地干馏

就地干馏是对油页岩进行地下处理的一种方法。油页岩在地下缓慢加热,产生的液体和气体直接从储层中提取。真正的就地干馏使用的是在特定的地层中钻取的注入井和生产井。通常使用的一种模式是五点模式,即在正方形的角上钻4口井,在正方形中心钻注入井[15]。然后通过注入井加热沉积物,为了提高效率,沉积物必须具有很高的渗透性。就地干馏不会产生地表干馏过程中因采矿而积累的废物处理量,因此是一个有吸引力的选择。

就地干馏的一种方法是壁导法。这种方法使用放置在油页岩地层中的加热管。在大约 4 年的时间范围内,利用加热元件内部的电加热将油页岩加热到 $650 \sim 700℃$ [18]。处理发生的区域通过一个由充满循环的超冷流体的井组成的冻结壁与周围的地下水隔离。这种方法有许多缺点,包括地下水污染的风险,水的广泛使用和巨大的电力消耗[18]。

8.5　岩性对油页岩产油的影响

致密页岩油藏的一个特点是其天然孔隙度和渗透率非常低。这意味着,与传统油藏不同的是,这些孔隙非常小,而且连接不良,因此油气无法使用标准的生产技术来生产。裂缝性页岩孔隙度一般小于 5% [19]。富油页岩的渗透率通常非常低,在 $0.001 \sim 0.0001mD$,而传统砂岩油藏的渗透率只有几十到几百毫达西[20]。因此,这些类型的储层需要某种形式的增产措施,以达到可生产流动的目的,通常是通过水力压裂技术,将水和支撑管在高压下泵入井中,形成微裂缝,从而使流体产生流动。

由于孔隙度是岩石中油气可以聚集的开放空间,而渗透性是油气是否可以流动的影响因素,所以很明显,较高的可渗透性和孔隙度在大多数情况下会导致更高的产量和更多的石油。因此,除非通过压裂来人为地提高渗透率和孔隙度,否则页岩并不是天然的好储层。页岩是由一些最小的颗粒形成的沉积岩,通常是淤泥和黏土大小的物质。页岩本质上是一种泥浆,在被埋和注入岩石后被压缩。正是由于其微小的颗粒组成,岩石被密集地充填,孔隙空间很小,而且空间之间的连通性很差[13]。因此,在页岩的分类中,在其他条件相同的情况下,从最小的泥沙颗粒中形成的页岩被认为是最不适合采油的。

页岩油形成的另一个重要方面是沉积环境,以及它是否允许有机物质积累。有机物质是油气形成的必要条件之一,在确定页岩床是否具有产油潜力时,有机物质是一个重要的考虑因素。含有能在适当条件下转化为碳氢化合物的有机物质的页岩称为黑页岩[21]。

另一个需要考虑的因素是储层本身的结构,尤其是储层的厚度和断层的数量。一般来说,断层较少、较厚的储层比断层较薄、且随着时间的推移已被分割成许多由断层分隔的较小区块的储层具有更好的采油潜力,因此需要更多的油井才能到达所有的靶区。

8.6　页岩油井口聚集

因为页岩油储层通常需要大量的井或侧钻来钻达所有目标区域,而且页岩油储层的分布往往比传统储层更分散(传统储层往往集中在较小的区域),因此开发页岩油储层可能需要大量的分散井场,这些井单井产量相对较低,油井经济寿命相对较短。这种类型的诸多井场如图 8.9 所示。

这类井场通常需要管网从许多井中收集生产流体,将原油输送到一个中央处理地点,这个地点可能离井场本身相当远。

此外,页岩储层井的生产设备,包括井口、套管、采油树等,必须进行高压作业,以方便水力压裂作业,水力压裂作业需要在非常高的压力下泵送流体使储层岩石破裂(图 8.10)。

如图 8.10 所示,在井口和采油树总成中有许多组件。井口是连接生产油管和套管的地面设备,将这些部件与外部环境密封。井口和采油树,本质上是一个由阀门和管道组成的大型组

图 8.9   致密/页岩油藏井口位置[22]

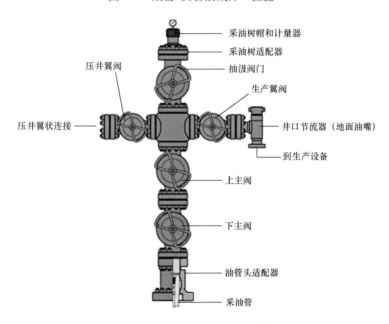

图 8.10   井口及采油树图[23]

件,用来引导和控制来自油井的流体流动。其中一些最重要的部件是生产和环空主/翼阀、交叉阀、生产节流器、仪表、油管悬挂器、化学/气举/甲醇注入设备,以及任何需要的安全设备,如压力安全阀。如果需要,生产主阀和翼阀用于关闭生产油管。环空阀用于进入油管与套管之间的环形空间。生产油嘴可用于储层管理的目的,抑制来自油井的生产。通常有压力、温度、密度和其他测量仪器,如测量出砂量或电阻率的仪器。油管悬挂器支撑着悬挂在井筒中的管柱。离开每个采油树的气流被收集到一个中央管汇,在那里它被送往生产工厂进行分离、处理并送往仓库。

8.7　用于建立页岩油生产方法模型的控制方程

当考虑页岩油生产方法时,就像所有其他流动在多孔介质中的流动一样,大多数生产方法模型的主要控制方程是达西定律[24]:

$$q = -\frac{KA}{\mu}\frac{\partial p}{\partial L} \tag{8.1}$$

式中:q 为体积流量,cm^3/s;K 为渗透率,D;A 为流动横截面积,cm^2;μ 为黏度 mPa·s;$\partial p/\partial L$ 为压力梯度,atm/cm。

这个方程是一维流动的化简,其中流体只在一个方向上流动。通过多孔介质的流体流动通常比这复杂得多,但是达西(Darcy)方程给出了用户关于潜在流体流动的一些边界[24]。该方程表明,渗透率和截面积与流量成正比,而黏度与流量成反比。此外,随着压力梯度的增大,雾化速率也随之增大。最后,负号表明,对于正流量,压力梯度必须为负,这意味着流体将向低压区域流动[24]。

在初级页岩油生产中,主要是达西定律控制着产量。利用该方程可以很好地估计产量。常规油藏与页岩油藏的关键区别在于渗透率不同,常规油藏渗透率一般为 0.5~50mD,而页岩油藏渗透率可低至 0.5~5mD,即常规油藏渗透率是页岩油藏渗透率的 1000 倍[25,26]。

在页岩油二次采油中,可以利用物质平衡方程来确定采收率和储层中原始油的位置。下式描述了页岩油的物质平衡:

油相体积变化量 + 气相体积变化量 + 水相体积变化量 + 固相体积变化量 = 0 (8.2)

最终,了解这些体积随压力变化和储层岩石性质的变化可以确定储层的体积和估计的采收率等因素。

最后,对于三次采油,一个主要的控制方程是水力压裂过程中储层内部裂纹扩展的控制方程。由于水力压裂能够提高近井渗透率,提高连通性和产量,因此常被用于页岩油生产中,以提高流量。水力裂缝扩展的控制方程为[26]:

$$w_{(x,t)} = 2.52\left[\frac{(1-\nu)Q\mu L}{G}\right]^{1/4} \tag{8.3}$$

式中:w 为裂缝宽度;ν 为页岩泊松比;Q 为压裂液流量;μ 为流体黏度;L 为裂缝扩展长度;G 为页岩剪切模量[26]。可以明显看出,随着流量、黏度和断裂长度的增加,裂缝的宽度也随之增加。当泊松比或页岩剪切模量增大时,裂缝宽度减小。如果知道宽度,就可以得到长度。了解这些参数有助于从近井孔隙度和渗透率的改善中估算井眼连通性的改善和流入油率的改善。

破裂压力也是页岩油生产中常用的参数之一。了解这个参数可以帮助工程师确定他们必须给油井施加多大的压力才能实现裂缝。控制方程为[27]:

$$p_w^{frac} = 3\sigma H - \sigma_v - p_f + T_o \tag{8.4}$$

式中:p_w^{frac} 为裂缝发生的井筒压力;σ_H 为最大水平主应力;σ_v 为垂向应力;p_f 为孔隙压力;T_o 为地层的抗拉强度。

最后,裂缝大小与近井筒介质渗透率有关,可以更好地预测储层内流动剖面。当裂缝的孔径数据(长、宽、高)已知时,该数据与渗透率、孔隙度之间的关系可由下式计算得到[28]:

$$\phi_{frac} = 0.001 W_f D_f K_{fl} \qquad (8.5)$$

$$K_{frac} = 833 \times 10^2 W_f^3 D_f K_{fl} \qquad (8.6)$$

式中:ϕ_{frac} 为裂缝孔隙度;K_{frac} 为裂缝渗透率;W_f 为裂缝开度;D_f 为裂缝频率;K_{fl} 为主要裂缝方向数,其值分别为1(近水平或近垂直裂缝)、2(正交近垂直裂缝)和3(无序的或角砾状的裂缝)。式(8.5)和式(8.6)与式(8.3)和式(8.4)结合起来。可以根据从生产井获得的数据的质量和类型产生许多相关性[28]。

8.8　页岩油藏生产工艺建模与优化

页岩油生产技术的建模和优化通常是在专门为油田建模和仿真设计的计算机程序中进行的。一旦确定了孔隙度和渗透率等岩石参数以及黏度等流体属性,就可以建立一个模拟页岩油田生产的计算模型[27]。

对于油井,优化公式中要纳入的控制变量的选择是基于以下考虑:

(1)从井模型方程的变量中选择要作为控制变量的变量;

(2)如果选择阀门设置作为控制变量,它可以是连续变量,也可以是整数。

使用整数变量被认为是自闭建模的一种主动方法。使用这样的整数变量来建模开/关阀门也很有意义。关井会导致储层压力增加。这种压力积聚是由阀门设置为零触发的,从而在网格压力中给出一个阶跃响应。这在模拟和优化页岩气井切换过程中都是一个重要的特性。在不确定最优解的具体结构的前提下,仅通过控制井口压力,同时避免整数变量,是不可能实现自闭的。使用整数值是处理流量下界的有效方法。但是,请注意,在将整数变量引入到问题的公式中之后,解决方案及其实现的过程会发生明显的变化。

油藏建模和生产建模软件多种多样,但它们都利用了相同的控制条件,即利用有限差分分析实现三个方向的质量平衡。一些可用的商业软件包括 Eclipse、EM Power、ExcSim、Reservoir-Grail 和 Merlin,这里仅举几个例子[29]。

如前所述,有限差分模型的控制方程是三个方向的质量平衡。这使得模型可以离散成小的三维元素,并在每个面应用质量平衡。质量平衡方程为[30]:

累积质量流量 = 流入的质量流量 − 流出的质量流量 + 化学产品净产量

$$\frac{dm}{dt} = \dot{m}_{in} - \dot{m}_{out} + \dot{m}_{reaction} \qquad (8.7)$$

斯伦贝谢公司(Schlumberger)提供的 Petrel 和 Eclipse 是一个经常用于页岩油油藏模拟的程序。地质录井员在程序中生成储层结构、岩石光刻和地层学特征,并根据探井钻探得到的岩心样本确定孔隙度、渗透率和其他岩石性质。接下来,油藏工程师根据测试数据和流体分析,在结构中注入石油、水和天然气。通过对储层参数的编辑,将模型与生产数据进行匹配[31]。

一旦历史数据匹配,该模型就可以通过确定从哪口井生产以及关闭哪口井来优化产量。这就是所谓的发展战略,可能受到天然气或水的生产能力、注入能力或许多其他因素的限制或阻碍。此外,该模型可以识别目前尚未确定的油藏位置,并提供潜在的加密机会。

除了利用储层模型进行优化外,还可以通过优化注入流体,使流体和岩石组分反应达到最佳,从而刺激增产,提高注入效率和波及程度,用表面活性剂使页岩中的油层疏松,并通过压裂或酸化提高产能指数[32]。

在页岩油生产优化中考虑压裂时,必须考虑裂缝的组成。用于裂缝生成和扩展的流体必须是不可压缩的,以确保井下压力能够充分增加裂缝压力。此外,支撑剂通常用于在压力释放后保持裂缝宽度,从而保持井筒附近的渗透率较高,提高产能指数。图 8.11 显示了压裂流体的典型体积组成。

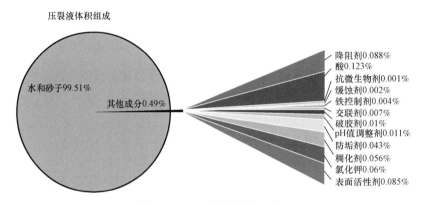

图 8.11   压裂液的体积组成

如图 8.11 所示,99.51% 的流体体积为水或砂子。水是不可压缩和不参与反应的,因此在压裂过程中非常有用。砂子作为井下支撑剂,可以根据预期的裂缝宽度改变颗粒大小。太细的砂子不会有效,因为它无法阻止裂缝闭合,而太大的颗粒根本不会进入裂缝[33]。剩下的 0.49% 的体积是其他化合物,用于减少泥浆的摩擦,抑制腐蚀,铁和水垢,调节 pH 值,甚至是表面活性剂,以降低泥浆和储层流体之间的表面张力[33]。总之,这种压裂液有效地改善了油井的流动性能,优化了页岩油的产量。

8.9   页岩油生产的筛选标准

在考虑页岩油生产的筛选标准时,有一种主要的生产方法需要考虑——水力压裂法。在考虑将水力压裂作为一种采油方法时,首先必须对储层进行筛选,以确保其符合适当的工艺标准。在这种情况下,主要应考虑岩石强度特性,以及泡沫容量和流体类型。首先,如果储层的岩石强度太大,就需要非常高的压力来破坏岩石,而使用现有的设备可能无法做到这一点,或者考虑到预期的采收率,这种压力可能会变得过于昂贵。如果岩石太脆,高的断裂压力会导致岩石裂缝太长,这同样是不利的,因为没有断裂的岩石根本不会生产。其次,如果地面设施没有足够的流动能力,如果无法产生举升,可能就没有必要压裂井。最后,液压裂缝要想发挥良好的作用,必须采用轻质至挥发油型。中、稠油将无法通过裂缝生产,因此其他生产方法,也许应采用符合压裂要求的方法。

除了压裂,另一种方法是注蒸汽,注蒸汽对黏度高、分子体积大的稠油和中稠油更为有效。当注入蒸汽时,能量被添加到石油中,然后从页岩储层岩石中释放出来。因此,流体能够更自由地在储层内流动,根据达西定律,黏度降低,流体流动变得更容易。

第三种替代生产方法是使用气举,通过减轻井筒内的流体柱和降低静水头来增产。该方法最好应用于欠饱和油中,因为添加的气体被吸收到溶液中,然后在表面分离。如果将气体添加到气泡点以下,可能会发生段塞,这可能会轻微阻碍生产。此外,只有在地面设施有足够的天然气供应时,才能使用注气。如果没有足够的提升可用,那么生产可能变得不稳定,甚至停止[34]。

8.10　页岩油生产经济性分析

页岩油的生产对世界有很多好处。如果每一桶进口石油都被一桶国内石油生产所替代,贸易逆差就会由于这一桶石油的成本而减少。日产量为 10×10^4 bbl 的成熟工厂的平均最低经济价格如下:

(1)38 美元/bbl(就地开采);

(2)38 美元/bbl(地面开采);

(3)57 美元/bbl(地下开采);

(4)62 美元/bbl(就地改性)。

据估计,到 2030 年,油页岩日产量达到 300×10^4 bbl,有可能导致全球油价下降 3%～10%。在未来30年增加国内生产可以帮助避免3250 亿美元的进口。商业的、全面的、原位油页岩项目可以在 $1 \times 10^4 \sim 10 \times 10^4$ bbl/d 的范围内进行大约 30×10^4 bbl/d 的地表干馏。工艺技术和资源质量是控制资金和经营成本的两个因素。资本和作业费用的模型估计数分别为 $12 \sim 20$ 美元/bbl(资本性支出)和40000～55000 美元/d 生产能力(作业支出),其中包括采矿改造和升级。然而,成本因开采、还原和升级而异。潜在油页岩生产的总收入被用来估计 GDP 以及对贸易逆差的影响。将各主要成本要素的劳动要素分离出来计算劳动成本。油页岩项目的最低经济价格,也就是世界原油价格所要求的 15% 的项目收益率,也是在技术和资源质量的基础上确定的。据估计,到2020 年,页岩油产量有望达到 50×10^4 bbl/d,然后在未来 15 年保持稳定。此外,页岩油的累计产量预计将达到 128×10^8 bbl。页岩油开发预计还将创造多达 30 万个高薪职位,对就业产生显著影响。表8.1 总结了的典型成本[35]。

表 8.1　页岩油生产典型成本汇总

项目	单位	正常营业	有针对性的税收激励	研发(RD&D)
生产	10^9 桶	3.2	7.4	12.8
直接的联邦财政收入	10^9 美元	15	27	48
直接当地/国家收入	10^9 美元	10	21	37
直接公共部门收入	10^9 美元	25	48	85
对 GDP 的贡献	10^9 美元	310	770	1300
避免进口价值	10^9 美元	70	170	325
新的工作岗位	FTE(1000 个)	60	190	300

　　以二叠纪盆地为例,对致密油储层进行了经济分析。二叠纪盆地是一个沉积盆地,主要分布在美国得克萨斯州西部和新墨西哥州东南部。根据参考文献[35],"自20世纪90年代初以来,石油生产成本几乎翻了一番,二叠纪盆地致密油的盈亏平衡价格约为61美元/bbl",见表8.2。

表8.2　盈亏平衡油价[35]

层位	油井数量(口)	盈亏平衡油价(美元)
Trend Area – Spraberry	873	54.75
狼营(Wolfcamp)	992	75.36
骨泉(Bone Spring)	692	49.24
总/加权平均	2557	61.25

　　从表8.3可以看出,二叠纪盆地的钻井和完井费用估计约为1900万美元。运营成本约为36美元/bbl。开采税为4.6%,净收益利息为75%,并有8%的贴现率。

表8.3　二叠纪盆地经济成本[35]

参数	Trend Area – Spraberry	狼营(Wolfcamp)	骨泉(Bone Spring)
钻井和完井费用(万美元)	640	700	600
营业开支[美元/bbl(油当量)]	12	12	12
开采税(%)	4.6	4.6	4.6
净营收利息(%)	75	75	75
贴现率(%)	3	8	8

　　匹兹堡大学发布的一份报告完成了成本细分,报告显示了钻一口现场油井的总体成本。表8.4列出了成本。

表8.4　现场井的经济成本

作业方式	费用(美元)
土地征用及租赁	2100000
许可	663000
水平钻井	1200000
水力压裂	2500000
完井	200000
生产到聚集	472000
总费用	7135000

　　这个成本细目并不能涵盖每一个井,因为某些类型的操作的成本或多或少取决于项目,但这是对总成本的一个很好的估计。

8.11　油页岩开采的优势与局限性

8.11.1　石油价格的影响

石油页岩生产最大的限制是石油价格。直到过去 10 年左右的时间,油页岩生产只能产出少量的油,使生产在经济上不可行的。在采取新技术(如水平钻井技术)之前,提取页岩油的主要过程是地面开采,比如露天开采和条带开采。用这些方法,加工成本很高,油价可能不会支持足够的石油经济,特别是当有更便宜的石油可用时。第二次世界大战后,世界各地的油页岩产量持续增长,直到 1973 年的石油危机。世界页岩油产量在 1980 年达到 4600×10^4 t 的峰值,2000 年由于传统石油的廉价供应而下降到 1600×10^4 t 左右。

21 世纪初,由于多种因素的影响,油页岩生产开始蓬勃发展。一方面是技术的进步,使产油量的上升,另一方面是不断上涨的油价。这在美国掀起了一场石油生产革命。直到 2015 年石油行业暴跌之前,页岩油产量一直在快速增长。当每桶的价格直线上涨时,除油页岩外的所有生产方法都涨价了。自石油价格暴跌以来,生产速度急剧下降,至今仍未恢复。这是证明页岩油产量受油价影响的又一个例子。

阿尔伯塔省北部的阿萨巴斯卡油砂是最大的传统油页岩生产基地之一。目前每天大约生产 130×10^4 bbl 石油,主要来自地表开采。虽然大多数作业是露天开采,但也采用了原地开采的方法,例如蒸汽辅助重力排水。

尽管由于经济衰退的原因,就地石油生产基地已丢失,但在全世界范围内仍有许多井场,特别是在北美。在美国,许多井场仍在生产。仍在定期新建井场,如鹰滩页岩井场。

8.11.2　技术的影响

近年来,由于北美页岩油的蓬勃发展,从页岩储层中生产氢动力汽车油桶的技术变得越来越复杂。这项技术既有优点也有局限性。

目前在页岩油油藏中使用的技术的一个优势是,与只使用直井相比,水平钻井可以更有效地针对油藏的长而薄的部分。此外,侧钻井或钻多边井的能力可以通过减少必须钻的新井的数量来帮助降低成本。在地面上,许多井可以从一个平台钻出来,而卡车上的移动设备可以一次又一次地用来钻更多的井,这意味着每口井的额外成本可以非常低。此外,现代压裂作业有能力将注入的大部分材料带回到地面,并有能力在未来的工作中重复使用这些材料。通常,当一口井的使用寿命达到极限时,它的设备也可以在另一口井上重复使用。

8.11.3　社会影响

页岩油生产技术的一些最显著的缺点涉及其公众声誉,尤其是在媒体中。许多地方政府迫于压力禁止水力压裂(包括加拿大大西洋地区),原因是公众担心水力压裂法与一系列负面问题有关,包括地震事件、地下水污染、健康问题和过度使用淡水。由于这些原因,在前沿地区开发页岩油油藏可能具有挑战性,而且可能需要经过漫长而昂贵的审批过程。此外,页岩油井通常具有较高的盈亏平衡油价,因为与常规油井相比,页岩油井的钻井成本更高(需要水平钻井和增产技术),需要精确的钻井方法才能打薄层,而且往往不能长时间生产大量油气。因此,在不确定的经济时期,特别是在油价较低或波动特别大的时候(比如现在),为页岩油的开发辩护可能是困难的,尤其是在那些至少尚未部分成熟的地区。

由于公众的反对,许多油页岩开采活动已经暂停或完全取消。由于油页岩生产所带来的一系列环境问题,许多人不希望在他们的地区进行开采。这份清单包括气体排放、水消耗、水污染、地震活动增加以及向水中释放的放射性物质。关于油页岩开采的研究已经做了很多,而且仍在进行中,但结果各不相同。例如,目前有在纽芬兰西海岸开始生产的计划,但由于公众的强烈反对而被搁置。

8.11.4 环境影响

油页岩开采对环境的影响一直是一个大问题。许多环保组织都反对开采油页岩。在美国和加拿大,有一系列联邦法律对页岩气和石油开发的大部分环境方面进行管理。联邦法律可以处理地理、水文、气候、地形、工业特征和地方经济等活动的区域和州的具体特征。州政府机构不仅实施联邦法律,而且还实施自己的一套联邦《国家环境政策法》(NEPA),要求将环境作为州一级的基础。联邦法律有权规范、允许和执行从钻井到压裂的所有活动。每个州都要求开发商在钻探和压裂油井前必须获得许可。许可证包括有关井位、建造、操作和填海造地的资料。许可证获批前,总会进行实地视察[36]。

纽芬兰西海岸的一项计划已被搁置,等待环境影响评估后才能实施。油页岩项目对土地利用、水资源管理、空气污染和温室气体排放都有影响。地面开采、回采和水力压裂都有其独特的影响,但地面开采对环境的影响最大。

8.11.4.1 地面开采

(1)供区使用。

油页岩地表开采需要大面积的土地。这个地区需要采矿、加工和废物处理,这将使土地伤痕累累,在很长一段时间内无法使用。因此,生产不应在人口密集地区附近进行。在任何操作完成后,操作人员必须重新恢复土地,但是恢复需要时间,而且通常不能使土地100%恢复到原来的样子。

(2)废料。

生产过程中产生的废弃物,如矿山废弃物、粉煤灰、废油页岩等,也会占用土地进行处理。这些废料可能被硫酸盐、多环芳烃和已知有毒和致癌的重金属污染。由于这个原因,废料不应该直接在地下处置,而是放在一个垃圾填埋场,以减缓或停止污染地下水。

这些露天坑和堆填区也引起了人们对空气污染的关注。通过对垃圾填埋场中废弃物的处理,验证了大气污染物的分布规律。可传播的有害化学物质是已知的致癌物质,可能与油页岩地区哮喘和肺癌的上升有关[36]。

(3)气体排放。

另一个环境问题是生产过程中产生的温室气体。油页岩开采过程中产生的气体排放量要高于传统开采方法。这些排放进入了全球变暖的话题,也是想要关闭油页岩生产的普通民众反对的一个主要原因。

(4)用水量。

公众如此反对的最大因素是油页岩生产造成的水污染和用水问题。地表开采严重影响了周边地区的水径流。很多时候,必须抽水以降低地下水位,以便生产。水位的降低会对周围环境造成极大的危害,因为它会减少该地区正常的水量。这种效应可以杀死森林或其他生物特征的配偶。在整个生产过程中也要使用大量的水。水是淬火热材料所需的,也是控制机器扬起的灰尘所需要的。当油页岩在美国蓬勃发展的时候,特别是在美国西海岸,用水量受到了很大限制。在过去的 10 年里,美国西海岸一直处于干旱状态[37]。

8.11.4.2　原地油页岩开采

与地表开采相似,原地油页岩开采对周边地区供水的影响也是一个值得关注的问题。人们对地下水和地表水污染、水的使用和放射性污染进行了许多研究。

(1)水污染。

在现场生产中,注入地下的液体由许多化学物质组成,有时还含有放射性示踪剂。大多数注入的化学物质对人体无害,但在美国的一些项目中,已经使用了致癌化学物质。使用这些汽车致癌物引发了很多争议,一些公司甚至将这些化学物质列为商业机密,以掩盖它们的使用。所有这些被泵入地下的化学物质在很多情况下都导致了地下水的污染。已进行了许多详细研究,以调查污染不同的结果。有时在生产过程中,裂缝会形成一条通道,使压裂液渗入地下水。很多时候,钻井公司会钻一口单独的井作为处理井。他们把所有不必要的液体泵回地面,这也导致地下水污染[38]。

除了地下水污染,原位油页岩在地表也有污染。在被注入的液体中,有很低比例的液体流回表面,但需要妥善处理。在某些情况下,采收率低于 30%,包括注入流体、地层物质和盐水的混合物。表面泄漏的发生比想象的要频繁。这些泄漏大多是由于设备故障或工程失误造成的。

(2)放射性同位素

另一个值得关注的问题是油页岩开采会带来放射同位素。在油页岩中,天然存在放射性物质。这些材料可以是镭、氡、铀和钍。在很多情况下,特别是在美国,当地的污水处理厂会对家禽粪便进行过滤。这些污水处理厂不是用来过滤或处理放射性物质的,而是让这些物质回到其他过滤过的水中。这已成为一个大问题,也是与油页岩开采进行斗争的另一个切入点。美国环境保护局认为这对现场工作人员和附近地区的其他人都构成风险[39]。

(3)地震影响。

由于认为油页岩开采增加了地震活动,因此引发了许多反对意见和研究。这些研究提供的证据表明,油页岩开采活动可能导致地震活动性增加,从而导致微地震。这些小型地震通常小到人无法感知到,但在某些情况下,比如 2011 年发生在英格兰的一次地震,当地居民也能感觉到。

处置井中废液回灌对地震活动的影响最大。与作业所引起的地震活动类似,许多地震的规模太小而无法被感觉到,但这些地震的公众感受程度更高,震级也更大。这些处理井的严重程度据说是由于其位置靠近现有断层,但研究仍在进行中。

(4)空气排放。

由于作业过程中产生的气体排放,现场作业对气候变化构成了高风险。与传统的石油开采方法相比,主要的区别在于甲烷气体的释放量。关于油页岩是否比其他任何方法都更糟糕,对全球变暖的影响一直存在争议。康奈尔大学(Cornell University)教授罗伯特·W·豪沃思(Robert W. Howarth)的一份报告完成了一项研究,显示油页岩开采的排放量明显更糟,而不是传统的石油或煤炭开采。他的研究引发了许多辩论和争论,有人批评他,并将他的报告与另一份报告进行比较[40]。

8.12   页岩油开发的前景分析

如前所述,关于页岩油的开发主要有两种观点:一种是支持的,另一种是反对的。页岩油开发的支持者认为,页岩油开发帮助美国减少了对外国石油进口的依赖,这意味着欧佩克成员国的石油进口可能会减少。这削弱了欧佩克推动油价上涨的部分力量。此外,油页岩开发可以成为当地乃至大规模经济增长的巨大推动力,因为不仅在石油的上游生产方面,而且在石油的下游精炼和加工成有用产品方面也创造了新的就业机会。蓬勃发展的石油业也带来了衍生业务的增长,包括专门从事钻井、完井、压裂和油田设备制造等业务的石油服务公司。高薪工作的增长也对其他行业产生了积极影响,因为在一个地区,拥有高薪工作的人越多,当地餐馆、商店和娱乐场所的消费也就越多。石油繁荣地区的新住宅建设和商业发展也经常出现增长,从而产生进一步的副产品效应。总的来说,支持油页岩开发的人士认为,开发带来的经济效益是推动油页岩开发的主要原因[41]。

还有一群人认为页岩油项目的负面影响大于其带来的经济效益。尽管该行业创造了就业机会,但许多人反对随着石油繁荣而来的卡车运输和重工业工作的增加。石油产量和管道越多,自然就越有可能发生泄漏和事故。有证据表明,水力压裂作业可能与地区地震活动增加有关[42]。许多人认为,页岩油的开发可能是地下水污染的原因,压裂后,流体或实际石油可能向上渗透,到达地下水位。此外,油田的建设需要为井台和道路清理森林,这引发了那些反对砍伐森林的人的抗议[41]。

显然,人们对油页岩开发的优点是否大于缺点进行了辩论。目前,页岩油开发的高成本和低石油价格是阻碍新页岩油的启动项目,但是如果经济环境变得更加有利于生产,经济效益与环境问题的辩论将再次成为一个突出的问题。

为正确预测页岩油产量,可能进行钻井。适宜钻井的生产面积和最佳井距是控制最大待钻井数的两个因素。目前的估计显示,在北达科他州的巴肯油田,钻33000~39000口井是可能的。

在预测未来页岩油产量时,需要考虑的另一个非常重要的问题是,最终采收率取决于井距,并随着井密度的增大而减小。换句话说,钻探新油井生产页岩油的速度加快,将导致产量迅速增加。例如,据估计,巴肯油田2000bbl的日产量可能无法持续,因为到2022—2025年,开采潜力将会枯竭。到2020年,巴肯组最可能的产量水平为1500bbl/d。另一个问题是,生产企业需要不断增加活跃钻井平台的数量,以便能够持续高水平生产。活动井数量的持续增加将使公司需要雇佣更多的钻井工人。然而,据统计,在不久的将来,合格的钻井人员的供应被认为是一个挑战。水力压裂工人的短缺也可能成为未来全球页岩油生产的一个关键限制因素。

8.13   结论和建议

在研究的基础上,提出了几点建议和结论。页岩油是一种非常规原油储备,需要更昂贵、技术更先进的技术设备才能生产。在一些地区,围绕页岩油开发也存在着重大的公众争议。要着手开发一个新的页岩油项目(如纽芬兰西海岸),需要进行几个重要的考虑。了解页岩油生产中所采用的不同生产工艺是很重要的,在了解储层性质的基础上,选择最佳的方法或方法组合。应进行环境分析,演示如何在最小的环境干扰下安全地进行操作。应考虑召开公众信息会议和咨询,向公众通报开发人员为创造安全有效的操作而采取的行动。必须完成一项经济分析,考虑到石油价格、开发成本、运输和炼油成本等因素。只有当一个项目很有可能实现盈利时,工作才应该进行。此外,理解页岩油生产中涉及的理论,建立高质量油藏模型进行模拟,对于优化井位布置和完井设计也非常重要。遵循这些建议应该会增加开发成功的可能性。

<h2 style="text-align:center">参 考 文 献</h2>

[1] AMSO, Oil shale extraction methods, [Online]. Available from: http://amso. net/about – oil – shale/oil – shale – extraction – methods/.

[2] HowStuffWorks, What's oil shale? [Online]. Available from: http://s. hswstatic. com/gif/oil – shale –2a. jpg.

[3] Council on Foreign Relations, The shale gas and tight oil boom: U. S. States' economic gains and vulnerabilities, [Online]. Available from: http://www. cfr. org/united – states/shale – gas – tight – oil – boom – us – states – economic – gains – vulnerabilities/p31568.

[4] yCharts, Us crude oil field production, [Online]. Available from: https://media. ycharts. com/charts/7f20a289fbe422ef0287d59f3c9c0c96. png.

[5] Knutson CF, Russell PL, Dana GF. Non – synfuel uses of oil shale. 1987. Golden, Colorado.

[6] National Geographic, Oil shale, [Online]. Available: http://nationalgeographic. org/encyclopedia/oil – shale/.

[7] Redleaf Resources, Inc. History of oil shale, 2013. [Online]. Available from: http://www. redleafinc. com/history – of – oil – shale.

[8] Bird L. Fracking not 'a game changer' for N. L. , says independent report. CBC; May 31, 2016 [Online]. Available from: http://www. cbc. ca/news/canada/newfoundland – labrador/western – nl – hydraulic – fracturing – report – released – 1. 3607408.

[9] Natural Resources Canada, Newfoundland and labrador's shale and tight resources, [Online]. Available from: http://www. nrcan. gc. ca/energy/sources/shale – tight – resources/17700.

[10] Prats M. Thermal recovery, Richardson, Texas: monograph series. SPE; 1982.

[11] Hobson GD, Tiratsoo EN. Introduction to petroleum geology. Scientific Press; 1975.

[12] Pan Y, Mu J, Ning J, Yang S. Research on in – situ oil shale mining technology. Fushun City, Liaoning Province, China: Liaoning Shihua University; Allouche E, Ariaratnam S, Lueke J. Horizontal directional drilling: profile of an emerging industry; 2000.

[13] www. Geology. com, Shale, [Online]. Available from: http://geology. com/rocks/shale. shtml; Arogundade O, Sohrabi M. A review of recent developments and challenges in shale gas recovery. Heriot Watt University.

[14] Arthur JD, Uretsky M, Wilson P. Water resoures and use for hydraulic fracturing in the marcellus shale region. Pittsburgh: ALL Consulting; 2010.

[15] World Wide Metric, The pros and cons of fracking for oil, [Online]. Available from: http://blog. worldwidemetric. com/trade – talk/the – pros – and – cons – of – fracking – for – oil/.

[16] Hearings on oil shale leasing. In: Subcommittee on minerals, materials and fuels; 1976.

[17] Daood A. Princeton. edu. 2014 [Online]. Available from: www. princeton. edu/ ~ ota/disk3/1980/8004/800407. PDF.

[18] USOT Assessment. An assessment of oil shale technologies. Diane Publishing; 2007.

[19] Zendehboudi S. D2L. 2016［Online］. Available from：https：//online. mun. ca/d2l/le/content/218361/view-Content/1964867/View？ou=218361.

[20] Natural Resources Canada, Geology of shale and tight resources Canada,［Online］. Available from：http：//www. nrcan. gc. ca/energy/sources/shale－tight－resources/17675.

[21] U. S. Energy Information Administration. Shale in the United States. July 20,2016［Online］. Available from：https：//www. eia. gov/energy_in_brief/article/shale_in_the_united_states. cfm.

[22] E. &. S. S. News. Hydraulic fracturing water use is tied to environmental impact. November 4,2015［Online］. Available from：https：//eos. org/research－spotlights/hydraulic－fracturing－water－use－is－tied－to－environmental－impact.

[23] Well head & Christmas tree components,［Online］. Available from：https：//www. croftsystems. net/hs－fs/hub/367855/file－1535415665－png/xmas_tree_diagram. png？t=1477924376337.

[24] Lund L. Decline curve analysis of shale oil production. Uppsala University；2014.

[25] CSUR. Understanding tight oil. 2014［Online］. Available from：http：//www. csur. com/sites/default/files/Understanding_TightOil_FINAL. pdf.

[26] SPE. Fracture propagation models. May 12,2016［Online］. Available from：http：//petrowiki. org/Fracture_propagation_models.

[27] Holme A. Optimization of liquid－rich shale wells. 2013. Trondheim.

[28] Crain E. Crain's petrophysical handbook. 2016［Online］. Available：https：//www. spec2000. net/15－permfrac. htm.

[29] Reservoir simulation. August 8,2016［Online］. Available：https：//en. wikipedia. org/wiki/Reservoir_simulation.

[30] MTU, Mass and energy balances,［Online］. Available from：http：//www. cee. mtu. edu/~reh/courses/ce251/251_notes_dir/node3. html.

[31] Schlumberger. Eclipse. 2016［Online］. Available from：https：//www. software. slb. com/products/eclipse.

[32] Earthworks. Acidizing. 2016［Online］. Available from：https：//www. earthworksaction. org/issues/detail/acidizing#. V6Elr7y9Cp5.

[33] CSUR. Understanding hydraulic fracturing. 2015［Online］. Available from：http：//www. csur. com/sites/default/files/Hydr_Frac_FINAL_CSUR. pdf.

[34] SPE, Gas lift；July 1,2015.［Online］. Available：http：//petrowiki. org/Gas_lift；A study on the EU oil shale industry—viewed in the light of the Estonian experience：a report by EASAC to the committee on industry, research and energy of the European Parliament.

[35] Berman A. Artberman. com, June 19,2016.［Online］. Available：Artberman. com/permian－basin－break－even－price－is－61－the－best－of－a－bad－lot/；J Daniel Arthur, Bruce Langhus, David Alleman. An overview of shale gas developments in USA.

[36] Lotman S. Op－ed：Don't let Estonian shale firm do to Utah what it has done to Estonia. The Salt Lake Tribune；June 12, 2016［Online］. Available from：http：//www. sltrib. com/opinion/3974651－155/op－ed－dont－let－estonian－shale－firm.

[37] Fischer PA. Hopes for shale oil are revived. WorldOil；August 2005［Online］. Available from：http：//web. archive. org/web/20061109140826/http：//worldoil. com/magazine/MAGAZINE_DETAIL. asp？ART_ID？2658&MONTH_YEAR=Aug－2005.

[38] Jackson RB, Vengosh A, Carey JW, Davies RJ, Darrah TH, O'Sullivan F, Pétron G. The environmental costs and benefits of fracking. August 11, 2014［Online］. Available from：http：//www. annualreviews. org/doi/full/

10. 1146/annurev – environ – 031113 – 144051.

[39] Pennsylvania Department of Environmental Protection. Dep study shows there is little potential for radiation exposure from oil. January 15, 2015 [Online]. Available from: http://files. dep. state. pa. us/OilGas/BOGM/ BOGMPortalFiles/RadiationProtection/rls – DEP – TENORM – 01xx15AW. pdf.

[40] Santoro R, Ingraffea A, Howarth RW. Methane and the greenhouse – gas footprint of natural gas from shale formations. April 12, 2011 [Online]. Available from: http://link. springer. com/article/10. 1007% 2Fs10584 – 011 – 0061 – 5.

[41] Lombardo C. Pros and cons of oil shale. February 6, 2015 [Online]. Available from: http://www. visionlaunch. com/pros – and – cons – of – oil – shale/.

[42] Hume M. Study confirms link between fracking, earthquakes in Western Canada. March 29, 2016 [Online]. Available from: http://www. theglobeandmail. com/news/british – columbia/study – confirms – link – between – fracking – earthquakes – in – westerncanada/article29427905/.

第9章 页岩油加工和提取技术

9.1 概述

油页岩的开采涉及到开采、开采后页岩直接燃烧发电,或经过两种非常普遍的地表开采方法,露天开采和条带开采的进一步加工,这两种开采方法包括去除覆盖层的物质。然而,在油页岩地下开采中,对上覆物质的去除非常有限。

对于油页岩的开采,涉及到原位加工或非原位加工(图9.1)。无论是哪种情况,热解都将油页岩的干酪根转化为可冷凝蒸汽,冷凝后又转化为合成原油和不可冷凝气体(页岩气)。热解包括在没有空气的高温下加热,通常,高温为450~500℃。分解开始于300℃的非常低的温度,然后在更高的温度时进行得更快[1-3]。

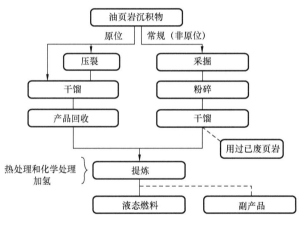

图9.1 页岩油开采概况[1]

页岩油的加工提取是从原生油页岩中提取页岩油的过程,也是生产非常规石油的工业过程[1]。由于页岩油是以固体沉积岩的形式存在的,它的提取比常规石油的提取更为复杂[1]。页岩油不能通过钻井井筒直接从地下泵出[1],而必须首先被开采出来,然后在高温下通过诸如热解、氢化或热溶等化学过程加热[1],这种过程被称为干馏[1]。由此产生的类石油液体必须经过分离和收集[12]。另外,还可将原始页岩油在地下加热,这样就可以将类石油的液体泵出[1]。从两种方法中提取的页岩油在加工设备中进行处理,使其符合作为燃料或其他原料的规格[1]。

页岩的热解(或干馏)可以在地面以上(非原位)进行处理。干馏炉是一种特殊设计的容器,可以在无氧环境下快速加热页岩[3]。这些热解反应发生在480~550℃的温度范围内[3]。地面干馏副产物通常含有高比例的烯烃、二烯烃、硫和氮化合物[3]。应该指出的是,在热解之前,必须先将开采出来的页岩压碎到可以用干馏器处理的大小[3]。

页岩的热解也可以通过在地下(原位)加热页岩进行[3]。考虑到岩石是良好的绝缘体,在地下加热页岩是一个缓慢的过程,可能需要数月甚至数年的时间[3]。缓慢加热条件下的热解反应发生在较低的温度范围,从325℃到400℃。这将产生更轻的油和更高的气油比[3]。最有前途的两个系统进行原位加热:(1)在地层垂直井或水平井中安装一个大的电加热器阵列来电热解岩石;(2)通过水力压裂岩石并在压裂系统中注入导电支撑介质,钻平行水平井[3]。然后,将单口水平井与平行井以直角钻孔,将它们连接起来,形成板状加热元件[3]。电流将通过这个通道加热地下的页岩[3]。

　　第三种热解方法包括采掘油页岩,并利用它制造出由特制的泥土材料制成的大型表面包膜[3]。利用某型工程材料对挖出的坑道进行杠杆式保温,以预排副产物的逸出[3]。坑道中充满了油页岩[3]。加热和排水管道和传感器安装在坑内,填满的包膜盖上不透水材料和土壤[3]。热气体通过这些管道循环,产品被收集为蒸汽(图9.2)[3]。这种方法生产的石油类似于现场生产,但提供了相对较短的生产时间[3]。

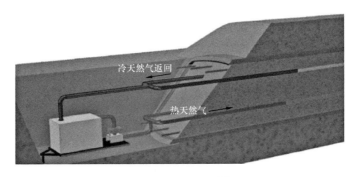

图9.2　包膜工艺[4]

9.2　油页岩干馏工艺及其化学机理

9.2.1　最佳的干馏条件

　　图9.3为约旦页岩沉积实验结果[5]。图中显示了温度在450～600℃范围内石油产量百分比的变化[5]。对不同粒径的颗粒进行了评价,粒径为0.6～4.5mm,在反应器内泥页岩保持时间为40min时进行热分解[5]。

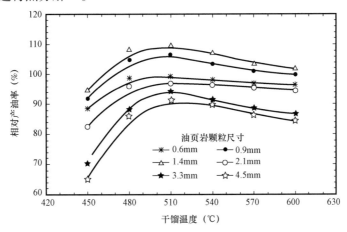

图9.3　产油率随温度和粒度的变化情况[5]

在450~510℃范围内,对于所有的粒径的油页岩,温度越高,产油率越高[5]。这种产量的增加是由于页岩沥青化合物转化和挥发为石油、水和废气(碳氢化合物)蒸汽[5]。在510℃时达到峰值,之后发现颗粒对温度的敏感性降低,尤其是较小粒径的颗粒(0.6~2.1mm)[5]。热裂化、油类化合物的焦化、挥发性碎片的形成以及废气的增加被认为是造成温度510℃后产量下降的原因[5]。因此,最佳干馏温度为510℃[5]。

颗粒尺寸方面,在510℃的干馏温度下,小粒度页岩(0.6~1.4mm),产油量显著提高,如图9.4所示[5]。页岩粒度为0.6mm时,相对产油量为99.5%,而当页岩粒度为1.4mm时,相对产油量为110%左右[5]。当页岩颗粒尺寸较大(2.1~4.5 mm)时,产量显著下降,当颗粒尺寸为4.5mm时,产量降至105%左右[5]。小页岩颗粒的低产量是由于颗粒具有较大的比表面积和孔隙体积,使得释放出的油(在第一次分解过程中)能够保留在颗粒表面和孔隙内部[5]。额外的保留时间需要二次分解(进一步开裂),并转换成不凝的废气[5]。因此,最佳页岩的粒度可视为1.4mm[5]。

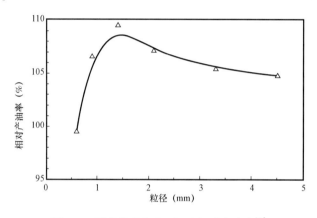

图9.4 页岩粒度为510℃时相对产油率[5]

9.2.2 干馏的工艺步骤

一旦发现油页岩矿床,油页岩经过开采、粉碎,然后运送到一个加工设施进行再加工——这是一个加热过程,将原生油页岩中的石油和矿物馏分进行分离[1]。这种油馏分的分离过程发生在一个称为干馏炉的容器中[1]。干馏过程完成后,需要根据所需的原料规格对原油进行进一步的加工,根据参考文献[1],用过已废的页岩必须处理。以前开采过的地区常常被用来处理开采过的页岩气[1]。从页岩油中提取碳氢化合物有两种方法:一种是开采油页岩,然后在地面进行干馏(地面干馏);另一种是原位干馏,即对页岩油进行地下加热[1]。图9.5给出了地面干馏和原位干馏所涉及的工艺步骤[1]。

9.2.3 油页岩干馏化学

表9.1展示了与原生油页岩和干馏油页岩有关的常见矿物[2]。原油中含有的碳酸盐矿物在干馏过程中发生吸热分解,提高了干馏过程的能量需求。这些碳酸盐也会释放出二氧化碳,并形成酸,最终会渗透到地表水或地下[2]。除常见矿物外,经干馏处理的页岩油在低浓度下也能产出有价值的金属(微量金属的含量估算见表9.2)。

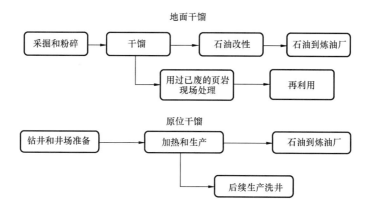

图 9.5　地面干馏和原位干馏的工艺步骤[1]

表 9.1　原油与烧炼油(干馏) 矿物的对比[2]

类别	组成	分子式	含量(%)
原生油页岩	白云岩	$CaCO_3 MgCO_3$	约 35
	方解石	$CaCO_3$	约 15
	含铁岩石	$Mg1\_xFex(CO_3)$	
	碳钠铝石	$NaAl(OH)_2 CO_3$	
	苏打石	$NaHCO_3$	
	灰硅钙石	$Ca_3 Si_2 O_8 CO_3$	
	钾长石	$KAlSi_3 O_8$	
	钠长石	$NaAlSi_3 O_8$	约 10
	石英	SiO_2	约 30
	石盐	$NaCl$	
	方沸石	$NaAlSi_2 O_6 H_2 O$	
	诺三水铝石	$Al(OH)_3$	
烧炼油页岩	硅石	$S_i O_2$	40 ~ 60
	铝土	$Al_2 O_3$	10 ~ 15
	氧化铁	$Fe_2 O_3$	5 ~ 10
	生石灰	CaO	10 ~ 25
	氧化氧镁	MgO	5 ~ 10

9.2.4　干酪根分解的化学性质

原生页岩油中有机质的主要形式是干酪根[2]。它不溶于苯或环己烷[2]。这种原生页岩油的有机质也含有天然沥青,低于15%,也不溶于苯或环己烷[2]。在无氧加热下,干酪根分解成沥青(也称为热解沥青)[2]。额外的加热将这种沥青转化为石油、天然气和残留在油页岩基质中的碳质残渣[2]。

干酪根 ⟶ 热解沥青 ⟶ 残渣
　　　↘ 挥发分　　↘ 挥发分

　　　　　　　　　　　　　　　　　　　　　　　　　　　　(9.1)

表9.2   微量金属组成[2]

金属	预估的页岩平均含量		每吨页岩近似价值 (假设完全回收)(美元)
	(mg/L)	(lb/t)	
铀	30	0.06	4.00
钼	100	0.2	2.60
钒	500	1.0	8.50
铬	100	0.2	
钴	100	0.2	7.80
镍	400	0.8	3.60
总计			26.50

　　波罗的海油页岩干酪根分解的实验研究表明,当将干酪根组成的一阶速率常数与分解副产物作图时,得到了可观的线性关系,如图9.6所示[2]。

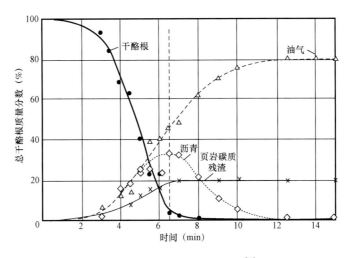

图9.6   干酪根分解实验结果[2]

9.2.5   碳酸盐岩分解化学

　　页岩油中的无机成分也经历了化学反应[2]。油页岩干馏过程中最重要的反应之一是各种碳酸盐矿物的吸热分解[2]:

$$MCO_3 \xrightleftharpoons{热} MO + CO_2 \tag{9.2}$$

　　如式(9.2)所示,该反应需要热能才能分解碳酸盐岩矿物并释放出二氧化碳[2]。M表示二价金属原子[2]。正是这个反应,导致了额外的能源需求,在热解或任何其他过程利用油页岩[2]。原生页岩油可能含有高达50%的碳酸盐矿物[2]。在这些碳酸盐矿物中,最丰富的矿物是白云石、方解石、碳酸镁和含铁岩石[2]。

　　一些重要的碳酸盐岩分解反应如下文所示[2]。虽然这些反应表现为平衡反应,但当体系被注入高温时,它们经历正向反应[2]。

$$CaCO_3 \cdot MgCO_3 \Longrightarrow CaCO_3 + MgO + CO_2$$

$$\Longrightarrow CaO + MgO + 2CO_2$$

$$CaCO_3 \Longrightarrow CaO + CO_2$$

$$MgCO_3 \Longrightarrow MgO + CO_2$$

$$MgFe(CO_3)_2 \Longrightarrow MgO \cdot FeCO_3 + CO_2$$

9.3　油页岩热解(或干馏)动力学建模分析方法

多年来,各种学者对油页岩热解动力学(油页岩热降解)进行了研究[6]。然而,关于反应机理的细节尚未完全达成一致[6]。因此,当涉及到任何与热解有关的测定时,现场实验被赋予了更高的重要性[6]。

在等温条件下,哈伯德(Hubbard)和罗宾逊(Robinson)采用两步一级反应机理来描述干酪根分解成沥青,然后沥青分解成石油[7]。在接下来的反应中,$k > k'$ 且 $T < 300\,^{\circ}\!C$ [7]。

$$干酪根 \xrightarrow{\ k\ } 沥青 \xrightarrow{\ k'\ } 油$$

布劳恩(Braun)和罗思曼(Rothman)对油页岩动力学的研究比哈伯德(Hubbard)和罗宾逊(Robinson)更为深入[7]。他们声称,考虑初始热诱导期可以更好地描述石油生产动力学[7]。随后,Khraisha 将油页岩的等温分解过程研究为两个连续的一级反应,确定每个阶段的活化能[7]。同样,许多其他理论或模型本身也是由研究人员开发的。

Xiaoshu,Youhong,Tao 和 Martti[8] 提出了一种新的分析方法,一种更通用的油页岩热解动力学建模分析方法。给出了页岩分解动力学的封闭表达式[8]。它是基于动力学参数,不像其他模型,没有对温度积分做任何假设[8]。该模型描述了干酪根分解动力学的两个步骤,并将还原过程建模为一个 n 阶反应[8]。

$$干酪根 \longrightarrow 沥青 + 天然气 \longrightarrow 石油 + 天然气 + 残渣$$

$$\frac{\mathrm{d}X}{\mathrm{d}t} = k(1 - X)^n \tag{9.3}$$

式中,X 为质量损失或质量分数或换算,%。定义为:

$$X = \frac{w_0 - w_t}{w_0 - w_f} \tag{9.4}$$

式中:w_0 为初始质量;w_t 为 t 时刻的质量;w_f 为最终质量;k 为速率系数,它由阿伦尼乌斯方程给出:

$$k = A\exp\left(-\frac{E}{RT}\right) \tag{9.5}$$

式中:A 为指前因子;E 为活化能;R 为气体常数;T 为温度;假设 $n = 1$。

由于恒定的加热速率 $\beta = \mathrm{d}T/\mathrm{d}t$ 是应用中常见的情况,由式(9.3)可得:

$$\frac{\mathrm{d}X}{1-X} = \frac{A}{\beta}\exp\left(-\frac{E}{RT}\right)\mathrm{d}T \qquad (9.6)$$

将式(9.6)积分,得:

$$\int_{X_0}^{X}\frac{\mathrm{d}X}{1-X} = \int_{T_0}^{T}\frac{A}{\beta}\exp\left(-\frac{E}{RT}\right)\mathrm{d}T; \qquad (9.7a)$$

$$-\ln(1-X)\Big|_{X_0}^{X} = \frac{A}{\beta}\int_{T_0}^{T}\exp\left(-\frac{E}{RT}\right)\mathrm{d}T \qquad (9.7b)$$

右边的积分不能解析地计算出来。我们提出其近似如下:

$$\int_{T_0}^{T}\exp\left(-\frac{E}{RT}\right)\mathrm{d}T = \frac{RT^2}{E}\exp\left(-\frac{E}{RT}\right)\Big|_{T_0}^{T} - \int_{T_0}^{T}\frac{2RT}{E}\exp\left(-\frac{E}{RT}\right)\mathrm{d}T \qquad (9.8)$$

将包含积分的项重新排列得到:

$$\int_{T_0}^{T}\left(1+\frac{2RT}{E}\right)\exp\left(-\frac{E}{RT}\right)\mathrm{d}T = \frac{RT^2}{E}\exp\left(-\frac{E}{RT}\right)\Big|_{T_0}^{T} \qquad (9.9)$$

在很小温度变化 ΔT 时,$1+2RT/E$ 近似常数。因此,式(9.9)可近似为:

$$\int_{T_0}^{T}\exp\left(-\frac{E}{RT}\right)\mathrm{d}T \approx \frac{\frac{RT^2}{E}\exp\left(-\frac{E}{RT}\right)}{1+\frac{2RT}{E}} - \frac{RT_0^2\exp\left(-\frac{E}{RT_0}\right)}{1+\frac{2RT_0}{E}} \qquad (9.10)$$

且式(9.7)变为:

$$-\ln(1-X) = -\ln(1-X_0) + \gamma_T - \gamma_{T0} \qquad (9.11a)$$

$$\gamma_T = \frac{A}{\beta}\frac{\frac{RT^2}{E}\exp\left(-\frac{E}{RT}\right)}{1+\frac{2RT}{E}} \qquad (9.11b)$$

综上所述,减少的质量 X 可以根据以下简单的闭合形式公式计算:

$$\ln(1-X_1) = -\gamma_{T_1} + \gamma_{T_0} \qquad (9.12a)$$

$$\ln(1-X_i) = \ln(1-X_{i-1}) - \gamma_{T_i} + \gamma_{T_{i-1}} \qquad (i = 1,2,\cdots) \qquad (9.12b)$$

由此可见,该模型是一种简单、高效、全自动的系统方法。它的扩展将在稍后介绍。

9.4 页岩油的等温和非等温动力学测量及表达式

与等温方法相比,非等温热解分析具有一定的优势[7]。消除了热诱导期引起的误差[7]。此外,它还提供了对感兴趣的整个温度范围的快速扫描[7]。因此,非等温技术更常用来研究油页岩热解[7]。对油页岩等温和非等温分解实验结果进行了比较。Yongjiang, Huaqing, Hongyan, Zhiping 和 Chaohe 提出了所涵盖的模型[9]。

热解物质分数 α 定义为：

$$\alpha = \frac{W_t}{W_0} \tag{9.13}$$

式中：W_t 为时间 $t(\min)$ 后的失重量；W_0 为油页岩干酪根完全热解后的总失重量[18]。

固体物质分解动力学方程为[9]：

$$\frac{d\alpha}{dt} = k(1-\alpha)^n \tag{9.14}$$

其中

$$k = A\mathrm{e}^{-E/RT}$$

式中：k 为反应速率常数；A 为频率因子；E 为活化能；R 为气体常数；T 为温度[9]。

假设油页岩热解为一级反应时，干酪根分解速率可表示为[9]：

$$\frac{d\alpha}{dt} = A\mathrm{e}^{-\frac{E}{RT}}(1-\alpha) \tag{9.15}$$

9.4.1　非等温分析

取恒定加热速率为 $\beta = dT/dt$，干酪根分解速率可表示为[9]：

$$\frac{d\alpha}{dt} = \frac{A}{\beta}\mathrm{e}^{-\frac{E}{RT}}(1-\alpha) \tag{9.16}$$

用于评价动力学参数的两种模型是直接阿伦尼乌斯图和积分法[9]。

采用直接阿伦尼乌斯图法，对式(9.16)两边取对数。得到式(9.17)。这里，活化能(E)和频率因子(A)的值可以通过绘制 $\ln[1/(1-\alpha)d\alpha/dT]$ 与 $1/T$ 的实验值来计算[9]。

$$\ln\left(\frac{1}{1-\alpha} \cdot \frac{d\alpha}{dt}\right) = \ln\frac{A}{\beta} - \frac{E}{RT} \tag{9.17}$$

另一种方法是使用积分法，对式(9.16)积分得到式(9.18)进行近似积分[9]。在式(9.18)中用 $[-\ln(1-\alpha)(E+2RT)/T^2]$ 与 $1/T$ 进行线性回归分析。由回归线的斜率和截距可以得到活化能和频率因子[9]。

$$\ln\left[\frac{-\ln(1-\alpha)(E+2RT)}{T^2}\right] = \ln\frac{AR}{\beta} - \frac{E}{RT} \tag{9.18}$$

不同参数随时间的变化趋势如图9.7所示[9]。

9.4.2　等温分析

干酪根分解可表示为式(9.19)。$\ln(1-\alpha)$ 对 t 的作图将生成一条直线，其斜率为 $-k$(图9.8)[9]。

$$\ln(1-\alpha) = kt \tag{9.19}$$

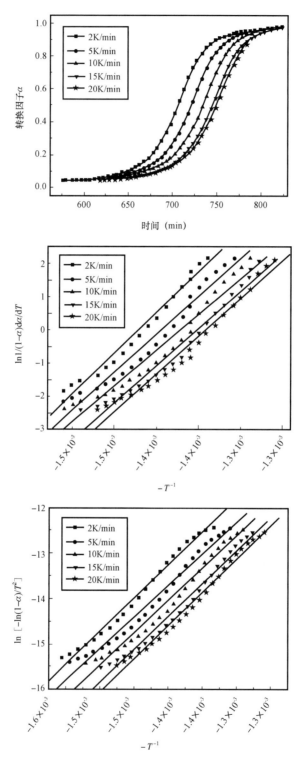

图9.7 非等温分析曲线[9]

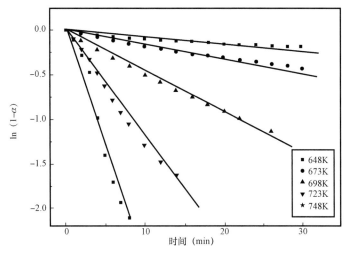

图 9.8　等温分析图[9]

9.5　非原位还原技术介绍

目前有多种非原位还原技术[10]。这些不同的反应器类型(例如移动填料床、固体混合器、流化床等),以及操作条件和技术细节,如干燥的饲料,饲料分配器,用过已废的页岩排放,等等[10]。因此,除热解反应器外,一种特殊的干馏技术还包括工厂内的各种操作单元[10]。

本书简要介绍几种主要的非原位还原技术。

9.5.1　内燃

在这个方法中,焦炭和油页岩气在竖井干馏器内燃烧,为热解提供热量。原生页岩颗粒从干馏炉顶部引入,被上升的热气加热,热气通过下降的油页岩进入干馏炉,在500℃的温度下进行干酪根分解。页岩油形成气体,冷却燃烧气体从顶部收集。可冷凝气体经冷凝后转化为石油,而不冷凝气体则被回收利用,为干馏器提供热能。在燃烧过程中,空气从底部喷射。用过已废的油页岩和天然气被加热到700~900℃。该技术的产率可达80%~90%。唯一的缺点是可燃油页岩气被燃烧气体稀释。

9.5.2　热回收固体

在这种方法中,热固体颗粒(通常是油页岩灰)将热量传递给油页岩。该工艺采用旋转窑或流化床干馏。油页岩在500℃时通过回收颗粒完成了分解。油蒸气从固体中分离出来,凝结成油。在与热回收固体混合之前,从页岩灰和燃烧气体中回收热量,对原油页岩进行预热。由于热回收固体在单独的炉中加热,因此油页岩气无法被燃烧废气稀释(图9.9)。唯一的缺点是需要更多的水来处理较细的页岩灰。

9.5.3　壁面传导

在这种方法中,热量通过热传导传递到油页岩中。页岩进料被转化为细颗粒。不同的过程以这种方式使用,如燃烧资源或石油技术。在可燃物资源中,采用旋转窑炉,利用氢气对窑炉进行燃烧,热气体在环空循环。干馏的过程是通过干馏器的内壁进行的。这种方法的唯一缺点是,窑炉规模越大,成本越高。

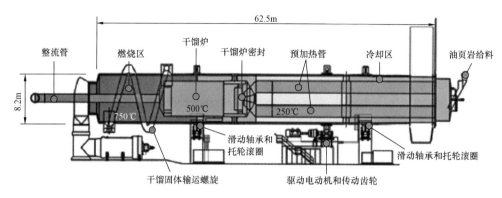

图9.9 阿尔伯塔塔瑟克（Alberta Taciuk）处理器

9.5.4 外部产生热气

这一过程类似于内燃技术。油页岩块的加工是在立井窑炉中进行的。热量通过在干馏炉外循环的气体进行传递；因此，燃烧气体没有受到干馏蒸汽的污染。由于废页岩燃烧较少，油页岩温度不超过500℃。因此，可以避免油页岩中碳酸盐矿物的分解和CO_2的生成。这些技术更加稳定，内燃控制更加方便。

9.5.5 反应液体

该工艺适用于低含氢油页岩的加工。在这个过程中，氢或供氢体与焦炭前体发生反应。该技术可能包括 IGT Hytort 或查特努加（Chattanooga）流化床反应器。IGT Hytort 法采用高压氢气。在过程中，燃料床反应器采用加热炉，加热炉也由氢气燃烧，用于热裂解或油页岩加氢。实验结果表明，该方法优于常规的热解方法。唯一的缺点是高压干馏箱增加了成本和复杂性。

9.5.6 等离子气化

这些技术包括自由基（离子）对油页岩的轰击。自由基裂解干酪根，从而转化为合成石油和天然气。该工艺以等离子弧或等离子电解方式进行，空气、氢气或氮气作为等离子气体。

9.5.7 几种实用的干馏法

9.5.7.1 联合石油干馏工艺

联合石油公司采用传统的室内和柱式开采方法，在2100m 的高度设计了一个通往工作台的矿井入口[11]。初期生产采矿以 9900t/d 的速度进行[11]。页岩矿在地下进行一次破碎（使矿石尺寸减小到20cm）和二次破碎（使矿石尺寸减小到5cm）[11]。破碎的页岩通过固体输送泵进行干馏，固体输送泵由两个活塞和气缸组成[11]。随着活塞上升行程，页岩通过干馏器向上移动，并与510~538℃的回收气体接触[11]。上升的油页岩床通过与热回收气体的逆流接触加热至回复温度[11]。这就产生了油页岩蒸汽和天然气[11]。它是由位于干馏锥下部的冷进口页岩冷却的。联合干馏装置和流程图如图9.10所示[11]。

9.5.7.2 美国矿务局气体燃烧干馏器

这项技术涉及一个垂直的、耐火内衬容器[2]。破碎的页岩矿在重力作用下向下流动，与干馏气体形成逆流[2]。循环气体从干馏器底部进入[2]。当它们在容器中向上翻涌时，高温的页岩使它们升温[2]。分配器系统将空气和额外的回收气体（稀释气体）注入到干馏器中[2]。

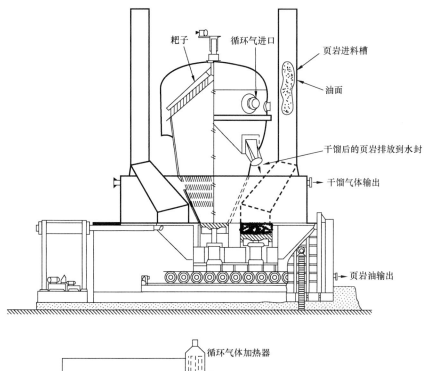

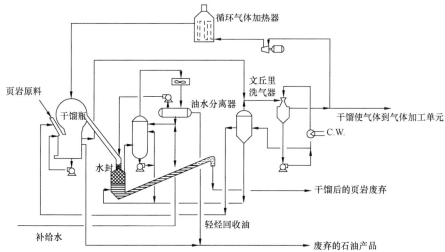

图 9.10　联合干馏装置及流程图[11]

这个过程发生在离底部大约三分之一的地方,在那里它与上升的热回收气体混合[2]。气体燃烧干馏装置示意图如图 9.11 所示[2]。

9.5.7.3　雪佛龙干馏系统

雪佛龙干馏系统采用的是一个页岩进料能力为 1t/d 的装置[6]。该技术使用催化剂和分馏系统[6]。该装置采用分级萦流床工艺[6]。该技术也称为页岩油加氢精制工艺[6]。原理图如图 9.12 所示[6]。它位于地面之上,利用热传递对开采和破碎的页岩矿石进行处理,以提取页岩油[12]。通过将废油页岩混合在一个单独的燃烧器中与新鲜页岩加热,使新鲜页岩分解并释放出页岩油,从而实现了传热[12]。

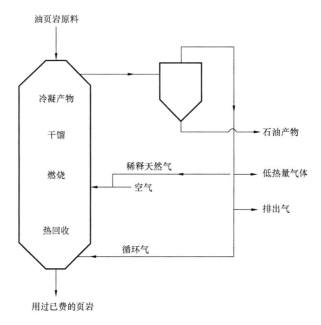

图 9.11　气体燃烧干馏示意图[2]

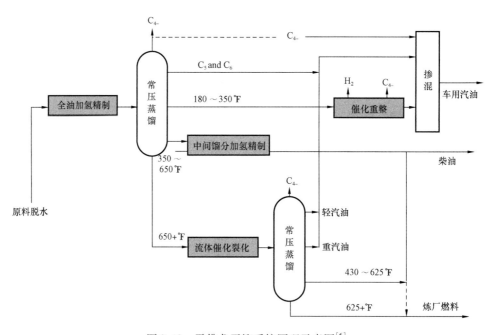

图 9.12　雪佛龙干馏系统原理示意图[6]

9.5.8　非原位法的优点和缺点

非原位法的优点如下:

(1)提供高效的有机质回收,可达总有机含量体积分数的90%[1]。

(2)提供了更好的控制过程操作变量[1]。

（3）不需要的工艺条件可以最小化[1]。

（4）简单产品回收[1]。

（5）工艺单元可以进行重复的还原操作[1]。

非原位法的缺点如下：

（1）与大型机组相关的高资本投入[1]。

（2）油页岩开采、破碎、运输、采暖作业成本高；因此，该工艺更有利于开采可开采的丰富页岩资源[1]。

（3）地下水污染总是有可能发生的[1]。

（4）场地绿化费用[1]。

9.6　原位还原技术

与非原位油页岩干馏技术不同，油页岩干馏也可以在地下进行，也就是说，页岩地层不需要采掘[6]。现场技术通常包括用炸药或静水压力对页岩沉积物进行压裂[6]。油页岩有机质的燃烧是为了获得干馏必要的热量[6]。经干馏的页岩是从类似原油的生产带中提取出来的[6]。原位技术对环境影响最小，在经济上更有利[6]。

原位技术可能包括以下内容。

9.6.1　壁面传导

在这种方法中，加热元件或加热管被放置在油页岩地层中。壳牌 ICP 工艺利用电加热元件对油页岩进行加热，在 4 年的时间里，气温范围在 340 ~ 370℃。冻结壁面经过超冷循环后，对处理区域的地下水进行隔离，如图 9.13 所示。这一过程的主要缺点是电力和水的消耗大。在这种情况下，地下水污染的风险很高。

9.6.2　外部产生的热气

在这种方法中，热气体被加热到地面以上，然后注入油页岩地层。在雪佛龙公司油页岩项目压碎过程中，注入加热的 CO_2，通过一系列水平裂缝加热油页岩地层，气体从这些裂缝中循环。采用冻结壁将现场页岩油开采过程与周围环境隔离（图 9.14）。

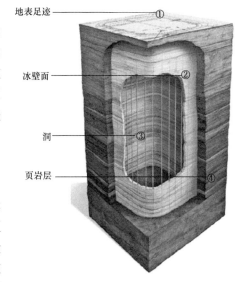

图 9.13　壳牌冻结壁油页岩

9.6.3　埃克森美孚电加热裂缝

在该技术中，采用了壁面加热和体积加热两种加热方式。在这种方法中，导电材料通过水平裂缝注入，然后形成一个加热元件。为了使两端都能施加相反的电荷，加热井被放置在一排平行的井中，井的脚趾处有一口水平井与之相交。

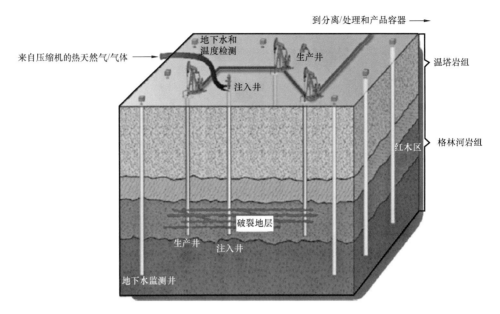

图9.14 雪佛龙油页岩项目

9.6.4 体积加热

该方法采用垂直电极阵列加热油页岩。较深处的体积可以在较慢的加热速度下进行处理,安装间隔为几十米。在这种情况下,唯一的缺点是电力需求非常高,可能会吸收过多的炭或地下水的能量。微波加热过程也可以采用与无线电波加热系统相同的原理。微波加热系统由环球资源公司测试。无线电波比微波有一个优势,它的能量可以穿透更深的油页岩地层。

这里讨论了其中的一些还原技术。

(1)股权石油公司流程。

这一过程包括通过向页岩床注入热天然气来干馏页岩[6]。以皮申思克里克盆地(Piceance Creek Basin)为例,将1口注入井和4口生产井打到油页岩地层中[6]。在这里,天然气被加热到480℃,压缩到85atm左右[6]。天然气通过绝热油管输送到页岩地层[6]。虽然这种技术在经济上更受欢迎,但其经济性主要取决于天然气成本以及组成天然气输送的数量[6]。

(2)陶氏化学公司的工艺流程。

美国陶氏化学公司在密歇根州安特里姆页岩进行了低热含量天然气就地回收的可行性研究[6]。使用19000kg的金属化硝酸铵泥浆,页岩的相当一部分发生了爆炸破碎[6]。采用440V电加热器和250000 Btu/h丙烷燃烧器对页岩进行燃烧[6]。页岩气化和耐恶劣操作条件是工艺的突出特点[6]。

(3)塔利能源系统的过程。

塔利能源系统(Talley Energy Systems)公司开展了美国能源部工业合作油页岩项目[6]。该项目位于怀俄明州岩石泉以西附近[6]。该工艺采用水力压裂和爆炸压裂相结合的方法,完全不需要采掘[6]。

9.6.5　原位法的优点和缺点

原位法的优点如下：

(1)提供从深层油页岩中开采石油的服务[6]。

(2)考虑到所有作业都是通过井筒进行的,没有涉及固体废物的处理,因此从环境角度来看,这一过程更可取[6]。

(3)消除了运输和破碎矿石的成本[6]。

(4)考虑到油页岩资源是在自然沉积背景下加热的,因此不需要开采和表面热解[6]。

原位法的缺点如下：

(1)油层内渗透率不足,使得地下油层难以控制[6]。

(2)与钻井有关的成本高[6]。

(3)采收率低[6]。

(4)为防止含水层可能受到污染,需要作出大量的努力[6]。

(5)页岩地层所需的渗透率和孔隙度难以确定[6]。

9.7　页岩油的提炼和改质过程

虽然页岩油的组成在很大程度上取决于它所来自的页岩资源,以及从页岩资源中提取页岩油的方法,但它往往具有一定的特征,如高氮含量、氧化合物、羧酸和硫化合物[13]。这些化合物的存在会导致汽油、煤油和柴油燃料的稳定性问题。更不用说,还会产生氮氧化物(NO_x)排放[13]。因此,需要进一步的精炼和加工来提高页岩油的性能。

9.7.1　热裂解工艺

该工艺适用于惰性载热固体存在下的页岩油非催化热裂解[2]。该工艺的目标是回收气态烯烃作为所需的裂解产物[2]。它将15%～20%的原料页岩油转化为乙烯,乙烯是一种普遍存在的气体产品。剩余的页岩饲料被转化为其他气态和液态产品[2]。气态产品包括丙烯、乙烷、1-3丁二烯、C_4s和氢,而液态产品包括苯、甲苯、二甲苯、轻质油和重油[2]。焦炭是由不饱和物质聚合而成的固体产物[2]。它作为沉积物从惰性热载体固体中除去[2]。热裂解反应器不需要任何氢燃料[2]。在平均上升管温度为700～1400℃的情况下,热冒口可以同时夹带固体通过[2]。

9.7.2　移动床加氢反应器

该工艺适用于从油页岩和含大量颗粒物质(如岩屑和灰分)的油砂中提取原油[2]。采用双功能移动床反应器进行加氢处理[2]。催化剂床提供了过滤作用,同时从油页岩中去除颗粒物质[2]。将来自移动床反应器的排放液分离出来,在固定床反应器中进一步处理,加入新鲜的氢气来实现该功能[2]。在较重的烃类馏分中加入这种新鲜的氢也能促进硫化氢的生成。优选的,使用移动床加氢处理反应器处理页岩油涉及使用移动床反应器,然后进行分馏步骤,将大沸程原油划分为单独的馏分[2]。较轻的馏分经过加氢处理以去除金属、硫和氮等残渣[2],较重的馏分在第二固定床反应器中破碎,该反应器在高强度条件下运行[2]。

9.7.3 加氢裂化过程

这是一个裂解过程,包括高分子量碳氢化合物在氢气存在下裂解为低分子量石蜡和烯烃[2]。在裂化过程中形成的烯烃被氢饱和[2]。加氢裂化工艺主要用于生产重金属含量较高的低值原料[2]。此外,不能通过常规催化裂化处理的高芳香族饲料也要经过加氢裂化工艺处理[2]。

9.7.4 提炼和改质技术的优缺点

提炼和改质工艺的优点是:

(1)允许生产符合最终用户要求的产品[14]。

(2)可以获得更高的体积能量密度液体[14]。

(3)炼油或升级工厂可以设在现有炼油厂内部或附近。所需的工艺设施和产品分销网络将不需要重新设计,原油页岩的运输成本也可以避免[14]。

(4)较少的有机物(如灰分)可作为肥料返回土壤[14]。

(5)干法分馏的优点是只需要结晶器和过滤器。这就避免了运营成本[15,16]。

提炼和改质工艺的缺点如下:

(1)加氢(催化)和弃碳(非催化)改质过程非常昂贵。加氢过程需要过度使用催化剂,涉及金属和碳沉积[15]。非催化过程产焦量大,产液率低[15]。

(2)炼化或升级工厂的建设需要专业的设备[15]。

(3)分馏也可以作为一个缺点,因为一些生产的二次产品在市场可能没有任何使用[16]。

9.8 超临界萃取页岩油

1977 年,威廉姆斯(Williams)和马丁(Martin)提出了使用各种超临界溶剂萃取页岩油的概念[2]。以超临界甲基环己烷为溶剂,成功地从科罗拉多油页岩中去除92%的有机物[2]。在此之后,Poska 和 Warzel 还提出了利用多种其他溶剂萃取页岩油的方法[2]。1981 年,辛塔(Scinta)和哈特(Hart)公开了一种超临界萃取技术,该技术涉及在庚烷中加入质量分数为1%的供氢溶剂[2]。一年后,辛塔和克拉森使用 C_2—C_{20} 烷烃或芳烃在 350 ~ 500℃温度和 20 ~ 100psi 压力范围内,开发了一种程序[2]。另一种超临界萃取技术是康普顿(Compton)公司于1983 年开发的,康普顿公司制定了溶剂选择标准使用溶剂的希尔德布兰德与油页岩沥青溶解度参数的比较[2]。一般来说,超临界萃取工艺现在被用作页岩油的单级萃取工艺,以及杂原子的去除和剩余转化[2]。

9.8.1 超临界 CO_2 萃取油页岩:实验、装置和程序

这里描述的超临界 CO_2 萃取研究使用了澳大利亚昆士兰的斯图尔特油页岩样品[2]。将页岩矿石人工粉碎至足够小的尺寸,以减少传质限制,并促进干酪根在颗粒中的随机分布[2]。详细的超临界萃取实验装置如图 9.15 所示[2]。它包括一个外部加热的萃取装置,一个环境温度的气液分离器,以及提供 CO_2 连续流动的设备[2]。为给系统供热,安装了电炉。多孔板用于支撑破碎页岩的床层[2]。用于从 CO_2 溶剂中分离页岩油的系统由一个直径 1in 的不锈钢分

离容器组成,该分离容器具有入口和出口端口[2]。将分离器置于干冰异丙醇混合物的冷水浴中[2]。它凝结成含蜡的页岩油[2]。该装置的入口位于萃取器的下端,长度较短,可使页岩油在线上沉积最少[2]。非冷凝气体被净化[2]。该技术利用气相色谱仪根据页岩油的沸点对其组分进行分离[2]。

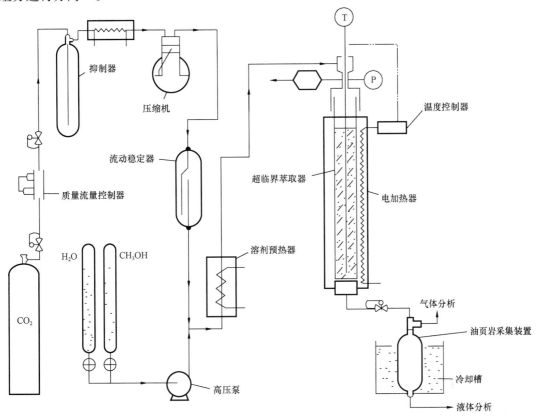

图 9.15　超临界 CO_2 萃取系统[2]

9.8.2　超临界甲醇/水萃取油页岩

超临界甲醇/水萃取法的产率通常比干馏法或亚临界溶剂萃取法的产率高[2]。该收率仅适用于甲醇和水的混合物,不适用纯水或纯甲醇[2]。埃灵顿(Elington)和鲍(Baugh)发表的一篇文章指出,超临界萃取法使用极性、质子、氢键混合的氨和水,可以释放高达87%质量的有机物[2]。萃取率与页岩类型及含水率有关[2]。搅拌速度也起着重要的作用,颗粒加工速度越高,萃取率越高[2]。

9.8.3　连续超临界萃取

本文对美国科罗拉多油页岩的连续超临界萃取进行了研究[17]。本研究采用固定床反应器[17]。在这里,油页岩被放置在一个反应器中,分别在 370~400℃ 和 500~900psi 的压力下,甲苯以 20 mL/min 的速度流动进行萃取。采用分光光度法对污水经减压冷却后的性能进行了监测[17]。温度较高(400℃或更高)的提取物的吸收模式发生了变化[17]。在较低温度下,等温流动的吸收模式基本保持不变,这意味着超临界流体萃取过程中萃取物成分变化不大[17]。计算得到的活化能远低于热解反应得到的活化能[17]。

9.8.4 超临界萃取方法的优缺点

超临界萃取方法的优点是:

(1)在较低的温度下(如380℃与500℃),可以实现高效节能[17]。这只适用于存在流体的情况[17]。

(2)在较低温度下,有流体存在的产品质量更好(例如,油中含有较少的烯烃和杂原子)[17]。

(3)超临界流体萃取的氢碳比(H/C)比较高[17]。

(4)超临界萃取工艺对含丰富的页岩具有良好的萃取效果[17]。

超临界萃取方法的缺点如下:

(1)在溶剂萃取方面,工艺萃取馏分被认为是一种经济的溶剂选择方法,但这一概念仍处于发展阶段[17]。

(2)在超临界流体萃取方面,萃取分离步骤比溶剂萃取更快、更高效[17]。

(3)超临界流体的利用伴随着化学和加工成本。额外的操作,如净化,回收,溶剂回收和压缩使过程更加复杂[17]。

(4)在较低的温度下停留时间要长得多[17]。

(5)吸附导致的流体损失可能是显著的[17]。

9.9   油页岩热解数学模型及参数研究

固体干酪根转化为液体和气体产物的过程相当复杂[18]。几种物理和化学反应同时发生[18]。油页岩热解过程的主要组成如图9.16所示[18]。控制反应机理如图9.17所示[18]。利用COMSOL多物理模拟软件对油页岩热解现象进行了模拟,结果如图9.18至图9.20所示[18]。从图中可以看出,提高温度和加热速率降低了最佳加热时间,但是如果产品在较长时间(等温)或较高温度(非等温)下加热,最终的结果是焦炭和气体[18]。

不同油页岩热解过程中失重情况见表9.3[19]。它决定了在加热过程中发生的减少的总质量,这意味着干酪根和分解矿物质的质量的减少[19]。这是由于页岩收缩;收缩程度越大,质量减轻越大[19]。收缩直接与干酪根分解成油、气和残渣产物有关[19]。向干酪根的转化导致了页岩基质中部分孔隙的形成[19]。干酪根分解过程中产生的气体被困在页岩基质的封闭腔内,形成高压区,导致页岩床膨胀[19]。页岩油中干酪根含量越高,页岩床的范围越大[19]。因此,可以得出失重数据与页岩类型(即页岩级别)密切相关的结论[19]。页岩的有机基质对热解过程中发生的结构变化也有直接影响[19]。正是这种有机基质的分解导致了体积的显著变化[19]。有证据表明,在某些情况下,较高品位的页岩在热解时软化并形成硬焦[19]。干酪根的塑性机理如图9.21所示[19]。

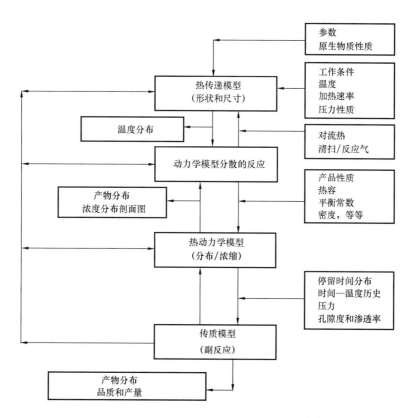

图 9.16　油页岩热解所涉及的多物理过程[18]

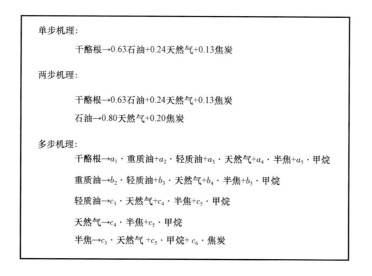

图 9.17　页岩油热解的反应机理[18]

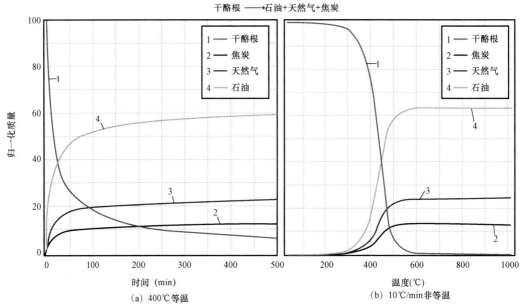

(a) 400℃等温 (b) 10℃/min非等温

在等温（400℃）和非等温（10℃/min）的单步机理的干酪根分解（单个颗粒）和产物形成描述

图 9.18　干酪根分解的一步机理[18]

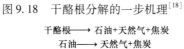

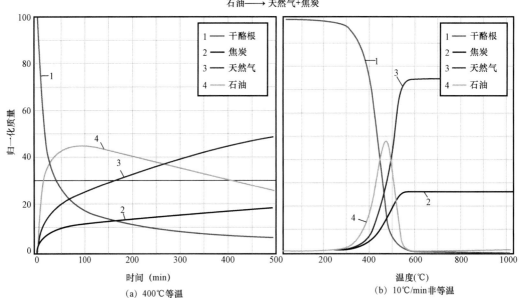

(a) 400℃等温 (b) 10℃/min非等温

在等温（400℃）和非等温（10℃/min）的两步机理的干酪根分解（单个颗粒）和产物形成描述

图 9.19　干酪根分解的两步机理[18]

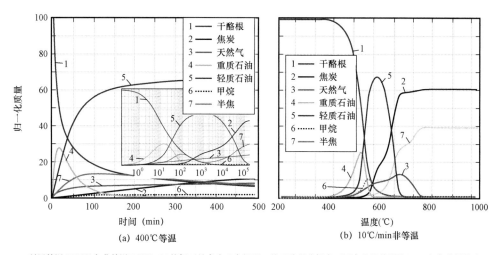

(a) 400℃等温   (b) 10℃/min非等温

利用等温(400℃)和非等温(10℃/min)热解下的多步反应机理,将干酪根分解为不同产品的单颗粒(TGA方案成批模式)。
小窗口展示长时间范围的材料概况（一个对数范围）

图9.20 干酪根分解的多步机理[18]

表9.3 页岩油失重[19]

60℃/min⁻¹加热至700℃的油页岩总失重;颗粒大小355μm×710μm,大气压0.1 MPa(N₂)		
油页岩	等级(L/mg)	失重(%)
科罗拉多	252	31.0
	104	15.5
	88	13.0
肯塔基森伯里	53	12.0
60℃/min⁻¹加热至800℃的油页岩总失重;颗粒大小74μm,大气压0.1 MPa (N₂)		
油页岩	等级	失重(%)
乔德加	高	50.0
郎德尔	150L/mg	42.5
阿斯图里亚	低	5.0

图9.21 干酪根焦炭生成[19]

9.10 油页岩加工的经济考虑

每增加一桶国内生产的石油,就会取代一桶进口石油,从而减少贸易逆差。完全开发的工厂10×10^4bbl/d的产能成本包括平均最低经济成本为38美元/bbl,地表开采成本为47美元/bbl,以及原位改性后的价格为62美元/bbl[20-22]。

据估计,到 2030 年,每天 300×10^4 bbl 页岩油的产量将导致全球油价下降 3% ~ 10%。在未来 30 年,由于国内生产,可以避免 3250 亿美元用于进口。一个商业规模的项目将会持续下去 1×10^4 ~ 10×10^4 bbl/d 用于地面干馏器,使全面的现场项目达到 30×10^4 bbl/d。

工艺技术和资源质量将影响资金和运营成本,因此,预计运营成本为每桶页岩油 12 ~ 20 美元。另外,资本成本从每天 4 万~ 5.5 万美元不等。应当指出的是,这些费用中已考虑到采掘、干馏和改性。成本的变化取决于采掘、干馏和改性。利用潜在油页岩生产的总收入,经济模块估计国内生产总值。潜在油页岩产量也被用来评估对贸易逆差的影响。为了计算人工成本,将各主要成本要素的人工成分分离出来。技术和资源质量在页岩油项目的最低经济价格中扮演着重要的角色。这个最低经济价格被定义为世界原油价格,要求获得 15% 的项目回报率。

页岩油产量预计到 2020 年将达到 50×10^4 bbl/d,到 2035 年将保持不变[20-23]。由于页岩油的累计产量可达 128×10^8 bbl,联邦财政部可能会增加 150 亿 ~ 480 亿美元的直接收入。

就业是这个行业的一个大胆的结果,而由于油页岩的开发,预计可以创造多达 30 万个新的高薪职业(表 9.4)[20-23]。

表 9.4 石油生产/加工各阶段的典型费用

项目	单位	正常营业	有针对性的税收激励	研发(RD&D)
生产	10^9 bbl	3.2	7.4	12.8
直接的联邦财政收入	10^9 美元	15	27	48
直接当地/国家收入	10^9 美元	10	21	37
直接公共部门收入	10^9 美元	25	48	85
对 GDP 的贡献	10^9 美元	310	770	1300
避免进口价值	10^9 美元	70	170	325
新的工作岗位	FTE(1000 个)	60	190	300

9.11 油页岩加工的理论、实践和经济挑战

这里概述了油页岩加工面临的一些挑战。

(1)水力压裂等先进的生产技术在政治上存在争议,也不为公众所接受[20]。它不被认为是一种安全的提取技术,并已被批评对环境造成不利影响的[20]。许多批评人士只是想在任何地方停止水力压裂作业,而不想启动任何新的压裂作业[20]。

(2)页岩油石蜡含量高,这在传统原油中并不常见。页岩油的这些性质和物理性质的变化要求炼油商不断地适应,因为必须彻底了解其独特的特性和物理性质。由于这种巨大的可变性,对整体盈利能力和运营时间有显著的影响[21]。

(3)炼油设备污染是常见的问题,焦炭和无机固体是主要原因[21]。这可以通过操作和机械调整得到缓解,从而提高维护成本[21]。

(4)根据页岩矿中胺的性质和浓度,与页岩沉积有关的腐蚀或盐沉积在上部系统中形成[21]。传统的中和剂并不能帮助防止这种积累[21]。因此,设备可靠性的全系统胺管理是一

个挑战[21]。

(5)烯烃和二烯烃的存在,再加上高含氮量,使得页岩油很难提炼出[22]。其他元素的存在,如砷、铁和镍,也会干扰提炼[22]。

(6)高等级的芳香族化合物、低氢碳比、低硫和固体颗粒是页岩油的其他特性,这使得页岩油必须进一步加工[22]。

(7)页岩油中氮化合物在页岩油的下游加工过程中会引起提炼催化剂中毒[22]。

9.12　油页岩加工与提取技术研究热点

这方面的主要研究工作如下:

(1)与原油一样,原生页岩也是高含石蜡,含有非常高的硫、氮、氧和烯烃[2,22]。为了使原始页岩油适合炼油厂的原料,需要进行大量的升级[2,22]。硫的去除率必须降低到百万分之几,这种去除率可以保护多金属重整催化剂[2,22]。同样,氮的去除也是必须的,因为它会毒害来自稠化杂环的裂化催化剂[2,22]。因此,需要做更多的研究来从分子水平理解油页岩[2,22]。

(2)虽然在石油分析化学中有许多可用的分析方法,但它们在页岩气分析中的应用仍然存在问题[2,22]。为了更好地理解页岩加工与提取技术,需要开发更好的分析技术,包括新的页岩利用技术[2,22]。有机杂原子的化学特性、它们与基本碳结构的结合以及硫和氮源的模型化合物是可以研究的领域[2,22]。

(3)此外,应该利用电和导电测量或其他传统方法来表征油页岩的物理特性[2,22]。物理性质与页岩油转化率的关系,在工业馏分塔的设计和开发中具有重要价值,在工程设计计算中也具有重要意义[2,22]。

(4)考虑到油页岩干馏反应机理目前还没有得到研究者的普遍研究,因此,随着化学反应机理的充分确定,还原过程可以进一步研究和改进[2,22]。

(5)页岩具有低孔隙度、低渗透率的特点,因此必须事先对干馏系统的传热传质过程(组合)进行识别[2,22]。热和传质条件直接影响干馏器中油气的回收。虽然工艺技术作为一种工艺传输手段(传热传质法)确实存在,但在这方面还有进一步研究的空间[2,22]。传质研究在数学建模中非常有用[2,22]。

(6)页岩地层由许多碳酸盐矿物和硅酸盐矿物组成,如怀俄明州的天然碱层和犹他州的苏打石层[2,22]。这类矿物尚不具备良好的商业开采工艺,可在不久的将来对其开采进行研究[2,22]。

参 考 文 献

[1] Oil shale and tar sands programmatic environmental impact statement (PEIS) information center. http://ost-seis. anl. gov/guide/oilshale.

[2] Lee S. Oil shale technology. CRC Press; December 11,1990. p. 20—200. Science.

[3] Riva J P. Oil shale. Encyclopædia Britannica, Inc.; 2014. http://www. britannica. com/EBchecked/topic/426232/oil - shale/308298/Pyrolysis.

[4] Patten J W. Capturing oil shale resources EcoShale in - capsule process. RED Leaf Resources Inc. http://www. costar - mines. org/oss/30/presentation/Presentation_08 - 4 - Patten_Jim. pdf.

［5］ Shawabkeh A Q,Abdulaziz M. Shale hold time for optimum oil shale retorting inside abatch – loaded fluidized – bed reactor. Oil Shale June 1,2013;30(2):173 – 83. http://www. kirj. ee/public/oilshale_pdf/2013/issue_2/Oil – 2013 – 2 – 173 – 183. pdf.

［6］ Lee S,Speight JG,Loyalka SK. Handbook of alternative fuel technologies. 2nd ed. CRC Press;July 8,2014. Nature—712 pages.

［7］ Hubbard AB,Robinson WE. A thermal decomposition study of Colorado oil shale. US Dept. of the Interior,Bureau of Mines; 1950.

［8］ Lü X,Sun Y,Lu T,Bai F,Viljanen M. An ef ficient and general analytical approach to modelling pyrolysis kinetics of oil shale. Fuel November 1,2014;135:182—7.

［9］ Yongjiang X,Huaqing X,Hongyan W,Zhiping L,Chaohe F. Kinetics of isothermal and non – isothermal pyrolysis of oil shale. China University of Geosciences (Beijing),Beijing,China,Petrochina Research Institute of Petroleum Exploration & Development—Langfang, Hebei, China Oil Shale 2011; vol. 28(3):415—24. Estonian Academy Publishers.

［10］ Malhotra R. Fossil energy:selected entries from the encyclopedia of sustainability science and technology. Springer Science Business Media;December 12,2012. Electric engineering—637 pages.

［11］ Shih C C. Technological overview reports for eight shale oil recovery processes. Environmental Protection Agency,Office of Research and Development［Office of Energy,Minerals,and Industry］,Industrial Environmental Research Laboratory;1979.

［12］ Diligence application for the Getty Oil Company water system water rights. Chevron USA Inc. ; 2014. http://westernresourceadvocates. org/land/SummaryReport2014. pdf.

［13］ Guo S H. The chemistry of shale oil and its refining,coal,oil shale,natural bitumen,heavy oil and peat. The chemistry of shale oil and its refining, vol. II. Beijing (China):University of Petroleum. http://www. eolss. net/sample – chapters/c08/e3 – 04 – 04 – 04. pdf.

［14］ De Miguel Mercader F. Pyrolysis oil upgrading for co – processing in standard refinery units. Enschede,The Netherlands. 2010. http://doc. utwente. nl/74369/1/thesis_F_de_Miguel_Mercade. pdf.

［15］ Ancheyta J,Rana MS. Future technology in heavy oil processing,petroleum engineering—downstream. Mexico City (Mexico):Instituto Mexicano del Petroleo. http://www. eolss. net/sample – chapters/c08/e6 – 185 – 22. pdf.

［16］ Top – notch technology in production of oils and fats. Chempro Technovation Pvt. Ltd. http://www. chempro. in/processes. htm.

［17］ Das K. Solvent and supercritical fluid extraction of oil shale. US Department of Energy,Office of Fossil Energy. http://www. netl. doe. gov/kmd/cds/disk22/G – CO2%20&%20Gas%20Injection/METC89_4092. pdf.

［18］ Mathematical modeling of oil shale pyrolysis. University of Utah. http://www. insce. utah. edu/ ~ spinti/Public/DE_FE0001243_Apr_June_2012_attachments. pdf.

［19］ Khan R. A parametric study of thermophysical properties of oil shale. Morgantown(WV):US Department of Energy,Morgantown Energy Technology Center; 1986.

［20］ Global Energy Network. The Monterey shale & California's economic future. University of Southern California; 2013. http://gen. usc. edu/assets/001/84955. pdf.

［21］ Benoit B,Zurlo J. Overcoming the challenges of tight/shale oil refining,GE water & process technologies. Processing Shale Feed 2014. www. eptq. com.

［22］ Speight J G. Shale oil production processes. Gulf Professional Publishing; 2012. Technology & Engineering, pgs v. —30.

［23］ Rühl C. Five global implications of shale oil and gas, EnergyPost. eu. http://www. energypost. eu/five – global – implications – shale – revolution/.

进一步的阅读

［1］ Rodgers B. Declining costs enhance Duvernay shale economics. Rodgers Oil & Gas Consulting; 2010. http://www. ogj. com/articles/print/volume – 112/issue – 9/exploration development/declining – costs – enhance – duvernay – shale – economics. html.

［2］ Stark M (Clean Energy Lead), Allingham R, Calder J, Lennartz – Walker T, Wai K, Thompson P, Zhao S. Water and shale gas development. Accenture. http://www. accenture. com/sitecollectiondocuments/pdf/accenture – water – and – shalegas – development. pdf.

［3］ Dusseault M B, Collins PM. Geomechanics effects in thermal processes for heavy oil exploitation. In: Heavy oils: reservoir characterization and production monitoring, vol. 13; 2010. p. 287. http://csegrecorder. com/articles/view/geomechanics – effects-in – thermal – processes – for – heavy – oil – exploitation.

［4］ Nauroy J – F. Geomechanics applied to the petroleum industry. Editions TECHNIP. Business & Economics; 2011. 198 pages.

［5］ Johnson H, Crawford P, Bunger J. Strategic significance of America's oil shale resource. Washington, DC: AOC Petroleum Support Services; 2004. http://www. learningace. com/doc/5378939/f9b4836cb3c90360a25e395 f1289d5f0/npr_strategic_significancev1.

［6］ SNBCHF. com. Shale oil and oil sands: market price compared to production costs. SFC Consulting. http://snbchf. com/global – macro/shale – oil – oil – sands.

［7］ nrcan. gc. ca. Responsible shale development enhancing the knowledge base on shale oil and gas in Canada. In: Energy and mines Ministers' Conference; August 2013. Yellowknife (Northwest Territories). https://www. nrcan. gc. ca/sites/www. nrcan. gc. ca/files/www/pdf/publications/emmc/Shale_Resources_e. pdf.

［8］ http://www. iop. pitt. edu/shalegas/pdf/research_unconv_b. pdf.

［9］ Pfeffer F M. Pollutional problems and research needs for an oil shale industry. Washington: National Environmental Research Center, Office of Research and Development, US Environmental Protection Agency; for sale by the Supt. of Docs. , US Govt. Print. Off. 1974. Technology & Engineering—36 pages.

［10］ Unconventional oil and gas research fund proposal. Shale Gas Roundtable. http://www. mitsubishicorp. com/jp/en/mclibrary/business/vol2.

［11］ Lyons A. Shale oil: the next energy revolution—the long term impact of shale oil on the global energy sector and the economy. 2013. http://www. pwc. com/en _ GX/gx/oil – gas – energy/publications/pdfs/pwc – shale – oil. pdf.

［12］ Reso A. Oil shale current developments and prospects. Houston Geological Society of Bulletin. May 1968;10 (9):21. http://archives. datapages. com/data/HGS/vol10/no09/21. htm.

第10章 页岩油气:现状、未来和挑战

10.1 概述

能源是现代经济最重要的基础之一。尽管近年来在绿色能源(如太阳能和风能)方面进行了大量的投资和创新,但原油、天然气和煤炭等化石燃料仍然占据了世界能源的大部分,80%的能源来自:石油36%、煤炭23%和天然气21%(根据2012年BP公司统计回顾)[1,2]。在过去的几十年里,核能和水能资源也增加了它们对提供能源的贡献。石油主要用于运输和石化,煤炭主要用于水力发电,核能主要用于发电,天然气主要用于取暖[1-3]。因此,世界能源仍然相当依赖化石燃料能源。

由于石油和天然气能源各个阶段的技术进步和创新,页岩油气和其他非传统油气藏在经济上变得容易开采。美国页岩气储量丰富,在能源经济革命中发挥了重要作用,使美国天然气价格大幅下跌[2-4]。

由于有廉价的能源供应,许多来自不同行业的公司都在发展,并使整个国家的经济受益。页岩油气行业的革命预计将在不久的将来为美国创造60多万个就业机会[2-4]。这样的发展也将增加美国的能源安全,使美国能源对外依存度下降[2,4]。因此,与其他国家的贸易关系和政治外交事务将发生明显的变化。此外,页岩气产量的增加使得从其他国家进口的原油从60%下降到39%[2,4]。据信,随着工业领域非常规油气的发展,美国正在走向完全能源独立[2,4]。能够控制世界能源将使任何国家对其他国家产生相当大的经济和政治影响。目前,全球超过50%的能源供应来自中东地区。这种对石油和天然气能源的依赖迫使各国在油轮的运输路线上保持军事力量,以确保所需资源的安全,这增加了最终用户的能源间接成本[3,4]。

两大油气运输船油页岩的开发将对其他国家的能源市场和地缘政治关系产生影响。很明显,出口国将失去部分利益。特立尼达和多巴哥是唯一预计会受到贸易冲击的天然气出口国。美国的水力压裂过程对国内生产总值(GDP)的潜在影响超过1%,但包括也门、埃及、卡塔尔、赤道几内亚、尼日利亚、阿尔及利亚和秘鲁在内的其他国家受到的影响更大。一般来说,由于美国页岩气的开发,发展中国家每年可能损失约15亿美元的天然气出口收入[1-4]。

考虑到由于油价有限而提高页岩油产量可能带来的影响,页岩油在世界范围内的潜在可用性和可获得性远远超出了石油行业。它在改变世界经济和能源安全等主要参数以及在长期内实现独立和负担能力方面的潜力可以得到显著加强。然而,这些好处应与当地和全球框架的环境目标一并提出。监管规则和政策的任何修改都将对石油行业产生至关重要的影响。油价下跌将影响整个能源价值链;因此,任何基于油价正常上涨的投资计划都应该重新审查。页岩油在市场上产生巨大影响的可能性是一种驱动力,并可预见地将全球经济置于更高的水平。因此,对股东和决策者来说,尽快计算这些潜在变化的战略影响是至关重要的[4,5]。

当然需要政治意愿改变当前页岩油气行业的环境影响和带来透明度从页岩开采和生产的

石油和天然气资源,以减轻风险和避免不可逆的自然资源损害,尤其是饮用水资源[4,5]。

美国各州对页岩油气行业的监管不尽相同。一些州不允许在页岩地区进行钻探,直到对涉及公众和环境的潜在问题进行进一步研究[5,6]。其他州没有严格的规章制度,允许在适合页岩油气开采的地区进行钻探[4,6]。

有关油气工业的主要环境法规/法案如下:

(1)《国家环境政策法》(NEPA)要求对联邦土地上的勘探和生产进行彻底的环境影响分析[7]。

(2)《清洁空气法》,即《有害空气污染物的国家排放标准》(NESHAP),被用来制定环境中有毒污染物的排放标准[7]。NESHAP 规则也被用于对翻新的发动机进行资格认证,并被用来建立它们的监测和报告要求[7]。

(3)《清洁水法》(CWA)规定废水的处理需要追踪压裂液中使用的有毒化学物质[7]。

(4)国家污染物排放消除体系(NPDES)许可证项目[7]。

(5)制定《石油污染法》(OPA)是为了执行溢油预防要求以及报告作业[7]。

(6)《全面环境反应、补偿和责任法》(CERLA)规定授权联邦政府对可能威胁人类健康或/和环境的有害物质的释放作出反应[7]。

(7)《危险品运输法》规范了危险品的运输[7]。此外,在发生紧急情况时,应报告材料安全数据[7]。这是紧急计划和社区知情权法案的一部分[7]。

(8)在《安全饮用水法》(SDWA)的帮助下,水力压裂法被排除在地下注入控制(UIC)计划之外[7]。

(9)废物管理程序受联邦资源保护和回收法案的规范[7]。

(10)地下水受国家污染物排放控制系统的保护[7]。

上述规范一般根据[1,7]:

(1)最好的可用数据和可靠的科学。

(2)一个透明和公开的过程,允许利益相关者的输入。

(3)地方、州和联邦监管机构的适当角色。

(4)稳定的监管环境。

(5)持续有效的执行政策。

10.2 政治影响

化石能源的地缘战略影响继续成为国际安全的全球头条新闻。由于世界对能源的依赖,页岩油和页岩气等以前无法开采的资源在勘探、开采、加工和钻探方面取得了重大进展。世界能源的需要使得这些发展非常重要。"页岩油是自 20 世纪 20 年代煤被石油取代为主要运输燃料以来能源行业最重要的发展"[8]。

这一新发展的政治含义可能直接影响美国的外交政策,因为目前美国日常消费的很大一部分来自中东。然而,美国拥有全球最大的可开采页岩油储量,这可能使美国能源在未来几个世纪独立于世界其他地区。同样的情况也适用于欧盟。东欧页岩油的新开发将使欧盟独立于俄罗斯的能源资源。这样的能源进步肯定会对全世界产生重要的地缘战略影响[2,5]。

页岩气开采对政策制定者来说是一个独特而具有挑战性的障碍,因此它违反了许多政治领域。适用于页岩气生产的政策的核心目标是环境保护、经济改善、管理机构多元化(确保咨询和/或参与来自工业、政治和环境团体的代表)和土地所有者保护[2,3]。

目前,还没有直接适用于页岩气的重要立法。大多数法案仍悬而未决(尚未通过,或尚未提出)。甚至那些提议的和悬而未决的法案都是在州、省一级提出的,而且目前还没有联邦法律来管理页岩气的开采、生产,更确切地说,没有管理水力压裂作业的法律。虽然有游说团体(代表石油和天然气行业)努力阻止限制生产战略/可能性的新环境政策,但需要一些适当的法规来确保对这种资源负责任和可持续的开发[3,9]。

政策因地区而异,不仅在加拿大和美国之间,而且在各州之间也是如此。每个地区的政策都受到几个因素的高度影响,如经济依赖、天然气产量、政治竞争程度以及主要环境选民的存在。一些页岩气储量位于历史上从未与油气生产有关的地区。这些地区反对天然气生产的政策要严格得多,而且它们变革是有限的[3,9]。这一事实使得一些地区比其他地区更具吸引力。例如,得克萨斯州的页岩气生产正在顺利进行,但是政策、说客和其他政治障碍阻碍了科罗拉多州的页岩气开采[3,9,10]。许多州并没有涵盖石油和天然气生产的所有方面的政策。特别是,并非所有地区都规定在钻探前预先通知土地所有者。这对地表所有人来说是一个重大的不利条件,因为矿业权所有人可以在没有地表所有人许可的情况下获得"合理"的使用权。这导致了地表所有者和公司之间的法律斗争,试图开采地表以下的石油和天然气,而其他缺乏有效法规的地区限制了对野生动植物和生物多样性的可能影响,以及拟议的水力压裂作业的环境审查过程。必须修改和完善这些领域的法规,以确保页岩气的负责任和可持续开发[9,10]。

与美国相比,加拿大面临着一些独特的政治挑战。首先,第一民族的权利和对传统土地的开发带来了重大挑战。在历史上,有关土地权利、所有权和矿产权利的法律和法规是错综复杂的,在这些土地上进行任何工业发展时,代表第一民族人民的游说活动都是重要的[3,9-11]。在他们的领土上修建管道遭到了相当大的阻力,这意味着有必要让第一民族领导人参与这一进程的所有阶段,从提议到开发和生产。还需要平衡工会、环保主义者和第一民族人民的要求,使每个人都有一个共同的目标。因此,似乎有必要提醒各方关注气候变化、土地权利、对自然资源依赖度下降和省级国内生产总值(GDP)增长的看法等各种问题。减少对自然资源的依赖,只有在开发其自然资源的项目所支付的均等化款项得到实施之后才有可能。在特许权使用费、广泛的评估和其他政治工具的帮助下,这些担忧可以得到缓解,从而允许在加拿大开采页岩气[3,9-11]。

在能源和环境政策方面,天然气会降低温室气体(GHG)的排放,从而降低相应机构的压力。尽管天然气不是温室气体排放的最终解决方案,但它可以在减少短期排放和开发碳捕捉和封存(CCS)等新技术之间起到桥梁作用。这将涉及从煤炭发电厂转向天然气发电厂,直到CCS成为一项可行的技术,届时煤炭发电将成为一种对环境负责的能源。如果碳排放税(或排放上限)和贸易体系强加于该行业,这一点尤其正确。这一转变的一些障碍包括,随着天然气价格的波动,燃煤电厂有权选择不执行基于能源需求的减排政策,以及天然气供应之间的权衡(例如,更便宜的传统能源和更容易获得的页岩气资源)[10,12,13]。

以下概述了与油页岩开发相关的部分政治影响:

(1)根据英国石油公司的《2030年能源展望》(图6.14),预计2030年全球页岩气产量将增长9%[1-3]。产量将保持正值,但在2020年后,高产量将下降[1,2]。页岩气生产将主要来自北美;然而,俄罗斯、中国、阿根廷和哥伦比亚等国也将开始参与其中[1,2]。来自这些国家的生产速度可能无法抵消 2020 年以后的下降[1,2];然而,它对两国之间的政治和贸易关系产生了重大影响。

(2)页岩油(和页岩气)产量的上升将对现有的石油市场和各自的价格产生重大影响[1-3]。欧佩克管理这类碳氢化合物的价格和产量。看看欧佩克将如何应对页岩油气供应将是一件有趣的事情[1,2,32]。他们可能会削减产量并降低产品价格以保持竞争力[1-3]。因此,这种策略可能对与欧佩克相关的石油市场公司产生负面影响[1-3]。

(3)随着全球页岩资源不断地发现,在确定页岩资源勘探开发方面的政治讨论将不断发展[1]。

(4)多年来,世界上最大的石油消费国(如美国)与世界主要石油供应国(如中东地区中部)之间的关系得到了很好的证明[1,2]。这种融洽关系可能会带来地缘政治后果,并可能以不可预测的方式发生转变[1,2]。

(5)美国页岩油气生产有可能导致美国能源价格下降,从而提升竞争优势,使各个行业受益[1]。因此,可以预期全球宏观经济将产生积极的影响[1]。

(6)页岩油气的生产使得可以用更便宜的页岩气取代燃煤发电[1]。这将显著减少碳排放[1]。因此,各国可以始终遵守与大气中碳排放有关的气候政策[1]。

10.3 联邦和省(或州)法规

页岩气生产是石油和天然气行业的一部分,因此与该行业的其他行业处于相同的监管框架之下。由于页岩油气行业出人意料的快速增长,针对页岩油气行业制定的政府规范仍在制定之中。为了评估这个行业对公众和环境的风险,有很多因素需要研究。由于美国在页岩气生产方面的主导地位,大多数关于环境法规的研究/建议都是在美国联邦和州一级进行的。目前对页岩油气生产项目的规定大多由州政府制定,有的与联邦政府的规定相悖[5,6]。联邦政府的法规通常针对美国保持相对清洁的空气和水的要求[5,6]。例如,马塞勒斯页岩气田主要位于宾夕法尼亚州,来自该页岩的天然气产量约 90% 在该州境内[5,6]。根据《石油和天然气法》,公司在钻井前必须获得国家的许可[5,6]。必须向宾夕法尼亚环境保护部门提交详细的计划,以减轻各个阶段(例如,井的开挖和气体处理)的潜在环境污染[5,6]。然后,该州有权批准或拒绝在该特定页岩地区生产。

在本节中,回顾美国页岩气生产面临的监管和环境挑战,可能有助于在全球层面上开辟一条道路。

在美国,美国环境保护署(EPA)负责执行和制定适用于页岩气行业的环境法规。显然,页岩气生产中最令人担忧的风险因素是水力压裂作业的用水量和废水管理[5-7]。

联邦政府制定了《清洁水法案》(CWA)旨在减少排放到大气环流的污染物[5,6]。它为每一种可以直接排放到大气中的污染物设定了阈值,如甲烷、臭氧、二氧化碳等。例如,排放的空气中臭氧的最大含量必须在 70 ppb(十亿分之七十)左右[5,·6]。排放到空气中的二氧化碳每公吨约需缴纳 20 美元的碳排放税[5,6]。该法的制定是为了减少碳排放造成的温室效应。

《清洁水法等》(CWA)规定了每一种潜在污染物的标准水平,这些污染物应在产出水或废水排放到环境之前达到标准水平[5,6]。联邦政府制定的《资源与节约法》确定了石油和天然气工业中废弃岩石和污泥废水的处理条例[5,6]。目前,联邦政府对油气行业并没有严格执行这些法律。强制执行将导致全美超过 70% 的油井和气井停止作业[5,6]。这将对该国经济造成灾难性的影响。

美国致力于提供优质的水和废水服务,保护环境,明智地使用宝贵的自然资源。在遵守和在许多情况下超越环境法律和规章方面有着值得信赖的历史。这是建立我们的环境绩效的基础[5-7]。各个工业部门不仅要努力满足环境要求,而且要努力超越环境要求,并建立新的行业标准,使之符合要求[5-7]。认识到页岩油和页岩气的经济和环境潜力,应保证根据州和联邦法规安全负责地开发页岩气生产,以确保保护环境,特别是水源。人们认识到,一些州几十年来一直在规范油气工业对天然气的开发。总的来说,它们在制定和实施页岩气法规方面处于独特的地位,这些法规是对环境的保护,并反映当地的地质和结构等因素。许多州已经开始了监管程序来更新他们的指导方针/指示来处理页岩气(和石油)的开发和保护水质。此外,联邦政府有责任确保各州对水质的规定符合重要标准,并应在联邦标准和地方考虑的基础上制定页岩油气开发的国家标准[14]。

1974 年,联邦政府根据《安全饮用水法》(SDWA)对饮用水安全进行管理;然而,石油和天然气行业(尤其是页岩油气行业)目前不受美国环保署的限制。该法律在 1986 年和 1996 年两度修订,以广泛保护所有公共供水系统免受有害污染物的侵害。这个豁免的结果建立在 2005 年的法律石油和天然气游说团体的压力下,排除 SDWA 监管他们的行业,这意味着石油和天然气行业是唯一的——在美国,由美国环保署允许向地下注入已知的有毒性和危害饮水供应的材料[5-7]。该法律被称为"哈利伯顿漏洞",因为哈利伯顿公司在水力压裂技术方面拥有巨大的经济利益,大力支持游说。该公司也是压裂作业中使用的化学流体的主要生产商之一[5-7]。

国会将 SDWA 修改为 2005 年能源政策法案的一部分,以改变地下注入的定义。因此,它有效地取消了 EPA 在 SDWA 下对水力压裂中地下注入流体进行规范的权力[5-7]。

管理公共供水系统的基本方案是国家行政公共供水监督(PWSS)方案,除少数领域外,该方案一般由环境保护局授权给各州。环境保护局还根据可持续发展目标授权管理地下注入流体,以保护地下饮用水源;然而,大多数州都认为管理这些法规是首要任务,特别是在石油和天然气钻探作业方面[5-7]。

美国环保署 2004 年的一项研究评估了水力压裂液注入对地下饮用水源造成污染的可能性。环境保护署对煤层气井进行了研究,认为在煤层气井中注入水力压裂液对地下饮用水的威胁很少,甚至没有。然而,一些环境学家、科学家和环境保护局的官员称这项研究在科学上是不可靠的,因为一些关于压裂对人类健康的风险的信息在最终报告中被忽略了。有趣的是,尽管 2004 年的研究得出结论,水力压裂法向供水储层注入流体的风险不大,甚至没有风险;关于注入这些化学液体对环境影响的研究工作很少[5-7]。这导致相关各方再次呼吁将页岩气产业和水力压裂纳入 SDWA,SDWA 将为该地区的饮用水保护提供最低联邦标准:页岩气生产协议[5-7]。

另一个令人担忧的问题是,行业拒绝对用于水力压裂液的化学品进行透明。事实上,压裂液化学配方被认为是一个高度保密的秘密。而且,对于任何一口井来说,这种化学混合物都是独一无二的。如果公众无法获得这些信息,很明显,EPA 和其他环境官员无法确定这些化学品何时、何地或如何进入储层[5-7]。

自 2005 年以来,已多次尝试对水力压裂工艺和页岩气行业进行监管,以减少其对环境的影响。其中一些活动包括:

(1)《压裂责任与化学品意识法》(FRAC)。联邦政府最近颁布了《压裂责任与化学品意识法》(FRAC),以监督和规范压裂液中使用的化学品类型[5,6]。该法案/法律要求生产公司披露构成压裂液的不同化学品[5,6],此外,在实施该法案之前,页岩油气行业并不需要遵守 SDWA 制定的规定[5,6]。

(2)国会要求 EPA 对 2009—2010 年进行研究(该研究是在 2011 年进行的)[5,6]。

(3)国会要求对压裂液化学品的使用(2010)进行公开[5,6]。

这些活动大多是徒劳的,尽管存在水资源污染和公共利益的风险,但各级政府几乎没有努力研究、控制和监管该行业。

10.4   环境问题方面

页岩油气储量的开采也对环境造成了威胁。其中一些类似于传统油藏的产量。由于水力压裂技术,页岩油气的开发和生产比常规油藏需要更多的水[5,6,15]。因此,压裂回采和采出水中产生大量废水。废水在排放到环境中之前需要经过处理,以避免对自然水资源的污染。上游水体的污染将对陆生和水生生物造成毁灭性的后果[5,6,15]。

在水力压裂过程中,如果压裂液与新鲜地下水接触,也会对水源造成污染。压裂液中含有多种化学添加剂,包括盐酸、重金属和放射性化学物质,对包括人类在内的生物都有极高的毒性[5,6,15]。

页岩油气生产活动产生的温室气体排放是环境的主要问题。排放到大气中的主要气体是甲烷。释放到环境中的大量甲烷主要是由于压裂液从储层中排出的步骤[15]。当压裂液流回地表时,甲烷被释放出来。图 10.1 根据不同的研究,通过项目的生命周期,给出了页岩气与常规气在甲烷排放的对比图。

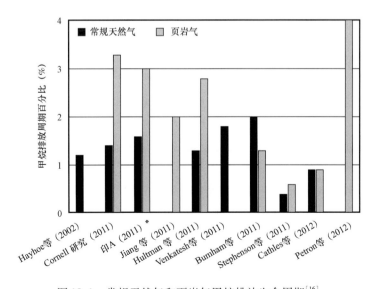

图 10.1   常规天然气和页岩气甲烷排放生命周期[16]

此外,从油气生产活动和加工厂释放出来大量的二氧化碳,加剧了全球变暖效应,对环境的各个方面都可能产生灾难性的后果[6,15]。

水力压裂可能对地壳产生地震波造成威胁,导致震动或地震。当压裂液注入储层形成新的裂缝或打开现有裂缝时,地层中的应力发生变化,可能导致构造、板块移动,或导致地震[6,15]。

页岩油气项目会在生产现场造成干扰,因为需要建造加工设施、通路、管道和许多油井。这导致了大量的地表入侵和当地生态系统的破坏[5,6,15]。

在一些页岩地区,需要清除植被才能生产。这将导致许多生物失去它们的栖息地,从而改变当地居民使用土地的传统方式[5,6,15]。

图10.2总结了页岩油气生产对环境污染的所有潜在途径。

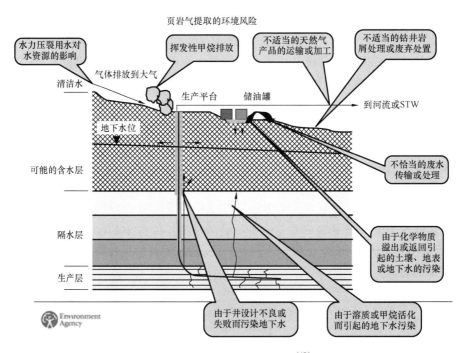

图10.2　页岩开采环境风险[17]

目前的开采方法需要大量的水,页岩气的开采对地表水和地下水资源都有很大的影响。水力压裂过程使用可调节的水量(每口井 $300 \times 10^4 \sim 600 \times 10^4$ gal)。压裂完成后,返回地表的水含有残留的压裂化学品、天然存在的盐、金属、放射性元素(其中最危险的是汞)和有机化学品[18,19]。

如图10.3所示,EPA阐明了水力压裂过程中可能导致环境破坏的5个主要步骤,这些步骤是美国环境保护署(Environmental Protection Agency)提出的[18-21],其步骤如下:

(1)水的获取。这个过程包括从不同的水源抽取和输送数百万公升的水到压裂现场。

(2)化学混合。包括向水中添加化学添加剂和支撑剂。如果这个过程泄漏,它会污染地表和地下水。

(3)注水井。高压注水井会产生裂缝。在地质形成过程中也会污染地表水和地下水。

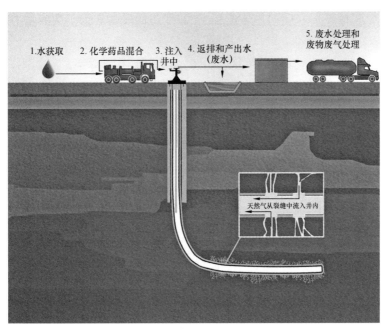

图 10.3　水力压裂水循环[22]

（4）返排期。油气生产开始前，压裂后几周发生返排，返排包括压裂化学品的残渣以及地层水中溶解的物质（如盐、碳氢化合物和放射性物质）。

（5）废水处理。如果工艺用水处理不当或在运输过程中出现问题，可能会污染水资源。

由于页岩油气开采的成本较高，这些资源在近几年才具备开采的经济可行性。没有充分的研究讨论压裂过程对环境和自然资源的长期影响。根据压裂技术的性质和现有的实践经验，压裂过程中每口井对淡水的巨大需求引起了环保组织和附近居民的广泛关注。用水的直接影响将导致地表水和地下水资源的短缺，这可能影响到居民，特别是农民，对取水地区的影响。

目前，水力压裂后注入的水仅能回收 20% ~ 50%。剩余的水留在地面上，有些会在 10 ~ 14 天的压裂过程中返排，有些则会在油井使用期间返排。然而，一些注入的工艺水含有添加剂和化学成分，可能会污染地下水资源和（或）土地。这可能会给附近的居民、野生动物和自然环境带来严重的健康问题[20-22]。

处理返排废水也很重要，因为其中含有化学物质和危险的放射性物质，如汞。在运输和（或）处理过程中，或从储存池中产生的任何泄漏或泄漏，都可能造成严重的健康和环境问题。此外，任何泄漏或泄漏的名誉损失和社会影响可能对相应的公司相当大[17,18]。

除了水污染，空气污染也是与页岩油气开采过程相关的另一个重要问题。由于大多数油气田位于偏远地区，需要几个发电机提供足够的电力来支持钻井和水力作业。发电机组燃料以柴油为主，参与了大气污染。压裂过程需要使用大量的水，需要成千上万辆卡车将水运送到钻井现场，这些卡车将产生大量废气。水力压裂后，含有化学和放射性物质的回水在处理前储存在澄清池处，如图 10.4 所示。从这些池中蒸发的水和（或）任何泄漏都会引起严重的健康和环境问题[19-22]。

此外，科学家认为，压裂过程将导致地下页岩层的移动。在一个油气田进行大量的水力压裂作业,可能会引起地下页岩层的显著位移,导致地震的发生。为了更有信心地证实这一发现,建议进行进一步的研究。

(a) 淡水蓄水池　　　　　　　　　　　　　　　(b) 返排蓄水池

图10.4　淡水和返排澄清池[18]

10.5　对页岩地质力学性质认识的挑战

页岩的地质力学性质代表着页岩的强度和刚度,需要对页岩的脆性和延展性有很好的认识。如果页岩足够脆弱,它们就会产生裂缝,然后使裂缝张开,而韧性页岩则允许裂缝闭合和自封闭[23,24]。在这些岩石中,井筒稳定性是一个罕见的问题,因为严重的反应性页岩(如富含蒙脱石的页岩)并不太常见。这种低可能性与大多数含气页岩的热成熟度有关(即任何原来的蒙脱石都会变成伊利石)。在压裂的情况下,由于页岩性质的各向异性,需要对其应力状态(常规、走向滑距、反向)、最大主应力方向的大小和方向进行诊断,特别是对页岩中组构元素的方向进行诊断,从而定量地确定地应力场。泊松比、杨氏模量、无侧限抗压强度、黏聚强度和摩擦系数是评价页岩性能的主要参数。处理地质力学页岩的测试的关键问题是保护岩心不受取心时刻的影响[23,24]。以黏土为主的低孔隙度页岩在有松散水的情况下会得到强化,导致强度和刚度(静态和动态)参数显著提高[24]。在干燥页岩的情况下,高毛细管压力(例如,许多兆帕量级压力)将被提升,这反过来又会破坏较软的试样[24,25]。如果我们的研究对象是部分饱和的页岩,比如气体页岩,那么样品应该用薄膜包裹,然后打蜡。由于蜡对空气/水的挥发性时间较长,所以测试应在较短的时间内完成。页岩的地质力学特征也用来测定裂缝起源和扩展的可能性,并在泥质地层中传播[24,25]。在选择水力压裂作业的最佳材料时,有时会引入脆性截止阀作为阈值,以排除一定的刚度[23-25]。利用地震资料,可以得到与气相页岩有关的动杨氏模量。值得注意的是,这与超声实验得到的静态杨氏模量不同。在三轴试验中,随着有效围压的增加,页岩的静杨氏模量通常会增加[23-25]。

页岩地层地质力学行为在生产过程中需要建模和监测,主要面临以下挑战:

(1)页岩组内部岩石刚度降低[23]。这是由于岩石在经历屈服和膨胀时,刚度急剧下降造成的[23]。

(2)地层内部的密度变化是由于气体饱和和膨胀的增加而发生的[23]。

(3)开采引起的压力、温度和饱和度的变化改变了页岩地层的应力分布[26]。

(4)开采引起的应力变化改变了岩石的孔隙结构,从而改变了岩石的渗透率[26]。

页岩油气开采的最大障碍之一是在倾斜钻井(最终生产水平井)和生产阶段页岩地层的

稳定性。由于页岩结构的性质,岩层表现出非均质强度,并具有水平方向的应力。由于岩石强度的变化,地层的力学稳定性难以预测[26,27]。

当钻井与页岩地层成一定角度时,地层中的自然应力会受到扰动,由于强度的变化,信息可能发生坍塌,堵塞井筒[26,27]。此外。最初在页岩中发现的裂缝在钻井作业中也存在稳定性问题。这些裂缝会坍塌或封闭通往井筒的油气通道,可能导致钻井管道卡在地层中[26,27]。这降低了生产效率,增加了操作成本。

页岩区岩石强度的差异,加之钻井角度的不同,会导致预定钻井路径的偏差[26,28],图10.5说明了这种现象。这些偏差增加了钻井费用,因为钻井路径变长,钻杆可能被损坏[26,28]。

一旦钻井完成并建好井,必须定期对井筒稳定性进行持续监测,以确保不会发生地层坍塌,生产处于最佳状态[26,28]。

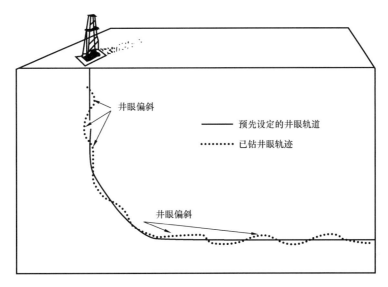

图 10.5　预先设定的井眼轨道偏差[28]

10.6　常规油气与页岩油气储量对比

非常规油气资源的快速勘探和发现,比如北美的页岩油和页岩气,引发了两派之间的争论。一派对这些资源充满热情,并宣称其风险极低、具有制造风格的机会,而另一派对预期收入提出了质疑[2,29]。区域天然气价格的下跌凸显了计算的边际性质,因为它们主要暴露在大宗商品价格风险之下。这引发了一场关于如何在非常规和传统计划之间分配分散资金的辩论,从而迫使行业重新审视它们描述非常规案例的方式[2,29]。虽然油气行业已经采用技术来确定和评估常规油气资源的风险和机会,但目前还没有一个明确的框架来描述,缺乏一种通用的非常规投资分析工具也是显而易见的[2,29]。在评估业绩时,只做一个全周期经济学就足够了,它可以产生15%~25%的回报。

随着页岩气的出现,通常的分析方法依赖于点向前、类型井破裂事件,而报出的回报率在30%~70%(甚至更高)。这种分离源于对当前行业大宗商品价格和投资动态的分析,以及对页岩钻探项目可能盈利能力的单独预测[2,29]。考虑流动资产的开发机会时,点向前法和平均井经济学是有用的;同时,井况分布也得到了很好的确定。然而,这种使用类型曲线和正交点分析的实践有助于对页岩(特别是均质地层)的感知,并提供了接近于零的风险[2,29]。预测的低风险和显著的发展经济促使买家提高已验证页岩气的入门价格,从而诱使企业在降低开采成本之前进入这一领域。"无风险,高回报"的心态危害了这些项目,因为这是一个不清楚的方式,尽管高天然气价格在某种程度上掩盖了这一事实[2,29]。考虑到这一问题,需要对非常规潜力场地的生命周期进行评估,并建立风险分析模型。尽管有一些不完整的实践将风险模型和常规生命周期转化为非常规储量,但这是成功描述这些机会的线索[2,29]。根据一些经验,人们认识到非常规油气资源和页岩与常规油气资源具有相同的风险性和广泛的勘探潜力。此外,它们的风险特征在分析的生命周期中显示出不那么确定的方式,对于剩余风险(可开发的百分比)和不确定性(边际经济学),开发阶段的严重性甚至更大[2,29]。

非常规油气储量在公司投资组合中有一个作用,条件是公司利用风险评估的方法/框架,使它们能够在几乎相同的基础上对常规和非常规机会进行比较。非常规建模策略中存在多个参数和未知变量,这对于找出哪些参数和未知变量值得进行最深入的研究至关重要。一般来说,资产的当前生命周期阶段可以帮助实现这一目标[2,29]。

人们倾向于关注非常规油气藏更广为人知的工程和运营方面;然而,人们高度相信,对风险和不确定性进行强有力的技术和商业评估要重要得多[2,29]。

常规和非常规石油储量的累计产量对比如图 10.6 所示[30]。页岩气产量有潜力抵消石油进口,预计石油进口将随着工业化程度的提高而增加[30]。然而,与常规石油相比,页岩油的生产成本相当高[30,31]。每桶生产成本如图 10.7 所示[30,31]。其中一个主要的成本因素是运输到炼油厂的高额费用[30,31]。

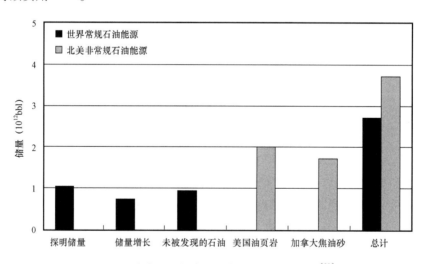

图 10.6　非常规油气资源与常规油气资源对比[30]

传统的油气储量更容易开采,因为油气储集在大孔隙中。常规地层的孔隙度和渗透率通常较高[32],这就使得油气在压力梯度的帮助下很容易地喷向井筒并进入井筒。而非常规储层的渗透率要低得多,页岩地层(作为这些储层的一部分)的渗透率最低[2,32]。因此,有必要进行额外的处理,以提高互换性,使油液中的碳氢化合物能够进入井筒。因此,从非常规储量中开采石油的成本远远高于传统储量[32]。

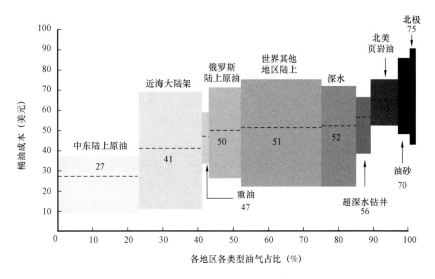

图 10.7 每桶原油的生产成本[30]

除直井外,还需要钻探水平井以探明页岩油气储量。水平井钻井难度大,钻井平台损坏程度高,需要密集的能源技术和处理地层坍塌风险[2,32]。水平井钻井成本大约是直井的 2 倍。基于对马塞勒斯页岩的研究,发现一口垂直井的平均成本为 66.3 万美元,而一口水平井的成本为 120 万美元[2,32,33]。

与常规作业相比,水力压裂所需的材料和设备也给页岩油气作业增加了可观的成本。流体必须在高压下泵入储层,这是很耗能的[2,32]。压裂后,应将压裂液抽回地面。返回的流体通常含有从地层中滤出的重金属和放射性化学物质[32,33]。

10.7　油页岩开发管理规定

在页岩资源开发方面,联邦和省(州)的油气监管制度包括广泛的技术优势[34]。这些规章制度的实施是为了将环境、健康和安全风险降到最低,适用于基础设施开发、钻井和生产批准、土地管理、停止运行和改造、表层套管、水泥和地下水保护等领域[34]。

国际能源机构(IEA)制定了一系列黄金规则,概述如下:

(1)在开发之前,应该对所有利益相关者进行考量、披露和参与[34]。

(2)钻探区域对环境的影响应该最小[34]。

(3)油井应被隔离,泄漏应密封[34]。

(4)水应该进行可靠地处理[34]。

(5)应该消除燃烧和其他排放[34]。

(6)在协调基础设施时,应考虑到累积影响[34]。

(7)应向规章制度和操作规程推进持续改进倡议[34]。

在不严重影响周围环境和公众的情况下,应该为项目的成功提供管理规则。

在当前的运营环境下,运营商应致力于发展自己的能力,在 5 个主要领域取得成功。这些领域简述如下。

10.7.1 数据管理与合规

运营商面临的一个问题是,由于对物质流量的高要求,如何通过页岩气流程的循环来提高数据管理水平。获取、保存和报告这些数据需要另一类数据管理来正确使用这些数据,从而导致累积的环境影响评估。为了保证数据的高效交接和合规支持,运营商应管理与供应商和承包商之间的互动。在开发这种数据管理系统时,特别是在流域内和跨流域具有一致性的情况下,规模较大的运营商可以从明显的规模经济中获益[34,35]。

10.7.2 废水处置

管理油气生产过程中采出水的一种常用技术是将处置体注入生产储层,以保持压力(或提高采收率),或将地下注入经 EPA 批准的Ⅱ类盐水处理(SWD)井[34,35]。节约用水的措施和处理能力的缺乏,使采出水的回收和再利用,特别是现场处理和再利用的研究项目更加受到重视。虽然在压裂过程中,不经过太多预处理就对返排水进行再利用是一种短期的解决方案,但应该考虑生产大量高饱和盐水的长期选择[34,35]。介绍了多种处理页岩气生产废水的技术,使其既可回收利用,又可循环利用。与传统的处理方法相比,该技术可用于不同种类的操作人员(例如,有或没有预处理,从简单过滤到高端结晶),成本更高。此外,还与治疗供应商建立了一些可能的伙伴关系,以正确应用这些技术。除了管理整个废水链的业务外,这些合作伙伴关系还将帮助运营商找到适合其需求的解决方案(例如,特定压裂液所需的水量和水质,以及它们在其中发挥的特殊作用)。

最后,这些合作为未来的改进铺平了道路,在提高效率的同时,以最低的成本回收更多的水(例如,废气、所需的能源投入)[34,35]。

10.7.3 降低水和排放强度

随着公众对全球淡水资源日益关注的压力和页岩气用水量的解决,人们的注意力已转向减少用水量。优化井的配置和每个站点的井数,最大化废水端到端再利用的潜力,是降低用水量的策略[34,35]。最后,目前关于开发低需水量支撑剂和水力压裂替代品的研究将有助于将页岩气作业的用水量降到最低[34,35]。页岩气相对于煤炭和石油的温室气体减排优势,促使运营商目标、公众和政府将页岩气减排过程作为经营许可[34,35]。例如,美国所有页岩气开发的标准方法是,各公司努力进行绿色完井作业,以便将甲烷的排放或燃除降至最低。

一个更大的数据库将使跟踪压裂和水运过程中能源使用的排放,以及可能的减排改进成为可能[34,35]。

10.7.4 物流及运营模式

考虑到页岩气的水分运动需求的规模和强度,在评估页岩气开发的现有或新的机遇时,以下因素对页岩气运营商来说非常重要。

(1)将物流作为发展战略的重要组成部分。

物流在页岩开发中的作用非常重要,因此它包括供水、支持水力压裂作业、废水转移报告、支持合规要求。考虑到这一战略角色,应该开发一个特定于页岩气的物流框架。如果这一战略能够及早调整,就可以证明,物流含义和合作机会的任何变化都能在时间表中得到诊断和遵循[34,35]。

(2)采用领先的物流实践和运营模式。

传统的物流实践是为传统的陆上开发设计的,而页岩开发对公路运输的要求使得改进这些物流实践成为必要。如果运营商将供水供应链从钻井服务中分离出来,他们将拥有更多的控制权,并在整个生命周期中优化水足迹[34,35]。采用其他行业实践的先进工具、系统和物流可以帮助控制 EHS(环境、健康、安全)风险,提高运营绩效,并达到成本效益。北美的几家知名运营商已经采用了这些具有全球视角的战略。

(3)新地点的合作机会。

当页岩气被发现和开发时,可能会缺乏足够的基础设施和物流资源来满足大规模开采的需求。此外,总是有许多运营商在相同的国家监管环境下密切合作。随着资源的竞争和发展供应链基础设施的成本,运营商之间的积极合作起着主导作用。如前所述,运营商应积极寻求潜在的协同效应,如共享物流管理平台、共享过剩产能、协调本地供应商开发和跨流域基础设施开发。这种方式在页岩开发基础最不发达的国家尤其有趣[34,35]。

10.7.5 合作

与其他运营商和监管机构合作,降低流域的强度(如共享基础设施、共享过剩产能和共享损失特征),并处理废水(如共享区域设施),是应对挑战的一种建设性方法。减少个人的环境足迹,并应用来自行业和监管机构的现代实践,以达到最终目标的可持续性和监管合规是共享这些关键监管领域风险敞口的关键所在[34,35]。

10.8 技术和经济限制

技术和政策约束可能会影响页岩能源的性能、可靠性、效率、产品质量和相关的经济效益[30]。大部分的开采和页岩技术升级还没有在商业层面得到验证,需要进一步开发[30]。其中一些技术壁垒如图 10.8 所示[30]。

技术壁垒	经济壁垒
地面干馏技术已准备好用于商业规模的示范(>10000bbl/d),但尚未得到证实。新的ATP工艺还没有在美国西部的油页岩上得到证实	一些流程的资本和运营成本是不确定的
现场开采技术尚未在商业规模上得到证实;技术进步表明增加研发是可行的	资本形成受到资本成本高的制约需要更高的风险溢价和最低预期回报率;如果同时启动许多高成本项目,资金可用性可能受到限制;在有收益之前,前期投入大,交货周期长
页岩气采掘:介绍了露天矿和室柱式开采;根据资源和过程反映可选挖掘方法的选择标准将是有用的	市场对炼油厂原料和化工副产品的需求很大,但没有得到很好的量化
改质:石油净化,金属和矿物处理和价值提升处理	高/不确定的环境和法规遵从成本
	油价不确定/波动

图 10.8 技术经济壁垒[30]

除了技术壁垒,经济壁垒也是页岩气行业的下一个主要障碍[30]。页岩气商业化需要大量的资金投入[30]。此外,包括环境成本在内的不确定运营成本对项目投资者来说仍然是一个风险[30]。图 10.9 还给出了有关经济挑战的更多细节。

页岩气水力压裂技术面临着诸多技术难题,如何合理开发页岩气资源是亟待解决的问题。

10.8.1 水资源管理

水力压裂开采页岩气需要大量的水。得克萨斯州的研究人员进行的一项研究表明,巴内特页岩(该州最大的页岩)在过去的 10 年中使用了 $1.45 \times 10^8 m^3$ 的水,相当于得克萨斯州用水量的 1%[36]。他们预计页岩气开采将再消耗 $43.50m^3$。在未来的 50 年里,这可能会给当地的水资源带来压力。如果同时考虑钻井和压裂,一口井的总水量约为 $13500m^3$(表 10.1)。需要注意的是,不同井之间的用水量差异很大[36,37]。

页岩气的稀缺性和监管对页岩气生产构成了巨大的挑战[36-38]。此外,淡水通常用于水力压裂,因为压裂添加剂在盐水中降解[36,37]。

表 10.1　不同地层的总用水量[36,37]

地层	每口井水的体积(m^3)
巴内特(Barnett)	10968
费耶特维尔(Fayetteville)	12430
海恩斯维尔(Haynesville)	15030
马塞勒斯(Marcellus)	15761

10.8.1.1 采出水

水力压裂完成后,对井进行减压,裂缝恢复到地面。这个液体被称为"返排液"。返排周期持续约 2 周,可回收压裂液的 10%~40%[38,39]。在整个产气过程中,低体积($2~8m^3/d$)注入流体的回收工作一直在进行。这种废水被称为"采出水",并含有轻烃和非常高的 TDS(总溶解固体)浓度[38,39]。储层中原本存在的矿物和有机成分溶解在再处理的压裂液中(表 10.2)。所报道的数据来自于马塞勒斯页岩中典型的返排井(早期)和采出水井(后期)[38,39]。在表 10.2 中,TSS 表示总悬浮固体。还应注意的是,硬度和碱度发生的碳酸钙($CaCO_3$)。

管理采出水挑战的最佳技术将取决于对细小颗粒水混合物的调节和处理技术的适宜性。

表 10.2　返排水中杂质含量[38,39]　　　　　　　　　　单位:mg/L

成分	返排水	采出水
总溶解性固体含量(TDS)	66000	261000
总悬浮固体含量(TSS)	27	3200
硬度	9100	55000
碱度	200	11000
氯化物	32000	148000
钠离子	18000	44000

10.8.1.2 地下注入

目前,40% 的采出水通过注入深水井处理[40]。在美国,把流体废物注入井中是由环境保护署规定的。这些"Ⅱ类"井的设计不允许注入的流体迁移到地下饮用水源(图 10.9)。这个图显示了真实情况下的流体注入[例如,艾伦伯格(Ellenburger)地层]。

得克萨斯州有11000口经批准的Ⅱ类处理井;然而宾夕法尼亚州只有7个,这可能会限制马塞勒斯页岩(Marcellus)的产量[38,39]。大多数已批准的处理井位于得克萨斯州、加利福尼亚州和堪萨斯州,远离马塞勒斯(Marcellus)和巴肯(Bakken)等页岩储量丰富的地区[40,41]。

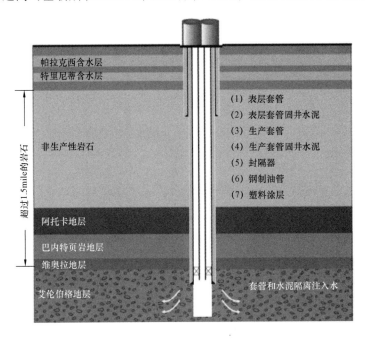

图10.9 巴内特页岩深井处理设计[40]

向井中注水的费用为每立方米4.70美元,与运输费用相比仍然是不贵的。运输13000m³的生产用水需要650辆卡车长途行驶[42]。页岩气生产将继续发生在没有足够采出水处理能力的地区,需要其他的采出水管理解决方案。

10.8.1.3 反渗透

反渗透(RO)技术被广泛应用于工业净水,是一种广为人知的工艺。高压下的采出水通过半透膜进行灌溉,生产出高纯度的处理水,同时产生高达原始体积20%的浓缩废水[43,44]。

然而,反渗透是一种能源密集的过程,人们认为对含有4×10^4mg/L总溶解性固体含量(TDS)以上的水不具有经济可行性,这将排除大部分返流废水(表10.2)[43,44]。

对于高TDS水域,一种叫作(振动剪切处理 VSEP)的新技术已经显示出一些结果。该技术使用平面膜作为平行圆盘排列,剪切是由与该表面相切的"叶"元素创建的。剪切减少了膜上的污垢,允许在较高的TDS水平运行。

10.8.1.4 蒸馏结晶

蒸馏可从采出的水流中除去高达99.5%的溶解杂质。蒸馏需要将废水蒸发掉,因此需要消耗大量的能量。其回报是以减少废水处理和处理成本的形式出现的——在某些页岩气层中,废水的处理和处理成本高达75%[43,44]。蒸馏对于多达12.5×10^4TDS的混合物是经济的,但其流量较低,通常约为300 m³/d,这是马塞勒斯页岩某些井的采出水流量的1/10[38,39]。因此,蒸馏需要建造大型储罐来暂时储存产出水。

依靠机械蒸汽压缩的结晶器在采出水处理中得到了广泛的应用,因为它们可以回收蒸汽流中的热量,从而降低95%的能源成本(图10.10)。

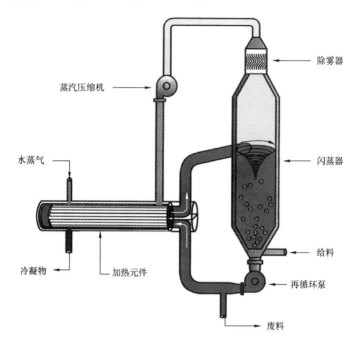

图 10.10　零液流量结晶器[43]

(注:所有产生的废料均为固体)

结晶可以产生零液体排放,并产生可作为工业原料的固体盐。结晶器可以吸收多达 $30 \times 10^4 m^3$ 的水,但资本成本很高。在图 10.11 中,采出水来自德文郡巴内特页岩的开采。加拿大德文能源公司(Devon Energy)在巴内特页岩地区经营业务,使用大型结晶器(18m×18m),每天生产 $300 m^3$ 蒸馏水[42,43]。

10.8.1.5　现场再利用

对于采出水处理的挑战,最经济可行的解决办法是在现场尽可能多地重复利用。回流的水可以被截留在表面,并与补给水稀释,直到适合再使用为止。这种方法在处理能力有限的情况下特别有用,因为它降低了水力压裂所需的水体积。

连续沉淀法可用于去除采出水中的离子。第一次降水的目标是铁、钡(一种有毒重金属)和悬浮物。回收钡泥可用于钻井泥浆。第二和第三阶段将除去其他形成垢的离子,如钙、镁、锰和锶,形成无毒的固体污泥。

在高 TDS 水中,添加剂的有效性可能会降低。此外,二价阳离子可能在井筒中沉淀,形成稳定的碳酸盐和硫酸盐(特别是钡和锶),通过堵塞裂缝降低了天然气的产量[38]。采出水在重新注入之前必须经过处理以去除这些离子(图 10.12)。

现有的商业技术可以处理 $1000 m^3/d$ 的高 TDS 废水(4300mg /L Ba^{2+},31300mg/L Ca^{2+},250000mg/L TDS)并使其适合回注。拟建场地占地面积 $2000 m^2$,设备造价 350 万澳元[45,46]。

图 10.11　采出水(左)和从蒸发器出来的处理水[42]

图 10.12　钡沉淀物从马塞勒斯页岩中析出水[38]

法规和经济因素正推动该行业回收越来越多的废水。切萨皮克能源公司(Chesapeake Energy)声称,通过每天回收 $4 \times 10^4 m^3$ 的回流水,该公司每年可节省高达 1200 万美元[45,46]。

10.8.1.6　抗盐添加剂

页岩气生产过程中需要对采出水进行回收利用,因为其用水量巨大,而且对水的处理也有了新的规定。目前回流水被循环利用,以去除杂质,如铁[47]。然而,由于水处理基础设施建设的困难,去除硬度和溶解盐仍然是一个挑战。

限制循环水使用的一个因素是商业上可用的减摩添加剂,它不能在高盐水中发挥作用[47]。摩擦还原剂是聚丙烯酰胺的共聚物,其电荷密度一般在 30% 左右,易受盐的腐蚀(特别是含有多价离子的盐,如 $CaCl_2$)。硬度会导致聚合物构象发生不可逆的变化,需要使用更多的减摩剂。将减摩剂制成阴离子乳液聚合物已被证明能使它们更耐盐,并能增加采出水的循环利用[47]。

10.8.2　地质

页岩气生产是一项相对较新的工业活动,页岩储层特征化面临着重要挑战。每个页岩都具有低渗透的特征,但没有行业标准定义[48]。此外,页岩占地球沉积岩的一半以上。不同页岩,甚至同一页岩内部的地质、地球化学和地质力学等关键储层特征也不同。因此,了解当地情况将决定最佳的生产方法。

此外,页岩气生产的重要储层特征是总有机碳、储层成熟度、天然裂缝、矿物学而非渗透率和孔隙度(与常规储层不同)[49]。

页岩生产的独特性质要求了解每一个盆地、每一个油田以及每一口井。巴内特页岩、伍德福德页岩、海恩斯维尔页岩、费耶特维尔页岩和马塞勒斯页岩都是不同的,并且需要操作人员采用不同的方法(图 10.13)。

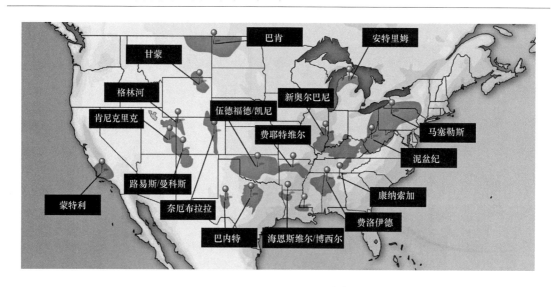

图 10. 13　美国页岩气藏[48]

10. 9　经济挑战

新的开采技术的出现,使页岩储层成为可行的天然气来源,从而使美国成为全球油气生产的领导者。事实上,有人估计,到 2030 年西半球将实现能源独立,页岩气将占全部天然气产量的 70%[50]。如前所述,页岩储层的开发和开采需要更大的资本投入才能完成钻探并提供必要的基础设施。在高压下,将水泥浆泵入储层的费用也增加了。尽管页岩气已经极大地改变了北美的能源格局,但其经济可行性却不稳定,取决于或多个因素,即储层质量、产量和天然气的市场价格[50]。

10. 9. 1　产量

由于页岩气开采技术是一项相对较新的技术,用于预测模型的历史数据有限(通常小于 5 年)。因此,目前对已知页岩矿床的开采寿命和产量的估计相差很大。然而,人们一致认为,页岩气井的枯竭速度明显快于传统井。考虑到近 70% 的可用页岩储量在生产的第一年就被开发了,这些担忧就更加复杂了[51]。得克萨斯大学建立了一套新的巴内特页岩产油预测模型。预测的未来产量如图 10. 14 所示。

目前已在该领域共钻了 1. 5 万口井,预计到 2030 年将再钻 1. 3 万口井。根据这一数据,页岩田的产量已经达到顶峰,并将在 2030 年出现下降。那时,产量将不到目前产量的 50%[51,52]。这对维持目前或更高水平的页岩气产量构成了挑战。为了做到这一点,勘探和钻井必须持续快速地进行[51,52]。

图 10. 15 给出了单井生命周期产量预测。头几年的产量急剧下降。产量在很大程度上取决于页岩地层和岩石性质,因此即使在该地层中,这一特殊趋势也不能推断到其他井。然而,这些预测为页岩气生产能否可持续提供了一剂令人警醒的现实检验剂[51,52]。

目前,已投入使用的压裂井均采自页岩地层,其厚度、孔隙度等岩石性质相对较好。几年之内,在质量较差的岩石上钻井将得到装备,这将转化为更高的总成本[51,52]。与传统气井不

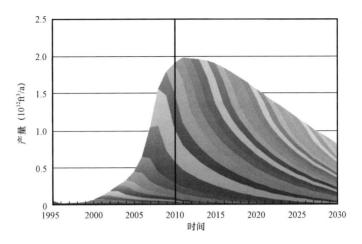

图 10.14　巴内特页岩到 2030 年的产量展望

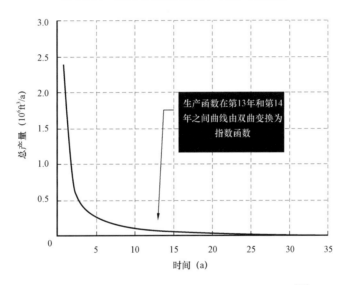

图 10.15　海尔斯维尔 1 号井超过 40 年的建模产量[51]

同的是,传统气井可以根据岩心样本对储层进行表征,并确定井的生存能力,而水力压裂作业需要完整的钻井(垂直和水平钻井)才能知道这一点。结合这两个因素,随着优质油气藏的枯竭,勘探的初始投资将继续增加。

10.9.2　天然气价格

天然气价格是页岩气开采投资的决定性因素。来自新页岩的天然气供应的涌入,已将天然气价格推至数十年来的最低水平。目前的价格约为 4.00 美元/$10^3 ft^3$,刚好高于压裂作业的盈亏平衡点。为了保证经济上可行的油井,天然气的价格必须是 8.00 美元/$10^3 ft^3$。这就限制了在当前市场条件下可开采的油井数量[50,51]。

由于这是一个新的和正在出现的发展领域,很可能随着时间的推移,随着取得进展,业务成本将会下降。此外,页岩气的生存能力不能仅仅基于北美国内市场。海外其他地区的天然气价格由监管机构决定,欧洲和亚洲的天然气价格可能分别高达 8.00 美元/$10^3 ft^3$ 和 17.00 美元$/10^3 ft^{3[50,51]}$。如果页岩气出口。对这些市场而言,目前国内供应过剩的局面可能得到遏制。当然,天然气出口将需要完全不同的成本效益分析,特别是如果考虑到液化天然气(LNG)。目前有许多经济不确定性给页岩开发蒙上了阴影。为了使天然气页岩成为商业上可持续的能源来源,这些挑战必须得到缓解。

10.10　油页岩和页岩气的研究需要

由于缺乏对印度河流域的研究,北美各国政府对页岩油气产量的迅猛增长准备不足。页岩油和页岩气有许多领域需要进一步研究。

实际上,应该对页岩油气的区域分布进行更多的研究和实际调查,并绘制详细的地图,显示含油气页岩区域的确切周长[2,53]。研究工作还需要致力于研究页岩油气的性质,以及页岩地层的物理和化学特征。这将有助于预测页岩形成和现有碳氢化合物在各种物理和化学条件下的反应[2,53]。

关于页岩油气生产如何影响建筑物内的水系统,我们知之甚少。因此,需要对地表水和地下水供应进行更多的研究,以确定所有主要页岩生产地区的水流模式和对生产活动的脆弱性[2,53]。

应该研究页岩层内部和周围的气候变化,以阻止未来开采地点的影响[2,53]。

还需要研究如何优化生产和油气加工程序,尽量减少水力压裂过程中使用洁净水。目前,许多页岩油气公司正在研究含水深层含水层的潜在应用[2,53]。

减少了对勘探压裂技术环境影响分析的深入研究。在页岩油技术商业化之前,还有许多未知的技术和实践方面需要进一步的研究和分析[2,53]。

开展政府、学术界、产业界联合研究,促进新技术开发,研究页岩油气资源开采对环境的影响,开发新的生产技术。由于淡水资源的稀缺性和重要性,投资新的开采技术以减少对淡水资源的依赖是至关重要的[2,53]

为了确保公众对健康和环境问题的关注,研究结果应与公众和决策者沟通,以提高他们对方法和发展的认识。政策制定者可以在监管进一步发展方面提供重大帮助[2,53]。

按照国际能源署(IEA)的建议,将大力推荐以可持续方式开发页岩油气的 7 条黄金法则,包括:(1)测量、披露和参与;(2)注意钻头的位置;(3)隔离油井,防止泄漏;(4)可靠地水处理;(5)消除排气,尽量减少燃除和其他排放;(6)要胸怀大志;(7)确保持续高水平的环保表现[2,53,54]。

总之,进行有关页岩开发的研究似乎很重要,其中一些研究列举如下:

(1)与页岩气相关的正在进行的研究活动没有充分考虑决策者的知识需求以及公共卫生和环境影响[20,55]。

(2)研究确定页岩场地的持续监测和稳定性准则,确保垃圾场的任何部分都不会达到水饱和[20,55]。

(3)对整个油页岩开发过程中的总环境影响进行全面评估[20,55]。

(4)制定页岩开采现场污染控制指南及废页岩处理[20,55]。

(5)原位生成干馏水的控制与处理能力研究[20,55]。

(6)废弃采场注浆要求及地下水渗流标准[20,55]。

10.11　油页岩开发的历史与现状

2005 年以前的技术壁垒使得开采变得非常困难。由于技术的进步,开采变得更加经济,这证明自 2009 年以来页岩气产量急剧下降是合理的,如图 10.16 所示为美国页岩气产量趋势[56]。根据现有数据推断,页岩气的未来供应已经确定,并且随着时间的推移,页岩气供应呈上升趋势(图 10.16)[55,56]。如图 10.17 所示,页岩油的未来趋势与此类似。

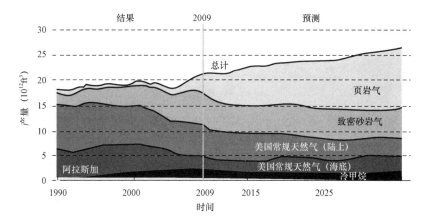

图 10.16　美国页岩气产量增长[56]

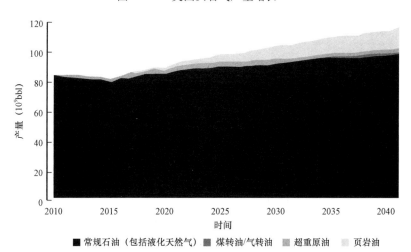

图 10.17　美国页岩油产量[56]

页岩储量形成于数百万年前,人类对其存在已有数十年的了解,但在过去,没有任何技术手段可以从页岩储量中经济地开采氢动力汽车的燃料棒。随着水力压裂技术和水平井钻井技术的发展,页岩油气储量变得越来越经济。页岩气产量的增加导致美国市场天然气价格大幅下降,降低了对原油进口的依赖[56,57]。天然气价格从 2008 年的 8 ~ 9 美元/10^6Btu 下降到 2010 年的 4 美元/10^6Btu)[56,57]。天然气进口从 2007 年到 2010 年分别从 $1035 \times 10^8 m^3$ 下降到 $1060 \times 10^8 m^3$[56,57]。

美国目前每年从页岩中生产约 $0.6 \times 10^{12} m^3$ 的天然气[56,57]。据估计,仅在美国页岩地层中蕴藏的天然气量就在 $24.4 \times 10^{12} \sim 26 \times 10^{12} m^3$ 之间[56,57]。这种规模的天然气确保了美国未来41年的能源安全[56,57]。

欧洲正开始以页岩形式开发天然气生产,但速度比美国慢得多。欧洲页岩气储量丰富,页岩气产业有望在不久的将来蓬勃发展,例如,由于欧洲页岩气产量的增加,2008 – 2010 年天然气价格从 11.5 美元/10^6 Btu 下降到 8 美元/10^6 Btu[56,57]。目前,美国的页岩油气开采技术要先进得多。图 10.18 为世界页岩气储量最大的国家[56,57]。

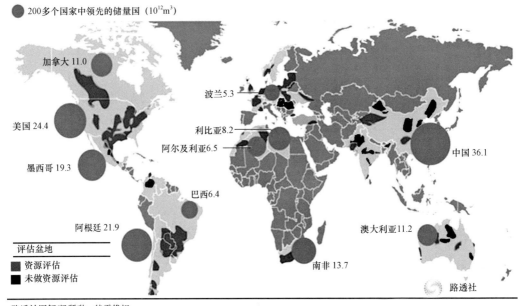

图 10.18 全球页岩气盆地储量高的国家[58]

资料来源:基于先进资源国际公司数据的能源情报署(EIA),英国石油公司

中国、美国、阿根廷和墨西哥是全球最大的页岩气储备国。考虑到中国页岩气储量最多,预计中国页岩地层中存在 $31 \times 10^{12} m^3$ 的天然页岩气[57,58]。在中国,页岩气行业仍处于初级阶段。2013 年,页岩气年产量仅占中国天然气总产量的 0.2% 左右[57,58]。中国的目标是把生产水平提高到每年 $30 \times 10^8 m^3$[57,58]。

能源市场发生了巨大变化。例如,过去 5 ~ 10 年,随着美国致密油和页岩气产量的增加,美国从非洲的石油进口大幅下降,而美国天然气进口大幅下滑。据预测,由于 2012 年水力压裂法的实施,美国的石油和天然气进口可能下降了 50%。因此,预计到 2020 年,由于水力压裂技术的使用,中国的天然气进口可能会减少 30% ~ 40%[58,59]。

现有的分析表明,在美国天然气进口减少的情况下。特立尼达和多巴哥的出口收入损失相当于其 GDP 的 3% 以上,其他受影响的国家包括也门、埃及、卡塔尔、赤道几内亚、尼日利亚、阿尔及利亚和秘鲁。总的来说,由于水力压裂技术的发展,预计发展中国家每年将损失 15 亿美元的天然气出口收入[58,59]。

包括安哥拉、刚果和尼日利亚在内的更多国家,正面临美国石油进口变化带来的潜在贸易冲击。在同样规模的贸易冲击下,中国增加水力压裂技术的使用,其效果将会加倍。美国减少从非洲国家进口石油的总金额估计约为 320 亿美元,对出口商的净金额将取决于他们是否有能力找到其他市场,以及他们在什么条件下找到其他市场[58,59]。

　　水力压裂革命也可能对地缘政治产生重大影响。中美两国将从能源更加独立的前景中获益。在开发各种水力压裂替代方案之后,欧洲制定了一项广泛的计划,以减少对俄罗斯和其他国家能源进口的依赖。俄罗斯、中东和欧佩克预计将在政治方面失利。对非石油出口国来说,通过增长效应和降低能源进口成本,经济影响似乎总体上是积极的[58,59]。

10.12　石油和天然气页岩的未来前景

　　近年来,页岩气已经成为一个可行的产业。众所周知,每家大型石油公司都成立了一个由地质学家和工程师组成的页岩部门[58,60]。此外,已拨出部分资金和资源用于研究和土地建设,包括对其他公司利益的投资和油藏评价[58,60]。许多页岩储量归私人所有,使用采矿和干馏方法进行商业开发甚至已经开始实践[58,60]。考虑到与这种自然资源相关的广泛的持续活动和乐观情绪,页岩无疑有潜力成为未来重要的燃料能源。

　　页岩的开采为其能源需求提供了长期的安全保障。此外,随着页岩气产量的增加,天然气价格将继续下降,使许多行业和人民都能获得天然气。随着生产的增加,对环境的影响也会增加。据预测,页岩气将占美国天然气总产量的一半左右。如图 10.19 所示[57-59]。

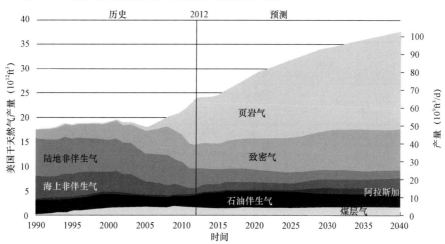

图 10.19　对 2040 年页岩气产量增长的预测

　　据估计,自 2007 年以来,美国页岩气产量可能导致美国天然气进口下降了约 50%。预计石油进口也将减少 50% 左右(约 400×10^4 bbl/d);然而,石油的价值远远大于天然气。此外,未来中国的天然气进口可能会减少 50%[57-59]。

　　就美国石油供应商而言,更多的国家似乎面临着水力压裂法引发的潜在贸易冲击。这包括安哥拉、刚果和尼日利亚。如果中国水力压裂技术的发展也能产生类似的贸易冲击,那么效果将会加倍。非洲国家的总产值达 320 亿美元(其中尼日利亚 140 亿美元、安哥拉 60 亿美元、阿尔及利亚 50 亿美元)。2011 年至 2012 年,非洲对美国的石油出口下降了 230 亿美元(或 2007 年至 2012 年下降了 270 亿美元)。很明显,这些国家的经济净损失将取决于它们出售石油的能力[58,59]。

水力压裂革命也可能对地缘政治产生重大影响。美国和中国将受益于能源更加依赖的前景。欧洲将面临减少对俄罗斯和其他国家能源进口依赖的迫切需要。并将面临各种选择。预计俄罗斯、中东和欧佩克将在政治上落败。对于非石油出口的发展中国家来说,预计其经济影响将是积极的。这可能有助于延续自 2000 年初以来出现的"趋同"现象——许多发展中国家的增长速度远高于经合组织的平均水平[58,59]。

我们的结论是,水力压裂技术已经成为一个重要的技术冲击,对发展中国家可能产生巨大的影响,当然还有贸易条件。一些能源出口国将因出口增长放缓而蒙受损失,但其他发展中国家可能会从油价下跌和全球经济增长加快中获益。其中一些可能已经发生了,但有些可能还会在未来发生。重要的是,发展中国家应在其未来的经济预测中考虑到这一点[57-59]。

10.13　目前油页岩和页岩气项目

表 10.3 列出了 1980 年以来的主要页岩油项目[61]。该表格包括定性和定量信息,如估计成本、实际成本、项目规模、项目性质以及每个项目中所涉及的公司等[61]。加州联合石油公司(Unocal)运营着一个迄今产能最大的项目,在 1991 年 Unocal 工厂关闭之前,该公司每天生产近 10000bbl 原油[61]。随着 1981 年初油价的下跌,许多油页岩项目被相应的公司放弃[61]。这些公司担心油价会进一步下跌,于是将投资转向更好的机会[61]。

表 10.3　1980 年以来主要页岩项目[61]

项目名称	技术	公司名称	预计费用(亿美元)	实际费用(亿美元)	产能(bbl/d)
C-a(Rio Blanco)	原位改性加表面改性	里约布兰科公司(美国石油公司,海湾)	无法获取	1.32	90000
C-b(Cathedral Bluffs)	原位改性加表面改性	西方石油公司,天纳克	无法获取	1.56	100000
Clear Creek	STB	雪佛龙/康菲公司	无法获取	1.30	100000
Colony	托斯科Ⅱ	托斯科—埃克森公司	50~60	大于10	47000
Horse Draw	多矿物原位萃取	多矿产公司	无法获取	无法获取	50000
Logan Wash	原位改性	西方石油公司	无法获取	1.8	无法获得
U-ab(White River)	帕拉霍干馏/联合B	太阳公司,标准石油公司,飞利浦公司	16	大于0.1	100000
Sand Wash	托斯科Ⅱ	托斯科公司	10	无法获取	50000
Seep Ridge,Utah	原位爆炸举升	地球运动学公司	无法获取	0.2	70000
Pacific	旋转炉篦	苏必利尔,标准石油公司,克利夫兰克利夫斯公司	无法获取	无法获取	50000
Parachute Creek	联合B	优尼科公司(加州联合石油公司)	54	12	90000
Parachute Creek	联合B	美孚公司	80	无法获取	100000
Paraho-Ute	帕拉霍干馏	财团公司	18	0.35	40000

本节简要介绍了最近一些与油页岩和页岩气有关的大型项目。

(1)项目名称:犹他州 Ecoshale。

相关公司:红叶资源有限公司(Red Leaf Resources Inc.)和道达尔公司(Total S. A.)。

项目描述:该项目位于美国犹他州乌因塔盆地地区。在石油生产方面,该公司采用了经济和环保的技术,称为 Ecoshale In – Capsule 工艺。密封舱周围防止泄漏到环境的外壳由天然黏土材料构成。基本上。热量被施加到金属管道上,这些金属管道延伸到含有石油的页岩包裹管道的胶囊中。加热使石油从页岩中分离出来。在总部位于法国的道达尔公司的共同努力下,红叶目前的日产量约为 9800bbl[61,62]。使用 Ecoshale In – Capsule 工艺的经济效益和环境效益如图 10.20 所示。

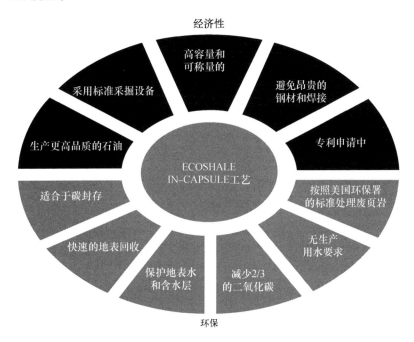

图 10.20　Ecoshalein – capsule 工艺的经济效益和环境效益技术[63]

(2)项目名称:涪陵项目。

相关公司:中国石化(Sinopic)。

项目描述:项目位于中国西南部涪陵页岩气田。涪陵项目是中国首个页岩气开发项目。国投已在该项目上投资 3. 22 亿美元。目前,该项目年产量约 $6 \times 10^8 m^3$。该公司的目标是到 2014 年和 2015 年分别生产 $180 \times 10^8 m^3$ 和 $50 \times 10^8 m^3$[64]。

(3)项目名称:Al Lajjun。

相关公司:约旦能源矿业有限公司。

项目描述:约旦首都安曼西南方向是页岩盆地,约旦能源和矿业有限公司正在这里进行 Al Lajjin 项目。在该项目中,该公司利用阿尔伯塔 – 塔修克(Alberta Tacuik)工艺技术,以每天 15000bbl 的速度从页岩层中开采石油。特定页岩地区的开采预计将持续 29 年[65]。

除上述公司外,其他从事页岩油气研究和工程的公司还包括天祥集团、阿美科、荷兰皇家壳牌公司、雪佛龙公司和 Vonoco 公司[62]。

过去几十年,页岩气开发主要发生在美国,不过,其他许多国家也将发现页岩气矿床。众所周知,加拿大、波兰、法国、南非、阿根廷和中国都在开发页岩气技术[19]。

10.13.1　加拿大

北美最遥远的天然气田是合恩河盆地的商业规模天然气田。该地区增长的主要障碍是管道基础设施。太平洋天然气管道公司(EOG Resources、EnCana 和 Apache)和南和平天然气管道公司(spectrum Energy)将合作克服该地区的限制。像泰利斯曼公司(Talisman)、德文郡能源公司(Devon Energy)、埃克森美孚公司(ExxonMobil)、加拿大能源公司(EnCana)、阿帕奇公司(Apache)和中国石油天然气集团公司(Petro China)这样的知名公司都很活跃[19]。

10.13.2　阿根廷

页岩气地层厚度是北美地区的 2～3 倍。政府的政策一直是保持低的天然气供应水平,他们已经启动了天然气加价计划,以激励独立的发展。这一政策决定了发展速度。到目前为止,阿根廷进口液态天然气。有一些活跃的公司,如雷普索尔 YPF 公司(Repsol YPF)、埃克森美孚公司(ExxonMobil)、道达尔公司(Total)和阿帕奇公司(Apache)[19]。

10.13.3　南非

卡鲁盆地目前面临的主要问题是水资源和基础设施的挑战。然而,由于页岩气资源的潜力,天然气可以作为其气液转换和煤液转换工厂的替代品。该地区有一些活跃的公司,如荷兰皇家壳牌公司(Royal Dutch Shell)、沙索(Sasol)有限公司、挪威国家石油公司(Statoil ASA)和切萨皮克能源公司集团(Chesapeake EnergyCorp)[19]。

10.13.4　波兰

勘探范围从波兰开始,途经德国,最后到达英国。由于对俄罗斯天然气的依赖,需求很高。经验延迟和监管延迟是非常规天然气开发道路上的两个瓶颈。这些问题源于物流,因为大部分设备和专业技术只在北美使用,以及欧洲监管机构对压裂的环境担忧。波兰天然气集团(PGNiG)、埃克森美孚公司(ExxonMobil)、雪佛龙公司(Chevron)、马拉松石油公司(Marathon)和康菲石油公司(ConocoPhillips)都可以在那里开展业务[19]。

10.13.5　中国

复杂的地质条件和国家政策导致了一些技术和成本问题。然而,2009 年美国总统奥巴马和中国国家主席胡主席签署了一项页岩气倡议,以促进页岩气储量的环境可持续发展,并开展联合技术调查/研究,以刺激中国页岩气资源的开发[19]。

参 考 文 献

[1] Rühl C. Five global implications of shale oil and gas. EnergyPost. eu. , http://www. energypost. eu/five－global－implications－shale－revolution/.

[2] EIA. US Energy information administration—EIA—independent statistics and analysis. EIA；2013. http://www. eia. gov/forecasts/aeo/er/early_production. cfm.

[3] Khan A. Political implications of shale energy. March 2013.

[4] Belli J. The shale gas 'revolution' in the United States；global implications. April 2013. http://www. europarl. europa. eu/RegData/etudes/briefing_note/join/2013/491498/EXPO－AFET_SP(2013)491498_EN. pdf.

［5］ PWC. Shale oil：the next energy revolution. London：PWC UK；2013.

［6］ Sumi L. The regulation of shale gas development：state of play. June 28,2013. http：//www. canadians. org/sites/default/files/publications/OEB%20Sumi. pdf.

［7］ Stark M.（Clean Energy Lead）,Allingham R,Calder J,Lennartz – Walker T,Wai K,Thompson P,Zhao S. Water and shale gas development. Accenture. , http：//www. accenture. com/sitecollectiondocuments/pdf/accenture – water – and – shale – gas-development. pdf.

［8］ Riley P A. The geostrategic implications of the shale gas revolution. London：The Instiude for Statecraft；2012.

［9］ Davis C. The politics of fraccing：regulating natural gas drilling practices in Colorado and Texas. Review of Policy Research 2012；29（2）.

［10］ Henry DJ,O'Sullivan F. The influence of shale gas on US energy and environmental policy. Cambridge（MA）：MIT；2011.

［11］ Lyons A. Shale oil：the next energy revolution e the long term impact of shale oil on the global energy sector and the economy. 2013. http：//www. pwc. com/en _ GX/gx/oil – gas – energy/publications/pdfs/pwc – shale – oil. pdf.

［12］ Medlock K B. Impact of shale gas development on global gas markets. Wiley Periodicals,Inc. —Natural Gas & Electricity；2011. http：//dx. doi. org/10. 1002/gas.

［13］ Medlock K. Shale gas and US National security. Energy Forum—James A. Barker Ⅲ Institute for Public Policy. Rice University；2011.

［14］ American Water. American water. December 23,2014. Retrieved from：Principles for shale gas regulation：www. amwater. com.

［15］ Council of Canadian Academics. Environmental impacts of shale gas extraction in Canada. 2014. http：//www. scienceadvice. ca/uploads/eng/assessments%20and%20publications%20and%20news%20releases/Shale%20gas/ShaleGas_fullreportEN. pdf.

［16］ Peters C. Fugitive emissions from shale gas. The Carbon Brief Blog；May 29, 2012. http：//www. carbonbrief. org/blog/2012/05/qa – on – fugitive – emissions – from – fracking/.

［17］ Environment Agency. An environmental risk assessment for shale gas exploratory operations in England. 2013. https：//www. gov. uk/government/uploads/system/uploads/attachment _ data/file/296949/LIT _ 8474 _ fbb1d4. pdf.

［18］ Scott Institute & Carnegie Mellon University. Shale gas and the Enviroment. Pittsburgh（PA）：Wilson E. Scott Institude for Energy Innovation；March 2013.

［19］ Linley D. Fracking under pressure：the environmental and social impacts and risks of shale gas development. Toronto：Sustainalytics；August 2011.

［20］ Pfeffer F M. Pollutional problems and research needs for an oil shale industry. Washington：National Environmental Research Center,Office of Research and Development,US Environmental Protection Agency；for Sale by the Supt. of Docs. ,US Govt. Print. Off. ；1974. Technology & Engineering—36 pages.

［21］ Shih C C. Technological overview reports for eight shale oil recovery processes,vol. 1. Environmental Protection Agency,Office of Research and Development,［Office of Energy,Minerals,and Industry］,Industrial Environmental Research Laboratory；1979. Nature—107 pages.

［22］ Adapted from US Enviromental Protection Agency. Retrieved from：The Hydraulic Fracturing Water：EPA. gov；August 18,2014. www. epa. gov/hfstudy/hfwatercycle. html.

［23］ Dusseault M B,Collins P M. Geomechanics effects in thermal processes for heavy oil exploitation. In：Heavy oils：reservoir characterization and production monitoring；2010；13：287. http：//csegrecorder. com/articles/

view/geomechanics – effects – in – thermal-processes – for – heavy – oil – exploitation.

［24］ Ghorbani A,Zamora M, Cosenza P. Effects of desiccation on the elastic wave velocities of clay – rocks. International Journal of Rock Mechanics and Mining Sciences 2009;46;1267—72.

［25］ Horsrud P, Sønstebø E F, Bøe R. Mechanical and petrophysical properties of North Sea shales. International Journal of Rock Mechanics and Mining Sciences 1998;35;1009—20.

［26］ Nauroy J – F. Geomechanics applied to the petroleum industry. Editions Technip;2011. Business & Economics – 198 pages.

［27］ Khan S, Yadav A. Integrating geomechanics improves drilling performance. Exploration & Production;January 2014. http://www. epmag. com/item/Integrating-geomechanics – improves – drilling – performance_127118.

［28］ PetroWiki. PEH；drilling problems and solutions. 2012. http://petrowiki. org/PEH%253ADrilling_Problems_and_Solutions.

［29］ Shale Versus Big Exploration. December 24, 2014. Retrieved from；Unconventional Oil & Gas Center. http://www. ugcenter. com/shale – versus – big – exploration – 612776.

［30］ Johnson H,Crawford P, Bunger J. Strategic significance of America's oil shale resource. Washington (DC)：AOC Petroleum Support Services; 2004. http://www. learningace. com/doc/5378939/f9b4836cb3c90360a25e395f1289d5f0/npr_strategic_significancev1.

［31］ SNBCHF. com. Shale oil and oil sands；market price compared to production costs. SFC Consulting. http://snbchf. com/global – macro/shale – oil – oil – sands.

［32］ CAPP. Conventional & unconventional. Canadian Association of Petroleum Producers. Canada's Oil and Natural Gas Producers; 2014.

［33］ Hefley W. How much does it cost to drill a single Marcellus well? $7.6M. Marcellus Drilling News; 2011. http://marcellusdrilling. com/2011/09/how – much – does – it-cost – to – drill – a – single – marcellus – well – 7 – 6m/.

［34］ nrcangcca. Responsible shale development enhancing the knowledge base on shale oil and gas in Canada. In：Energy and mines ministers' conference, Yellowknife, Northwest territories; August 2013. https://www. nrcan. gc. ca/sites/www. nrcan. gc. ca/files/www/pdf/publications/emmc/Shale_Resources_e. pdf.

［35］ Melissa Stark RA – W. Water and shale gas development – leveraging the US experience in new shale developments. Accenture; 2012.

［36］ Nicot J – P,Scanlon BR. Water use for shale – gas production in Texas,US. Environmental Science & Technology 2012;46;3580—6.

［37］ Ground Water Protection Council. Modern shale gas development in the United States；a primer. Oklahoma City；National Energy Technology Laboratory; 2009.

［38］ Gregory K B,Vidic R D,Dzombak D A. Water management challenges associated with the production of shale gas by hydraulic fracturing. Elements 2011;7;181—6.

［39］ Arthur J D,Bohm B,Layne M. Hydraulic fracturing considerations for natural gas wells of the Marcellus shale. In；2008 annual forum,Cincinnati; 2008.

［40］ Clark C E,Veil J A. Produced water volumes and management in the United States. Oak Ridge；Argonne National Laboratory; 2009.

［41］ McCurdy R. Underground injection wells for produced water disposal. Oklahoma City；Chesapeake Energy; 2010.

［42］ Kenter P. Waste not. Gas,Oil & Mining Contractor; February 2012. p. 1—3.

［43］ All Consulting. Handbook on coal bed methane produced water；management and beneficial use alternatives.

Tulsa：US Department of Energy；2003.

［44］ Cline J T，Kimball B J，Klinko K A，Nolen C H. Advances in water treatment technology and potential affect on application of USDW. In：Underground injection control conference，San Antonio；2009.

［45］ ProChemTech. Marcellus gas well hydrofracture wastewater disposal by recycle treatment process. Brockway：ProChemTech International，Inc. ；2009.

［46］ Verbeten S. Recycling flowback can reap rewards. January 2，2013［Online］. Available：http：//www. gomcmag. com/online_exclusives/2013/01/recycling_flowback_can_reap_rewards.

［47］ Paktinat J，O'Neil B，Aften C，Jurd M. Critcal evaluation of high brine tolerant additives used in shale slick water fracs. In：SPE production and operations symposium，Oklahoma City；2011.

［48］ Halliburton. US shale gas：an unconventional resource. Unconventional challenges. Houston：Halliburton；2008.

［49］ Bolle L. Shale gas overview：challenging petrophysics and geology in a broader development adn production context. Houston：Baker Hughes；2009.

［50］ Engdahl W. The fracked - up USA shale gas bubble. Global Research March 2013；13［Online］. Available：http：//www. globalresearch. ca/the - fracked - up - usa - shale - gas-bubble/5326504.

［51］ Martin J，Douglas Ramsey J，Titman S，Lake LW. A primer on the economics of shale gas production. Baylor University；2012.

［52］ University of Texas at Austin. New，rigorous assessment of shale gas reserves forecasts reliable supply from Barnett shale through 2030. University of Texas at Austin；February 28，2013［Online］. Available：http：//www. utexas. edu/news/2013/02/28/new - rigorous - assessment - of - shale - gas - reserves - forecasts - reliable - supply - from-barnett - shale - through - 2030/.

［53］ National Research Council. Research and information needs for management of oil shale development. Google Books；1983. http：//books. google. ca/books？ id = EEcrAAAAYAAJ&pg = PR7&lpg = PR7&dq = research + needs + in + shale + oil + and + gas&source = bl&ots = TMYpOc7KWQ&sig = - B5BM3CxfTGfKgBs1rvzXjr EplA&hl = en&sa = X&ei = Qw7tU97dN8j2yQTQuIKABg&ved = 0CE4Q6AEwCQ #v = onepage&q = research% 20needs% 20in% 20shale% 20oil% 20and% 20gas&f = false.

［54］ International Energy Administration. Are we entering a golden age of gas？. July 12，2014. www. worldenergyoutlook. org/goldenageofgas. Retrieved from：World Energy Outlook 2012.

［55］ http：//www. iop. pitt. edu/shalegas/pdf/research_unconv_b. pdf.

［56］ Unconventional oil and gas research fund proposal. Shale Gas Roundtable. http：//www. mitsubishicorp. com/jp/en/mclibrary/business/vol2.

［57］ Farghaly A. What is the effect of shale gas in the gas prices in the world？. Linkedin；2014. https%3A%2F% 2Fwww. linkedin. com%2Ftoday%2Fpost%2Farticle%2F20140606232945 - 39296622 - what - is - the - effect - of - shale - gas - in - the - gas - prices - in - the - world.

［58］ Faynzilbert I. Shale gas race：political risk in China，Argentina and Mexico. Journal of Political Risk 2014. http：//www. jpolrisk. com/shale - gas - race - political - risk - in - china - argentina - and - mexico/.

［59］ Zhenbo Hou DG. The development implications of the fracking revolution. （London，UK）：Overseas Development institute；April 2014. ODI.

［60］ Reso A. Oil shale current developments and prospects. Houston Geological Society Bulletin May 1968；10（9）：21. http：//archives. datapages. com/data/HGS/vol10/no09/21. htm.

［61］ Mackley AL，Boe DL，Burnham AK，Day RL，Vawter RG. Oil shale history revisited，2012. American Shale Oil LLC，National Oil Shale Association，http：//oilshaleassoc. org/wp - content/uploads/2013/06/OIL - SHALE - HISTORY - REVISITED - Rev1. pdf.

[62] Natural – gas processing. Wikipedia. Wikimedia Foundation; July 19,2016. In: http://en. wikipedia. org/wiki/ Natural – gas_processing.

[63] EcoShale™ in – capsule process, http://www. tomcoenergy. uk. com/our – business/ecoshale – in – capsule – process.

[64] Burgess J. China eyes massive production from first shale project. 2014. http://oilprice. com/Energy/Natural – Gas/China – Eyes – Massive – Production – from – First – Shale – Project. html.

[65] Al Lajjun oil shale project. Hatch News; 2014. http://www. hatch. ca/oil_gas/projects/jeml. htm.

附录　单位换算

1in(英寸) = 25.4mm

1ft(英尺) = 0.3048m

$1ft^3$(立方英尺) = $0.0283m^3$

1acre(英亩) = $4047m^2$

1bbl(桶) = $0.159m^3$

1gal(加仑) = $0.0037857m^3$

1lb(磅) = 0.454kg

1ton(吨) = 1000kg

1short ton(短吨) = 907kg

1long ton(长吨) = 1016kg

1cal(卡) = 4.1868J

1Btu(英热单位) = 1055.6J

1mile(英里) = 1.609km

$1mile^2$(平方英里) = $2.59km^2$

$n℉$(华氏温度) = $(n-32)/1.8℃$

1cP(厘泊) = 1mPa·s

1D(达西) = $0.987 \times 10^{-12}m^2$

1mD(毫达西) = $0.987 \times 10^{-15}m^2$

1hp(马力) = 0.745kW

国外油气勘探开发新进展丛书（一）

书号：3592
定价：56.00元

书号：3663
定价：120.00元

书号：3700
定价：110.00元

书号：3718
定价：145.00元

书号：3722
定价：90.00元

国外油气勘探开发新进展丛书（二）

书号：4217
定价：96.00元

书号：4226
定价：60.00元

书号：4352
定价：32.00元

书号：4334
定价：115.00元

书号：4297
定价：28.00元

国外油气勘探开发新进展丛书（三）

书号：4539
定价：120.00元

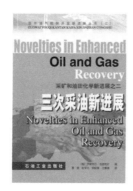

书号：4725
定价：88.00元

书号：4707
定价：60.00元

书号：4681
定价：48.00元

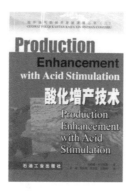

书号：4689
定价：50.00元

书号：4764
定价：78.00元

国外油气勘探开发新进展丛书（四）

书号：5554
定价：78.00元

书号：5429
定价：35.00元

书号：5599
定价：98.00元

书号：5702
定价：120.00元

书号：5676
定价：48.00元

书号：5750
定价：68.00元

国外油气勘探开发新进展丛书（五）

书号：6449
定价：52.00元

书号：5929
定价：70.00元

书号：6471
定价：128.00元

书号：6402
定价：96.00元

书号：6309
定价：185.00元

书号：6718
定价：150.00元

国外油气勘探开发新进展丛书（六）

书号：7055
定价：290.00元

书号：7000
定价：50.00元

书号：7035
定价：32.00元

书号：7075
定价：128.00元

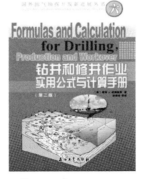

书号：6966
定价：42.00元

书号：6967
定价：32.00元

国外油气勘探开发新进展丛书（七）

书号：7533
定价：65.00元

书号：7802
定价：110.00元

书号：7555
定价：60.00元

书号：7290
定价：98.00元

书号：7088
定价：120.00元

书号：7690
定价：93.00元

国外油气勘探开发新进展丛书（八）

书号：7446
定价：38.00元

书号：8065
定价：98.00元

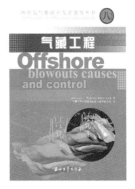

书号：8356
定价：98.00元

书号：8092
定价：38.00元

书号：8804
定价：38.00元

书号：9483
定价：140.00元

国外油气勘探开发新进展丛书（九）

书号：8351
定价：68.00元

书号：8782
定价：180.00元

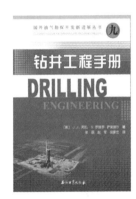

书号：8336
定价：80.00元

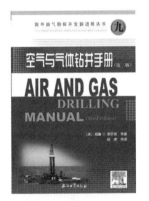

书号：8899
定价：150.00元

书号：9013
定价：160.00元

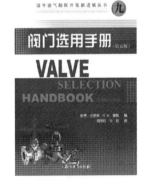

书号：7634
定价：65.00元

国外油气勘探开发新进展丛书(十)

书号：9009
定价：110.00元

书号：9989
定价：110.00元

书号：9574
定价：80.00元

书号：9024
定价：96.00元

书号：9322
定价：96.00元

书号：9576
定价：96.00元

国外油气勘探开发新进展丛书(十一)

书号：0042
定价：120.00元

书号：9943
定价：75.00元

书号：0732
定价：75.00元

书号：0916
定价：80.00元

书号：0867
定价：65.00元

书号：0732
定价：75.00元

国外油气勘探开发新进展丛书（十二）

书号：0661
定价：80.00元

书号：0870
定价：116.00元

书号：0851
定价：120.00元

书号：1172
定价：120.00元

书号：0958
定价：66.00元

书号：1529
定价：66.00元

国外油气勘探开发新进展丛书（十三）

书号：1046
定价：158.00元

书号：1167
定价：165.00元

书号：1645
定价：70.00元

书号：1259
定价：60.00元

书号：1875
定价：158.00元

书号：1477
定价：256.00元

国外油气勘探开发新进展丛书（十四）

书号：1456
定价：128.00元

书号：1855
定价：60.00元

书号：1874
定价：280.00元

书号：2857
定价：80.00元

书号：2362
定价：76.00元

国外油气勘探开发新进展丛书（十五）

书号：3053
定价：260.00元

书号：3682
定价：180.00元

书号：2216
定价：180.00元

书号：3052
定价：260.00元

书号：2703
定价：280.00元

书号：2419
定价：300.00元

国外油气勘探开发新进展丛书（十六）

书号：2274
定价：68.00元

书号：2428
定价：168.00元

书号：1979
定价：65.00元

书号：3450
定价：280.00元

国外油气勘探开发新进展丛书（十七）

书号：2862
定价：160.00元

书号：3081
定价：86.00元

书号：3514
定价：96.00元

书号：3512
定价：298.00元

书号：3980
定价：220.00元

国外油气勘探开发新进展丛书（十八）

书号：3702
定价：75.00元

书号：3734
定价：200.00元

书号：3693
定价：48.00元

书号：3513
定价：278.00元

书号：3772
定价：80.00元

国外油气勘探开发新进展丛书（十九）

书号：3834
定价：200.00元

书号：3991
定价：180.00元